线性代数与空间解析几何

（第三版）

韩流冰　叶建军　何瑞文　秦应兵　编

西南交通大学出版社
·成　都·

内容提要

本书阐述了线性代数与空间解析几何的基本理论和方法，共分为 7 章. 主要内容包括：行列式，矩阵，向量组的线性相关性与 n 维向量空间，线性方程组，特征值与特征向量，二次型，三维空间中的向量、平面与直线. 为了使学生加深对所学知识的理解，每节后都配有习题，并在书末给出了习题答案.

本书既可供高等院校各专业学生学习线性代数课程之用，也可作为工程技术人员参考用书.

图书在版编目（CIP）数据

线性代数与空间解析几何 / 韩流冰等编. —3 版.
—成都：西南交通大学出版社，2014.8（2015.7 重印）
ISBN 978-7-5643-3234-1

Ⅰ. ①线… Ⅱ. ①韩… Ⅲ. ①线性代数②多维空间几何－解析几何 Ⅳ. ①0151.2②0182.2

中国版本图书馆 CIP 数据核字（2014）第 172585 号

线性代数与空间解析几何
（第三版）

韩流冰 叶建军 何瑞文 秦应兵 编
*
责任编辑 张宝华
封面设计 墨创文化
西南交通大学出版社出版发行
四川省成都市金牛区交大路 146 号 邮政编码：610031
发行部电话：87600564
http: //www.xnjdcbs.com
成都中铁二局永经堂印务有限责任公司印刷
*
成品尺寸：170 mm × 230 mm 印张：12.5
字数：223 千字
2014 年 8 月第 3 版 2015 年 7 月第 12 次印刷
ISBN 978-7-5643-3234-1
定价: 25.00 元

第三版前言

本书第三版是在第二版的基础上，根据我们多年的教学改革实践修改完成的，特作如下修改：

1. 为使内容在编排上更加合理，现增加了“线性变换及其矩阵”一节，并作了前后调整.

2. 为了更适合学生练习，调整了部分习题，并对原书中的个别错误作了纠正.

本次再版工作由秦应兵、何瑞文、韩流冰、叶建军完成. 新版中存在的问题，欢迎广大同行和读者提出宝贵意见和建议，并表示感谢.

作　者

2014 年 5 月

第一版前言

本书是根据近几年本科数学教学改革实践中积累的经验和体会编写而成的，系统地阐述了线性代数与空间解析几何的基本概念、基本理论和基本方法．与传统的线性代数教材相比，本书具有如下特点：

1．围绕矩阵的初等变换方法在线性代数中的作用，在对行列式、矩阵、向量组的讨论中，强调了初等变换下诸多性质的不变性．

2．在向量组的讨论中，强调了向量组自身的性质、结构，并把矩阵和初等变换作为讨论．向量组的工具和方法．

3．在线性方程组的讨论中，强调了求解齐次线性方程组与非齐次线性方程组的异同．

本书在正式出版前，以《线性代数讲义》的形式在本科教学中已试用了两学期，反映良好．

书中内容经作者讨论决定后，由韩流冰、叶建军执笔完成．涂汉生教授、黄盛清教授认真阅读了书稿，并提出了许多修改意见，卿铭、秦应兵、蒲伟、徐跃良、任朝元、杨宁等数学系教师也提出了不少宝贵的建议，作者循此对书稿作了适当的修改和调整。在此，谨向他们致以诚挚的感谢．

限于编者水平，书中难免存在错误和疏漏，敬请读者批评指正．

作　者

2003 年 5 月

目　　录

第一章　行　列　式

行列式是由 $n\times n$ 个数所确定的一个数，它决定了矩阵的许多性质，在数学的其他分支中也有着广泛的应用. 本章从解二元、三元线性方程组出发，给出二阶、三阶行列式的概念，再把它们加以推广，引入 n 阶行列式，并讨论行列式的基本性质和计算方法.

第一节　行列式的概念

1. 二阶行列式与三阶行列式

首先讨论二元线性方程组. 其一般形式为

$$\begin{cases}a_{11}x_1+a_{12}x_2=b_1,\\ a_{21}x_1+a_{22}x_2=b_2.\end{cases}$$

对方程组进行消元，可得

$$\begin{cases}(a_{11}a_{22}-a_{12}a_{21})x_1=b_1a_{22}-b_2a_{12},\\ (a_{11}a_{22}-a_{12}a_{21})x_2=b_2a_{11}-b_1a_{21}.\end{cases}$$

当 $a_{11}a_{22}-a_{12}a_{21}\neq 0$ 时，方程组有唯一解：

$$x_1=\frac{b_1a_{22}-b_2a_{12}}{a_{11}a_{22}-a_{12}a_{21}},\quad x_2=\frac{b_2a_{11}-b_1a_{21}}{a_{11}a_{22}-a_{12}a_{21}}.$$

从所得公式可以看出，形如 $a_{11}a_{22}-a_{12}a_{21}$ 的数起着重要的作用. 为了便于记忆，下面引入二阶行列式：

$$D=\begin{vmatrix}a_{11} & a_{12}\\ a_{21} & a_{22}\end{vmatrix}=a_{11}a_{22}-a_{12}a_{21},$$

其中数 $a_{ij}(i,j=1,2)$ 称为行列式的元素，其第一个下标表示该元素在行列式的第 i 行，第二个下标表示该元素在行列式的第 j 列.

利用二阶行列式，记

$$D_1=\begin{vmatrix} b_1 & a_{12} \\ b_2 & a_{22} \end{vmatrix}=b_1a_{22}-a_{12}b_2,\quad D_2=\begin{vmatrix} a_{11} & b_1 \\ a_{21} & b_2 \end{vmatrix}=a_{11}b_2-b_1a_{21},$$

则关于二元线性方程组解的结论可以叙述为：若方程组的系数行列式：

$$D=\begin{vmatrix} a_{11} & a_{12} \\ a_{21} & a_{22} \end{vmatrix}\neq 0,$$

则方程组有唯一解：

$$x_1=\frac{D_1}{D},\quad x_2=\frac{D_2}{D}.$$

其中 $D_j(j=1,2)$ 是把系数行列式 D 中第 j 列换成方程组的常数列 $\begin{pmatrix} b_1 \\ b_2 \end{pmatrix}$ 后所得的二阶行列式.

例 1　解线性方程组：

$$\begin{cases} x_1+2x_2=5, \\ 2x_1+5x_2=12. \end{cases}$$

解　方程组的系数行列式

$$D=\begin{vmatrix} 1 & 2 \\ 2 & 5 \end{vmatrix}=1,$$

所以方程组有唯一解. 又

$$D_1=\begin{vmatrix} 5 & 2 \\ 12 & 5 \end{vmatrix}=1,\quad D_2=\begin{vmatrix} 1 & 5 \\ 2 & 12 \end{vmatrix}=2.$$

故方程组的解为

$$x_1=\frac{D_1}{D}=1,\quad x_2=\frac{D_2}{D}=2.$$

对于含有三个方程的三元线性方程组

$$\begin{cases} a_{11}x_1+a_{12}x_2+a_{13}x_3=b_1, \\ a_{21}x_1+a_{22}x_2+a_{23}x_3=b_2, \\ a_{31}x_1+a_{32}x_2+a_{33}x_3=b_3, \end{cases} \tag{1.1}$$

用消元法解此方程组，可以得出与二元线性方程组相类似的结论，前提是引入三阶行列式：

$$\begin{vmatrix} a_{11} & a_{12} & a_{13} \\ a_{21} & a_{22} & a_{23} \\ a_{31} & a_{32} & a_{33} \end{vmatrix}=a_{11}a_{22}a_{33}+a_{12}a_{23}a_{31}+a_{13}a_{21}a_{32}$$
$$-a_{11}a_{23}a_{32}-a_{12}a_{21}a_{33}-a_{13}a_{22}a_{31}.$$

那么，结论叙述为：如果线性方程组(1.1)的系数行列式

$$D=\begin{vmatrix} a_{11} & a_{12} & a_{13} \\ a_{21} & a_{22} & a_{23} \\ a_{31} & a_{32} & a_{33} \end{vmatrix} \neq 0,$$

则方程组(1.1)有唯一解：

$$x_1=\frac{D_1}{D},\quad x_2=\frac{D_2}{D},\quad x_3=\frac{D_3}{D}.$$

其中 $D_j(j=1,2,3)$是把系数行列式 D 中第 j 列换成常数列 $\begin{pmatrix} b_1 \\ b_2 \\ b_3 \end{pmatrix}$ 后所得的三阶行列式.

例 2 解线性方程组：

$$\begin{cases} x_1+x_2+x_3=1, \\ x_1+2x_2+3x_3=0, \\ x_1+x_2+2x_3=1. \end{cases}$$

解 方程组的系数行列式

$$D=\begin{vmatrix} 1 & 1 & 1 \\ 1 & 2 & 3 \\ 1 & 1 & 2 \end{vmatrix}=1\times2\times2+1\times3\times1+1\times1\times1$$

$$-1\times3\times1-1\times1\times2-1\times2\times1=1\neq0,$$

所以方程组有唯一解. 又

$$D_1=\begin{vmatrix} 1 & 1 & 1 \\ 0 & 2 & 3 \\ 1 & 1 & 2 \end{vmatrix}=2,\quad D_2=\begin{vmatrix} 1 & 1 & 1 \\ 1 & 0 & 3 \\ 1 & 1 & 2 \end{vmatrix}=-1,\quad D_3=\begin{vmatrix} 1 & 1 & 1 \\ 1 & 2 & 0 \\ 1 & 1 & 1 \end{vmatrix}=0,$$

故方程组的解为

$$x_1=\frac{D_1}{D}=2,\quad x_2=\frac{D_2}{D}=-1,\quad x_3=\frac{D_3}{D}=0.$$

2. n 阶行列式

从上面的例题可以看到，利用二阶、三阶行列式求解系数行列式不为零的二元、三元线性方程组是比较方便的. 但在实际应用中，遇到的方程组的未知元经常是多于三个，这就需要讨论 n 个未知数的线性方程组的求解问题，从而有必要把二阶、三阶行列式加以推广，引入 n 阶行列式的概念.

n 阶行列式是 $n\times n$ 个数 a_{ij} 按给定法则决定的一个数，通常记为

$$D=\begin{vmatrix} a_{11} & a_{12} & \cdots & a_{1n} \\ a_{21} & a_{22} & \cdots & a_{2n} \\ \vdots & \vdots & & \vdots \\ a_{n1} & a_{n2} & \cdots & a_{nn} \end{vmatrix}.$$

下面介绍相关的一些概念：

数 a_{ij} 称为行列式 D 的位于第 i 行第 j 列的元素，而称

$$r_i=(a_{i1},a_{i2},\cdots,a_{in})$$

为行列式的第 i 行，称

$$\boldsymbol{c}_j=\begin{pmatrix} a_{1j} \\ a_{2j} \\ \vdots \\ a_{nj} \end{pmatrix}$$

为行列式的第 j 列.

把 a_{ij} 所在的第 i 行和第 j 列划去后，留下的 $n-1$ 阶行列式，称为 a_{ij} 的余子式，记为 M_{ij}. 而称 $A_{ij}=(-1)^{i+j}M_{ij}$ 为 a_{ij} 的代数余子式，即

$$A_{ij}=(-1)^{i+j}\begin{vmatrix} a_{11} & \cdots & a_{1,j-1} & a_{1,j+1} & \cdots & a_{1n} \\ a_{21} & \cdots & a_{2,j-1} & a_{2,j+1} & \cdots & a_{2n} \\ \vdots & & \vdots & \vdots & & \vdots \\ a_{i-1,1} & \cdots & a_{i-1,j-1} & a_{i-1,j+1} & \cdots & a_{i-1,n} \\ a_{i+1,1} & \cdots & a_{i+1,j-1} & a_{i+1,j+1} & \cdots & a_{i+1,n} \\ \vdots & & \vdots & \vdots & & \vdots \\ a_{n1} & \cdots & a_{n,j-1} & a_{n,j+1} & \cdots & a_{n,n} \end{vmatrix}.$$

利用代数余子式，二阶和三阶行列式可写成如下具有相同规律的形式：

$$\begin{vmatrix} a_{11} & a_{12} \\ a_{21} & a_{22} \end{vmatrix}=a_{11}a_{22}-a_{12}a_{21}=a_{11}A_{11}+a_{12}A_{12},$$

$$\begin{vmatrix} a_{11} & a_{12} & a_{13} \\ a_{21} & a_{22} & a_{23} \\ a_{31} & a_{32} & a_{33} \end{vmatrix}$$

$$=a_{11}a_{22}a_{33}+a_{12}a_{23}a_{31}+a_{13}a_{21}a_{32}-a_{11}a_{23}a_{32}-a_{12}a_{21}a_{33}-a_{13}a_{22}a_{31}$$

$$=a_{11}(a_{22}a_{33}-a_{23}a_{32})+a_{12}(a_{23}a_{31}-a_{21}a_{31})+a_{13}(a_{21}a_{32}-a_{22}a_{31})$$

$$=a_{11}\begin{vmatrix} a_{22} & a_{23} \\ a_{32} & a_{33} \end{vmatrix}-a_{12}\begin{vmatrix} a_{21} & a_{23} \\ a_{31} & a_{33} \end{vmatrix}+a_{13}\begin{vmatrix} a_{21} & a_{22} \\ a_{31} & a_{32} \end{vmatrix}$$

$=a_{11}A_{11}+a_{12}A_{12}+a_{13}A_{13}.$

把以上二阶和三阶行列式的表达式加以推广，下面给出 n 阶行列式的如下定义：

定义 1.1 行列式 D 是一个数，定义为

$$D=\begin{vmatrix} a_{11} & a_{12} & \cdots & a_{1n} \\ a_{21} & a_{22} & \cdots & a_{2n} \\ \vdots & \vdots & & \vdots \\ a_{n1} & a_{n2} & \cdots & a_{nn} \end{vmatrix}=a_{11}A_{11}+a_{12}A_{12}+\cdots+a_{1n}A_{1n}. \tag{1.2}$$

例 3 计算四阶行列式：

$$D=\begin{vmatrix} 1 & 1 & 1 & 1 \\ 1 & 0 & 3 & 2 \\ 2 & 0 & 0 & 2 \\ 1 & 2 & 0 & 1 \end{vmatrix}.$$

解 D 的第一行元素的代数余子式依次为

$$A_{11}=(-1)^{1+1}\begin{vmatrix} 0 & 3 & 2 \\ 0 & 0 & 2 \\ 2 & 0 & 1 \end{vmatrix}=12,\quad A_{12}=(-1)^{1+2}\begin{vmatrix} 1 & 3 & 2 \\ 2 & 0 & 2 \\ 1 & 0 & 1 \end{vmatrix}=0,$$

$$A_{13}=(-1)^{1+3}\begin{vmatrix} 1 & 0 & 2 \\ 2 & 0 & 2 \\ 1 & 2 & 1 \end{vmatrix}=4,\quad A_{14}=(-1)^{1+4}\begin{vmatrix} 1 & 0 & 3 \\ 2 & 0 & 0 \\ 1 & 2 & 0 \end{vmatrix}=-12,$$

由行列式的定义计算得

$$D=1\times12+1\times0+1\times4+1\times(-12)=4.$$

例 4 计算 n 阶行列式：

$$D=\begin{vmatrix} a_{11} & 0 & \cdots & 0 \\ a_{21} & a_{22} & \cdots & 0 \\ \vdots & \vdots & & \vdots \\ a_{n1} & a_{n2} & \cdots & a_{nn} \end{vmatrix}.$$

解 由 n 阶行列式的定义计算得

$$D=a_{11}\begin{vmatrix} a_{22} & 0 & \cdots & 0 \\ a_{32} & a_{33} & \cdots & 0 \\ \vdots & \vdots & & \vdots \\ a_{n2} & a_{n3} & \cdots & a_{nn} \end{vmatrix},$$

再由 $n-1$ 阶行列式的定义计算得

$$D=a_{11}a_{22}\begin{vmatrix} a_{33} & 0 & \cdots & 0 \\ a_{43} & a_{44} & \cdots & 0 \\ \vdots & \vdots & & \vdots \\ a_{n3} & a_{n4} & \cdots & a_{nn} \end{vmatrix},$$

如此进行下去，可得

$$D=a_{11}a_{22}\cdots a_{n-2,n-2}\begin{vmatrix} a_{n-1,n-1} & 0 \\ a_{n,n-1} & a_{nn} \end{vmatrix}=a_{11}a_{22}\cdots a_{nn}.$$

例 4 给出的行列式称为三角行列式. 从该行列式的计算可以看出，若行列式中有较多的零元素，则行列式的计算较为简便.

由于二阶行列式是 2! 项的代数和，三阶行列式是 3! 项的代数和，用数学归纳法容易证明：n 阶行列式是 $n!$ 项的代数和. 另外，由二、三阶行列式的计算可以发现，代数和的第一项除正、负号外，都是行列式中不同行、不同列的 n 个元素的乘积，所以 n 阶行列式可以表示为

$$\begin{vmatrix} a_{11} & a_{12} & \cdots & a_{1n} \\ a_{21} & a_{22} & \cdots & a_{2n} \\ \vdots & \vdots & & \vdots \\ a_{n1} & a_{n2} & \cdots & a_{nn} \end{vmatrix} = \sum(\pm a_{1j_1}a_{2j_2}\cdots a_{nj_n}).$$

其中 $j_s\neq j_t, s\neq t$，且 $1\leqslant j_s\leqslant n, s=1,2,\cdots,n$.

为确定每项之"＋"、"－"号，引入如下概念：

通常把 $1,2,\cdots,n$ 组成的一个有序数组称为一个排列，每一个数在排列中仅出现一次. 显然 $1,2,\cdots,n$ 可以组成 $n!$ 个不同的排列. 在一个排列中，如果有一对数的前后位置是大数排在小数之前，则称这一对数构成一个逆序. 一个排列中逆序的总数，称为该排列的逆序数，记为 $\tau(j_1 j_2\cdots j_n)$.

下面的例子给出了逆序数的一般计算方法.

例 5 求 5 元排列 52143 的逆序数.

解 在排列 52143 中，排在 5 之后，并小于 5 的数有 4 个；排在 2 之后，并小于 2 的数有 1 个；排在 1 之后，并小于 1 的数有 0 个；排在 4 之后，并小于 4 的数有 1 个. 所以

$$\tau(52143)=4+1+0+1=6.$$

例 6 交换一个排列中的两个数，称为一个对换，证明对换改变排列逆序数的奇偶性.

证明 不妨设排列中交换的两个数为 s,t. 当 s,t 在排列中的位置相邻时，称为一个相邻对换，此时排列为

$$\cdots s\ t\cdots$$

经过对换后变成

$$\cdots t\ s\cdots$$

这里"…"表示那些不动的数．在这两个排列中，这些不动的数之间的逆序情况是一致的，而 s 或 t 与这些数所构成逆序的情况也是一致的，不同的只是 s、t 的次序.如果 $s<t$，那么 $\cdots t\ s\cdots$ 比 $\cdots s\ t\cdots$ 多一个逆序；如果 $s>t$，那么 $\cdots t\ s\cdots$ 比 $\cdots s\ t\cdots$ 少一个序列.所以逆序数 $\tau(\cdots s\ t\cdots)$ 和 $\tau(\cdots t\ s\cdots)$ 的奇偶性相反.

一般设 s 和 t 相隔 k 个位置，此时排列为

$$\cdots s\ i_1\cdots i_k\ t\cdots$$

经过对换后变成

$$\cdots t\ i_1\cdots i_k\ s\cdots$$

注意到

$(\cdots s\ i_1\cdots i_k\ t\cdots)$ 经过 $k+1$ 次相邻对换变成 $(\cdots i_1\cdots i_k\ t\ s\cdots)$，

$(\cdots i_1\cdots i_k\ t\ s\cdots)$ 经过 k 次相邻对换变成 $(\cdots t\ i_1\cdots i_k\ s\cdots)$，

所以给定对换可以通过 $2k+1$ 次相邻对换来实现.故逆序数 $\tau(\cdots s\ i_1\cdots i_k\ t\cdots)$ 和逆序数 $\tau(\cdots t\ i_1\cdots\ i_k\ s\cdots)$ 的奇偶性相反.

定理 1.1　用 $\sum\limits_{j_1j_2\cdots j_n}$ 表示对 $1,2,\cdots,n$ 所组成的所有排列求和，则 n 阶行列式可以表示为

$$\begin{vmatrix} a_{11} & a_{12} & \cdots & a_{1n} \\ a_{21} & a_{22} & \cdots & a_{2n} \\ \vdots & \vdots & & \vdots \\ a_{n1} & a_{n2} & \cdots & a_{nn} \end{vmatrix} = \sum_{j_1j_2\cdots j_n} (-1)^{\tau(j_1j_2\cdots j_n)} a_{1j_1}a_{2j_2}\cdots a_{nj_n}. \tag{1.3}$$

由于计算较复杂，通常不用(1.3)式计算行列式，所以对这一公式不予证明.

习　题　1.1

1. 求 t 使

$$\begin{vmatrix} 1 & 0 & t \\ 0 & t & 1 \\ t & 1 & 0 \end{vmatrix} = 0.$$

2. 多项式

$$D(x)=\begin{vmatrix} a_{11}+x & a_{12} & a_{13}+x & a_{14} \\ a_{21} & a_{22}+x & a_{23} & a_{24}+x \\ a_{31}+x & a_{32} & a_{33}+x & a_{34} \\ a_{41} & a_{42} & a_{43} & a_{44} \end{vmatrix},$$

问方程 $D(x)=0$ 最多有几个根？

3. 计算行列式：

(1) $\begin{vmatrix} a_{11} & 0 & 0 & a_{14} \\ 0 & a_{22} & a_{23} & 0 \\ 0 & a_{32} & a_{33} & 0 \\ a_{41} & 0 & 0 & a_{44} \end{vmatrix}$；　(2) $\begin{vmatrix} \lambda_1 & 0 & \cdots & 0 & 0 \\ 0 & \lambda_2 & \cdots & 0 & 0 \\ \vdots & \vdots & & \vdots & \vdots \\ 0 & 0 & \cdots & \lambda_{n-1} & 0 \\ 0 & 0 & \cdots & 0 & \lambda_n \end{vmatrix}$；

(3) $\begin{vmatrix} 0 & 0 & \cdots & 0 & 1 \\ 0 & 0 & \cdots & 2 & 0 \\ \vdots & \vdots & & \vdots & \vdots \\ 0 & n-1 & \cdots & 0 & 0 \\ n & 0 & \cdots & 0 & 0 \end{vmatrix}$；(4) $\begin{vmatrix} 0 & 0 & \cdots & 0 & a_{1n} \\ 0 & 0 & \cdots & a_{2,n-1} & a_{2n} \\ \vdots & \vdots & & \vdots & \vdots \\ 0 & a_{n-1,2} & \cdots & a_{n-1,n-1} & a_{n-1,n} \\ a_{n1} & a_{n2} & \cdots & a_{n,n-1} & a_{nn} \end{vmatrix}$.

4. 在 5 阶行列式的展开式中，$a_{13}a_{24}a_{31}a_{42}a_{55}$ 的前面应带什么符号？

5. 一个 n 阶行列式中等于零的元素个数如果比 n^2-n 多，则此行列式等于零．为什么？

6. 证明：在全部 n 元排列中，奇排列和偶排列的个数相等.

第二节　行列式的性质

本节讨论行列式的有关性质，希望利用所得结论，可以有效地简化行列式的计算.

1．行列式的转置

行列式

$$D=\begin{vmatrix} a_{11} & a_{12} & \cdots & a_{1n} \\ a_{21} & a_{22} & \cdots & a_{2n} \\ \vdots & \vdots & & \vdots \\ a_{n1} & a_{n2} & \cdots & a_{nn} \end{vmatrix}$$

的行和列互换后，所得的行列式

$$D^{\mathrm{T}}=\begin{vmatrix} a_{11} & a_{21} & \cdots & a_{n1} \\ a_{12} & a_{22} & \cdots & a_{n2} \\ \vdots & \vdots & & \vdots \\ a_{1n} & a_{2n} & \cdots & a_{nn} \end{vmatrix}$$

称为行列式 D 的转置行列式，简称为 D 的转置，有时也记 D 的转置为 D^{T}.

定理 1.2　行列式转置其值不变，即 $D^{\mathrm{T}}=D$.

不妨以三阶行列式为例来说明结论的正确性，这里略去严密的证明.

$$D=\begin{vmatrix} a_{11} & a_{12} & a_{13} \\ a_{21} & a_{22} & a_{23} \\ a_{31} & a_{32} & a_{33} \end{vmatrix}=a_{11}\begin{vmatrix} a_{22} & a_{23} \\ a_{32} & a_{33} \end{vmatrix}-a_{12}\begin{vmatrix} a_{21} & a_{23} \\ a_{31} & a_{33} \end{vmatrix}+a_{13}\begin{vmatrix} a_{21} & a_{22} \\ a_{31} & a_{32} \end{vmatrix},$$

而

$$D^{\mathrm{T}}=\begin{vmatrix} a_{11} & a_{21} & a_{31} \\ a_{12} & a_{22} & a_{32} \\ a_{13} & a_{23} & a_{33} \end{vmatrix}=a_{11}\begin{vmatrix} a_{22} & a_{32} \\ a_{23} & a_{33} \end{vmatrix}-a_{21}\begin{vmatrix} a_{12} & a_{32} \\ a_{13} & a_{33} \end{vmatrix}+a_{31}\begin{vmatrix} a_{12} & a_{22} \\ a_{13} & a_{23} \end{vmatrix}.$$

根据定义写出二阶行列式的值. 因为 D 表示为 6 项代数和，将这个代数和重新组合后，再写成二阶行列式的形式，有：

$$\begin{aligned} D &= a_{11}(a_{22}a_{33}-a_{23}a_{32})-a_{12}(a_{21}a_{33}-a_{23}a_{31})+a_{13}(a_{21}a_{32}-a_{22}a_{31}) \\ &= a_{11}(a_{22}a_{33}-a_{32}a_{23})-a_{21}(a_{12}a_{33}-a_{32}a_{13})+a_{31}(a_{12}a_{23}-a_{22}a_{13}) \\ &= a_{11}\begin{vmatrix} a_{22} & a_{32} \\ a_{23} & a_{33} \end{vmatrix}-a_{21}\begin{vmatrix} a_{12} & a_{32} \\ a_{13} & a_{33} \end{vmatrix}+a_{31}\begin{vmatrix} a_{12} & a_{22} \\ a_{13} & a_{23} \end{vmatrix}=D^{\mathrm{T}}. \end{aligned}$$

该定理表明，在行列式中行与列地位对等，从而关于行成立的性质，对列也成立. 所以在今后的讨论中，主要对行列式的行的性质进行讨论分析，所得结论对列自然也成立. 我们把这一规律称为行列式的行列性质对等律.

2. 行列式的初等变换

我们把下面三种变换称为行列式的初等行变换：

(1) 对换行列式的 i,j 两行，记作 $r_i \leftrightarrow r_j$；

(2) 用数 k 乘行列式的第 i 行的所有元素，记作 kr_i；

(3) 把行列式第 i 行各元素的 k 倍加到第 j 行的对应元素上，记作 r_j+kr_i.

类似地，若把“行”换成“列”，就得到行列式的初等列变换，依次记为 $c_i \leftrightarrow c_j$，kc_i，c_j+kc_i.

对行列式 D 施行初等变换所得行列式简记为 $D(r_i \leftrightarrow r_j)$，$D(kr_i)$，$D(r_j+$

kr_i)等，下面讨论初等变换对行列式的影响.

定理 1.3 初等行变换对行列式的影响如下：

(1) $D(r_i \leftrightarrow r_j) = -D$； (2) $D(kr_i) = kD$； (3) $D(r_j + kr_i) = D$.

证明 (1) $D(r_i \leftrightarrow r_j)$和 D 可表示为

$$D(r_i \leftrightarrow r_j) = \sum (-1)^{\tau(j_1 \cdots j_j \cdots j_i \cdots j_n)} a_{1j_1} \cdots a_{ij_j} \cdots a_{ij_i} \cdots a_{nj_n},$$

$$D = \sum (-1)^{\tau(j_1 \cdots j_i \cdots j_j \cdots j_n)} a_{1j_1} \cdots a_{ij_i} \cdots a_{jj_j} \cdots a_{nj_n},$$

由于 j_i 和 j_j 的取值都要遍历 $1,2,\cdots,n$，所以 D 的求和式中的每一项

$$a_{1j_1} \cdots a_{ij_i} \cdots a_{jj_j} \cdots a_{nj_n}$$

也是 $D(r_i \leftrightarrow r_j)$的求和式中的某一项，反之亦然. 而排列 $j_1 \cdots j_i \cdots j_j \cdots j_n$ 和 $j_1 \cdots j_j \cdots j_i \cdots j_n$ 的奇偶性相反(第一节例 7)，所以

$$(-1)^{\tau(j_1 \cdots j_j \cdots j_i \cdots j_n)} = -(-1)^{\tau(j_1 \cdots j_i \cdots j_j \cdots j_n)},$$

故
$$D(r_i \leftrightarrow r_j) = -D.$$

(2)、(3)的证明较简单，留作习题.

另外，由定理 1.2 可知，初等列变换对行列式的影响与初等行变换对行列式的影响相同.

推论 1 若行列式有两行(列)成比例，则行列式等于零.

证明 不妨设行列式 D 的 i,j 两行成比例，即

$$D = \begin{vmatrix} a_{11} & a_{12} & \cdots & a_{1n} \\ \vdots & \vdots & & \vdots \\ a_{i1} & a_{i2} & \cdots & a_{in} \\ \vdots & \vdots & & \vdots \\ \lambda a_{i1} & \lambda a_{i2} & \cdots & \lambda a_{in} \\ \vdots & \vdots & & \vdots \\ a_{n1} & a_{n2} & \cdots & a_{nn} \end{vmatrix} = \lambda D_0 = -\lambda D_0(r_i \leftrightarrow r_j) = -\lambda D_0 = -D,$$

故 $D=0$.

例 7 若行列式的某一行(列)元素全为零，试证明该行列式等于零.

证明 不妨设行列式 D 的第 i 行元素全为零，则

$$D = D(0 \cdot r_i) = 0 \cdot D = 0.$$

3. 行列式按任意行(列)的展开

我们可以把 n 阶行列式的定义 $D = a_{11}A_{11} + a_{12}A_{12} + \cdots + a_{1n}A_{1n}$ 看成是行列

式按第一行展开,而由定理 1.3 知,当交换行列式的第一行与第 i 行后,行列式仅改符号,所以 n 阶行列式也应该有依赖于第 i 行元素的计算公式.

定理 1.4 设 D 为 n 阶行列式,A_{ij} 为行列式元素 a_{ij} 的代数余子式,那么对任意的 $i\neq j$,如下四个等式都成立:

$$a_{i1}A_{i1}+a_{i2}A_{i2}+\cdots+a_{in}A_{in}=D; \tag{1.4}$$

$$a_{i1}A_{j1}+a_{i2}A_{j2}+\cdots+a_{in}A_{jn}=0; \tag{1.5}$$

$$a_{1j}A_{1j}+a_{2j}A_{2j}+\cdots+a_{nj}A_{nj}=D; \tag{1.6}$$

$$a_{1i}A_{1j}+a_{2i}A_{2j}+\cdots+a_{ni}A_{nj}=0; \tag{1.7}$$

证明 由行列式的行列性质对等律,只需证明(1.4)式和(1.5)式成立.

(1.4)式的证明. 将行列式 D 的第一行与第 i 行对换,记所得行列式为 B,则得

$$B=-D,$$

由于 B 的第一行就是 D 的第 i 行,再由定义计算得

$$B=a_{i1}(-1)^{1+1}B_{11}+a_{i2}(-1)^{1+2}B_{12}+\cdots+a_{in}(-1)^{1+n}B_{1n},$$

其中 $B_{ij}(j=1,2,\cdots,n)$ 为行列式 B 第一行元素的余子式. B_{1j} 的第 $i-1$ 行是 $(a_{11},\cdots,a_{1,j-1},a_{1,j+1},\cdots,a_{n})$,把该行依次与上一行对换,经 $i-2$ 次对换后,将该行换到第一行,而 B_{ij} 恰好变成行列式 D 中元素 a_{ij} 的余子式 M_{ij}. 注意到每次对换行列式仅改变一次正、负号,所以

$$B_{1j}=\begin{vmatrix} a_{21} & \cdots & a_{2,j-1} & a_{2,j+1} & \cdots & a_{2n} \\ \vdots & & \vdots & \vdots & & \vdots \\ a_{i-1,1} & \cdots & a_{i-1,j-1} & a_{i-1,j+1} & \cdots & a_{i-1,n} \\ a_{11} & \cdots & a_{1,j-1} & a_{1,j+1} & \cdots & a_{1n} \\ a_{i+1,1} & \cdots & a_{i+1,j-1} & a_{i+1,j+1} & \cdots & a_{i+1,n} \\ \vdots & & \vdots & \vdots & & \vdots \\ a_{n1} & \cdots & a_{n,j-1} & a_{n,j+1} & \cdots & a_{nn} \end{vmatrix}$$

$$=(-1)^{i-2}\begin{vmatrix} a_{11} & \cdots & a_{1,j-1} & a_{1,j+1} & \cdots & a_{1n} \\ a_{21} & \cdots & a_{2,j-1} & a_{2,j+1} & \cdots & a_{2n} \\ \vdots & & \vdots & \vdots & & \vdots \\ a_{i-1,1} & \cdots & a_{i-1,j-1} & a_{i-1,j+1} & \cdots & a_{i-1,n} \\ a_{i+1,1} & \cdots & a_{i+1,j-1} & a_{i+1,j+1} & \cdots & a_{i+1,n} \\ \vdots & & \vdots & \vdots & & \vdots \\ a_{n1} & \cdots & a_{n,j-1} & a_{n,j+1} & \cdots & a_{nn} \end{vmatrix}$$

$$=(-1)^{i-2}M_{ij}\quad(j=1,2,\cdots,n),$$

那么

$$\begin{aligned}D=-B&=-[a_{i1}(-1)^{1+1}B_{11}+a_{i2}(-1)^{1+2}B_{12}+\cdots+a_{in}(-1)^{1+n}B_{1n}]\\&=(-1)^{i-1}[a_{i1}(-1)^{1+1}M_{i1}+a_{i2}(-1)^{1+2}M_{i2}+\cdots+a_{in}(-1)^{1+n}M_{in}]\\&=[a_{i1}(-1)^{i+1}M_{i1}+a_{i2}(-1)^{i+2}M_{i2}+\cdots+a_{in}(-1)^{i+n}M_{in}]\\&=a_{i1}A_{i1}+a_{i2}A_{i2}+\cdots+a_{in}A_{in}.\end{aligned}$$

(1.5)式的证明.

考查如下行列式:

$$C=\begin{vmatrix}a_{11}&a_{12}&\cdots&a_{1n}\\\vdots&\vdots&&\vdots\\a_{i1}&a_{i2}&\cdots&a_{in}\\\vdots&\vdots&&\vdots\\a_{i1}&a_{i2}&\cdots&a_{in}\\\vdots&\vdots&&\vdots\\a_{n1}&a_{n2}&\cdots&a_{nn}\end{vmatrix}\begin{matrix}\\\\\text{第 } i \text{ 行}\\\\\text{第 } j \text{ 行}\\\\\\\end{matrix}$$

显然,把行列式 D 的第 j 行换成 D 的第 i 行(不是对换!),就得到行列式C. 由于该行列式的 i,j 两行相同,那么交换行列式 C 的 i,j 两行仍得到行列式 C,而交换行列式的两行,行列式改变正负号,所以行列式 $C=-C$,故 $C=0$. 另一方面,注意以 C 的第 j 行元素为 $a_{i1},a_{i2},\cdots,a_{in}$,对 C 的第 j 行应用(1.4)式得

$$a_{i1}A_{j1}+a_{i2}A_{j2}+\cdots+a_{in}A_{jn}=C=0.$$

通常把定理 1.4 中的公式(1.4)和(1.6)分别称为行列式按第 i 行展开和按第 j 列展开.

定理 1.4 中的公式,也可表示为如下形式

$$\sum_{k=1}^{n}a_{ik}A_{jk}=\begin{cases}D,\ i=j,\\0,\ i\neq j;\end{cases}\qquad\sum_{k=1}^{n}a_{ki}A_{kj}=\begin{cases}D,\ i=j,\\0,\ i\neq j.\end{cases}$$

推论 2 若行列式某一行(列)的元素均可分解为两数之和,则行列式等于对应行列式之和,即

$$\begin{vmatrix}a_{11}&a_{12}&\cdots&a_{1n}\\\vdots&\vdots&&\vdots\\b_{i1}+c_{i1}&b_{i2}+c_{i2}&\cdots&b_{in}+c_{in}\\\vdots&\vdots&&\vdots\\a_{n1}&a_{n2}&\cdots&a_{nn}\end{vmatrix}$$

$$=\begin{vmatrix} a_{11} & a_{12} & \cdots & a_{1n} \\ \vdots & \vdots & & \vdots \\ b_{i1} & b_{i2} & \cdots & b_{in} \\ \vdots & \vdots & & \vdots \\ a_{n1} & a_{n2} & \cdots & a_{nn} \end{vmatrix}+\begin{vmatrix} a_{11} & a_{12} & \cdots & a_{1n} \\ \vdots & \vdots & & \vdots \\ c_{i1} & c_{i2} & \cdots & c_{in} \\ \vdots & \vdots & & \vdots \\ a_{n1} & a_{n2} & \cdots & a_{nn} \end{vmatrix}.$$

证明 将左端行列式按第 i 行展开,得

左端 $=(b_{i1}+c_{i1})A_{i1}+(b_{i2}+c_{i2})A_{i2}+\cdots+(b_{in}+c_{in})A_{in}$

$=(b_{i1}A_{i1}+b_{i2}A_{i2}+\cdots+b_{in}A_{in})+(c_{i1}A_{i1}+c_{i2}A_{i2}+\cdots+c_{in}A_{in})=$ 右端.

例 8 计算四阶行列式:

$$D=\begin{vmatrix} 1 & 0 & 0 & 3 \\ 2 & 2 & 0 & 0 \\ 0 & 0 & 0 & 1 \\ 3 & 3 & 3 & 0 \end{vmatrix}.$$

解 将行列式 D 按第三行展开得

$$D=1\cdot A_{34}=(-1)^{3+4}\begin{vmatrix} 1 & 0 & 0 \\ 2 & 2 & 0 \\ 3 & 3 & 3 \end{vmatrix}=-6.$$

例 9 已知行列式 D 的第一行为$(1,2,\cdots,n)$,第二行为$(n,n-1,\cdots,1)$,且 $D=n+1$,求 D 的第一行元素的代数余子式之和 $A_{11}+A_{12}+\cdots+A_{1n}$.

解 把 D 的第二行元素加到第一行的对应元素上,记所得新行列式为 D_1,由定理 1.3 知

$$D_1=D=n+1,$$

但新行列式 D_1 的第一行为$(n+1,n+1,\cdots,n+1)$,而其余的行与 D 相同,所以 D_1 的第一行元素的代数余子式和 D 的第一行元素的代数余子式完全相同,那么将 D_1 按第一行展开,得

$$D_1=(n+1)[A_{11}+A_{12}+\cdots+A_{1n}],$$

故

$$A_{11}+A_{12}+\cdots+A_{1n}=1.$$

*4. 拉普拉斯展开定理

行列式按行(列)展开(定理 1.4)还可以推广为拉普拉斯(Laplace)展开定理,为此,首先把代数余子式的概念加以推广.

在 n 阶行列式 D 中,任取 k 行,$1\leqslant k\leqslant n$,由这 k 行的元素(按原有顺序)一共可组成 $C_n^k=\dfrac{n!}{k!\,(n-k)!}$ 个 k 阶行列式,简称为 D 的 k 阶子式,记 $m=C_n^k$,以

$N_1,N_2,\cdots,N_m$ 表示这 m 个 k 阶子式. 对每个 k 阶子式 N_t, $1\leqslant t\leqslant m$, 在行列式 D 中划去 N_t 所在的行：i_1 行, i_2 行, $\cdots$, i_k 行和所在的列：j_1 列, j_2 列, $\cdots$, j_k 列后, 剩下的元素按原有的顺序构成一个 $n-k$ 阶行列式 M_t, 称 M_t 为 N_t 的余子式, 将

$$A_t=(-1)^{i_1+\cdots+i_k+j_1+\cdots+j_k}M_t$$

称为 N_t 的代数余子式.

下面给出拉普拉斯展开定理, 而略去证明.

定理 1.5(拉普拉斯展开定理) 设 D 为 n 阶行列式, 对任意 k：$1\leqslant k<n$, 记 $m=\mathrm{C}_n^k$, 则

$$D=N_1A_1+N_2A_2+\cdots+N_mA_m. \tag{1.8}$$

由拉普拉斯定理, 行列式可以分块展开计算, 对出现整块零元素的高阶行列式, 可以用该定理简化计算.

例 10 证明如下等式：

$$\begin{vmatrix} a_{11} & \cdots & a_{1k} & 0 & \cdots & 0 \\ \vdots & & \vdots & \vdots & & \vdots \\ a_{k1} & \cdots & a_{kk} & 0 & \cdots & 0 \\ c_{11} & \cdots & c_{1k} & b_{11} & \cdots & b_{1r} \\ \vdots & & \vdots & \vdots & & \vdots \\ c_{r1} & \cdots & c_{rk} & b_{r1} & \cdots & b_{rr} \end{vmatrix}=\begin{vmatrix} a_{11} & \cdots & a_{1k} \\ \vdots & & \vdots \\ a_{k1} & \cdots & a_{kk} \end{vmatrix}\cdot\begin{vmatrix} b_{11} & \cdots & b_{1r} \\ \vdots & & \vdots \\ b_{r1} & \cdots & b_{rr} \end{vmatrix}.$$

证明 考虑用拉普拉斯展开定理来计算左端行列式, 记 $m=\mathrm{C}_{k+r}^k$, 则

$$左端=N_1A_1+N_2A_2+\cdots+N_mA_m,$$

其中 $N_1,N_2,\cdots,N_m$ 是左端行列式前 k 行的所有 k 阶子式, 而 $A_1,A_2,\cdots,A_m$ 是对应的代数余子式. 记

$$N_1=\begin{vmatrix} a_{11} & \cdots & a_{1k} \\ \vdots & & \vdots \\ a_{k1} & \cdots & a_{kk} \end{vmatrix},$$

那么

$$A_1=(-1)^{(1+2+\cdots+k)+(1+2+\cdots+k)}\begin{vmatrix} b_{11} & \cdots & b_{1r} \\ \vdots & & \vdots \\ b_{r1} & \cdots & b_{rr} \end{vmatrix}=\begin{vmatrix} b_{11} & \cdots & b_{1r} \\ \vdots & & \vdots \\ b_{r1} & \cdots & b_{rr} \end{vmatrix}.$$

而对其余的 $t(t\geqslant 2)$, 由左端行列式的构造易知,

$$N_tA_t=0 \quad (t=2,3,\cdots,m).$$

故

$$左端=N_1A_1=右端.$$

习　题　1.2

1. 若一个 n 阶行列式 D_n 的元素满足

$$a_{ij}=-a_{ji}, \quad (i,j=1,2,\cdots,n),$$

则称 D_n 为反对称行列式.证明:奇数阶反对称行列式为零.

2. 证明下列恒等式:

(1) $$\begin{vmatrix} ax+by & ay+bz & az+bx \\ ay+bz & az+bx & ax+by \\ az+bx & ax+by & ay+bz \end{vmatrix}=(a^3+b^3)\begin{vmatrix} x & y & z \\ y & z & x \\ z & x & y \end{vmatrix};$$

(2) $$\begin{vmatrix} a^2 & (a+1)^2 & (a+2)^2 & (a+3)^2 \\ b^2 & (b+1)^2 & (b+2)^2 & (b+3)^2 \\ c^2 & (c+1)^2 & (c+2)^2 & (c+3)^2 \\ d^2 & (d+1)^2 & (d+2)^2 & (d+3)^2 \end{vmatrix}=0.$$

3. 已知 1365,2743,4056,6695,5356 都能被 13 整除,证明行列式:

$$\begin{vmatrix} 1 & 1 & 3 & 6 & 5 \\ 2 & 2 & 7 & 4 & 3 \\ 3 & 4 & 0 & 5 & 6 \\ 4 & 6 & 6 & 9 & 5 \\ 5 & 5 & 3 & 5 & 6 \end{vmatrix}$$

能被 13 整除.

4. 已知四阶行列式:

$$D_4=\begin{vmatrix} 1 & 3 & -2 & 4 \\ 2 & 2 & 2 & 2 \\ 7 & 8 & 4 & 9 \\ 1 & 3 & 5 & 7 \end{vmatrix},$$

求 $A_{41}+A_{42}+A_{43}+A_{44}$ 的值,你能从解题过程总结出什么规律?

5. 已知 5 阶行列式:

$$D_5=\begin{vmatrix} 1 & 2 & 3 & 4 & 5 \\ 2 & 2 & 2 & 1 & 1 \\ 3 & 1 & 2 & 4 & 5 \\ 1 & 1 & 1 & 2 & 2 \\ 4 & 3 & 1 & 5 & 0 \end{vmatrix}=27,$$

求(1) $3A_{12}+2A_{22}+2A_{32}+A_{42}+A_{52}$;

(2) $A_{41}+A_{42}+A_{43}$ 和 $A_{44}+A_{45}$.

6. 设

$$f(x)=\begin{vmatrix} x & a & b & c \\ a & x & b & c \\ a & b & x & c \\ a & b & c & x \end{vmatrix},$$

求 $f(x)=0$ 的根.

7. 已知

$$\begin{vmatrix} a_{11} & a_{12} & a_{13} \\ a_{21} & a_{22} & a_{23} \\ a_{31} & a_{32} & a_{33} \end{vmatrix}=\frac{1}{2},$$

计算

$$D=\begin{vmatrix} 6a_{11} & -2a_{12} & -10a_{13} \\ -3_{21} & a_{22} & 5a_{23} \\ -3a_{31} & a_{32} & 5a_{33} \end{vmatrix}.$$

第三节　行列式的计算

1. 应用行列式性质简化计算

已知行列式可按任意一行(列)展开,即

$$\begin{aligned} D &= a_{i1}A_{i1}+a_{i2}A_{i2}+\cdots+a_{in}A_{in} \\ &= a_{1j}A_{1j}+a_{2j}A_{2j}+\cdots+a_{nj}A_{nj}, \end{aligned}$$

那么当行列式的某行或某列有许多零元素时,将该行列式按这一行或列展开,其计算就较为简单. 而应用行列式的初等变换,可以把一个给定行列式的某行或某列的许多元素化为零元素,从而达到简化计算的目的. 这也是计算行列式的主要方法.

例 11　计算四阶行列式:

$$D=\begin{vmatrix} -1 & 1 & 2 & 1 \\ 1 & -1 & 2 & 1 \\ 2 & 0 & 2 & -1 \\ 3 & 1 & -2 & 1 \end{vmatrix}.$$

解　注意到 D 的第二列已有一个零元素,可考虑把第二列的其他元素尽可能多地化为零,再按第二列展开,计算就较为简单.遵循这一思路,把第一行加到第二行(记为 r_2+r_1),再由第四行减去第一行(记为 r_4-r_1),由行列式的性质,这些改变不影响行列式的值,即

$$D\xlongequal[r_4-r_1]{r_2+r_1}\begin{vmatrix}-1&1&2&1\\0&0&4&2\\2&0&2&-1\\4&0&-4&0\end{vmatrix}\xlongequal{\text{按第二列展开}}(-1)^{1+2}\begin{vmatrix}0&4&2\\2&2&-1\\4&-4&0\end{vmatrix}$$

$$\xlongequal{r_3-2r_2}-\begin{vmatrix}0&4&2\\2&2&-1\\0&-8&2\end{vmatrix}\xlongequal{\text{按第一列展开}}-(-1)^{2+1}\cdot 2\cdot\begin{vmatrix}4&2\\-8&2\end{vmatrix}=48.$$

在计算行列式时,应该从给定行列式的特点出发,做到“事半功倍”和“有的放矢”.

例 12　计算行列式:

$$D=\begin{vmatrix}2&1&1&1\\1&2&1&1\\2&1&3&1\\1&2&1&3\end{vmatrix}.$$

解　容易发现 D 的特点是每列元素之和都等于 6,那么,把二、三、四行同时加到第一行,并提出第一行的公因子 6,便得到

$$D\xlongequal{r_1+(r_2+r_3+r_4)}\begin{vmatrix}6&6&6&6\\1&2&1&1\\2&1&3&1\\1&2&1&3\end{vmatrix}=6\begin{vmatrix}1&1&1&1\\1&2&1&1\\2&1&3&1\\1&2&1&3\end{vmatrix},$$

由于上式右端行列式第一行的元素都等于 1,那么让二、三、四列都减去第一列,第一行就出现了三个零元素,即

$$D\xlongequal[k=1,2,3]{c_k-c_1}6\begin{vmatrix}1&0&0&0\\1&1&0&0\\2&-1&1&-1\\1&1&0&2\end{vmatrix}$$

$$\xlongequal{\text{按 } r_1 \text{ 展开}} 6\begin{vmatrix} 1 & 0 & 0 \\ -1 & 1 & -1 \\ 1 & 0 & 2 \end{vmatrix} \xlongequal{\text{按 } r_1 \text{ 展开}} 6\begin{vmatrix} 1 & -1 \\ 0 & 2 \end{vmatrix} = 12.$$

例 13　计算 $n+1$ 阶行列式：

$$D=\begin{vmatrix} 1 & a_1 & 0 & 0 & \cdots & 0 & 0 \\ -1 & 1-a_1 & a_2 & 0 & \cdots & 0 & 0 \\ 0 & -1 & 1-a_2 & a_3 & \cdots & 0 & 0 \\ \vdots & \vdots & \vdots & \vdots & & \vdots & \vdots \\ 0 & 0 & 0 & 0 & \cdots & 1-a_{n-1} & a_n \\ 0 & 0 & 0 & 0 & \cdots & -1 & 1-a_n \end{vmatrix}.$$

解　把 D 的第一行加到第二行，再将新的第二行加到第三行上，如此继续直到将所得新的第 n 行加到第 $n+1$ 行上，这样就得到

$$D=\begin{vmatrix} 1 & a_1 & 0 & 0 & \cdots & 0 & 0 \\ 0 & 1 & a_2 & 0 & \cdots & 0 & 0 \\ 0 & 0 & 1 & a_3 & \cdots & 0 & 0 \\ \vdots & \vdots & \vdots & \vdots & & \vdots & \vdots \\ 0 & 0 & 0 & 0 & \cdots & 1 & a_n \\ 0 & 0 & 0 & 0 & \cdots & 0 & 1 \end{vmatrix}=1.$$

例 14　证明恒等式：

$$D=\begin{vmatrix} a_1+b_1 & a_2+b_2 & a_3+b_3 \\ b_1+c_1 & b_2+c_2 & b_3+c_3 \\ c_1+a_1 & c_2+a_2 & c_3+a_3 \end{vmatrix}=2\begin{vmatrix} a_1 & a_2 & a_3 \\ b_1 & b_2 & b_3 \\ c_1 & c_2 & c_3 \end{vmatrix}.$$

证明　$$D \xlongequal{r_1+(-r_2+r_3)} 2\begin{vmatrix} a_1 & a_2 & a_3 \\ b_1+c_1 & b_2+c_2 & b_3+c_3 \\ c_1+a_1 & c_2+a_2 & c_3+a_3 \end{vmatrix}$$

$$\xlongequal{r_3-r_1} 2\begin{vmatrix} a_1 & a_2 & a_3 \\ b_1+c_1 & b_2+c_2 & b_3+c_3 \\ c_1 & c_2 & c_3 \end{vmatrix}$$

$$\xlongequal{r_2-r_3} 2\begin{vmatrix} a_1 & a_2 & a_3 \\ b_1 & b_2 & b_3 \\ c_1 & c_2 & c_3 \end{vmatrix}.$$

2. 计算行列式的特殊方法

在 n 阶行列式的计算中，有时要用到如下的递推法、数学归纳法和加边法.

例 15　用递推法计算 n 阶行列式：

$$D_n=\begin{vmatrix} x & -1 & 0 & \cdots & 0 & 0 \\ 0 & x & -1 & \cdots & 0 & 0 \\ \vdots & \vdots & \vdots & & \vdots & \vdots \\ 0 & 0 & 0 & \cdots & x & -1 \\ a_n & a_{n-1} & a_{n-2} & \cdots & a_2 & x+a_1 \end{vmatrix}.$$

解　按第一列展开得

$$D_n=x\begin{vmatrix} x & -1 & 0 & \cdots & 0 & 0 \\ 0 & x & -1 & \cdots & 0 & 0 \\ \vdots & \vdots & \vdots & & \vdots & \vdots \\ 0 & 0 & 0 & \cdots & x & -1 \\ a_{n-1} & a_{n-2} & a_{n-3} & \cdots & a_2 & x+a_1 \end{vmatrix}_{n-1}$$

$$+(-1)^{n+1}a_n\begin{vmatrix} -1 & 0 & \cdots & 0 & 0 \\ x & -1 & \cdots & 0 & 0 \\ \vdots & \vdots & & \vdots & \vdots \\ 0 & 0 & \cdots & x & -1 \end{vmatrix}_{n-1}$$

$$=xD_{n-1}+a_n=x(xD_{n-2}+a_{n-1})+a_n$$

$$=x^2D_{n-2}+a_{n-1}x+a_n=\cdots$$

$$=x^{n-2}\begin{vmatrix} x & -1 \\ a_2 & x+a_1 \end{vmatrix}+a_3x^{n-3}+\cdots+a_{n-1}x+a_n$$

$$=x^n+a_1x^{n-1}+a_2x^{n-2}+\cdots+a_{n-1}x+a_n.$$

在上面的计算中，所得关系式 $D_n=xD_{n-1}+a_n$ 就是一个递推公式. 另外，我们也可用下面的方法完成该题的计算：

$$D_n\xlongequal{c_1+\sum_{k=2}^{n}x^{k-1}\cdot c_k}\begin{vmatrix} 0 & -1 & 0 & \cdots & 0 & 0 \\ 0 & x & -1 & \cdots & 0 & 0 \\ 0 & 0 & x & \cdots & 0 & 0 \\ \vdots & \vdots & \vdots & & \vdots & \vdots \\ 0 & 0 & 0 & \cdots & x & -1 \\ y & a_{n-1} & a_{n-2} & \cdots & a_2 & x+a_1 \end{vmatrix},$$

其中 $y=a_n+a_{n-1}x+\cdots+a_2x^{n-2}+(a_1+x)x^{n-1}$，再按第一列展开得

$$D_n=(-1)^{1+n}y\begin{vmatrix}-1&0&\cdots&0&0\\x&-1&\cdots&0&0\\\vdots&\vdots&&\vdots&\vdots\\0&0&\cdots&x&-1\end{vmatrix}_{n-1}$$
$$=y=x^n+a_1x^{n-1}+a_2x^{n-2}+\cdots+a_{n-1}x+a_n.$$

例 16 用数学归纳法证明 n 阶范德蒙(Vandermonde)行列式：

$$D(x_1,x_2,\cdots,x_n)=\begin{vmatrix}1&1&\cdots&1\\x_1&x_2&\cdots&x_n\\x_1^2&x_2^2&\cdots&x_n^2\\\vdots&\vdots&&\vdots\\x_1^{n-1}&x_2^{n-1}&\cdots&x_n^{n-1}\end{vmatrix}=\prod_{1\leqslant i<j\leqslant n}(x_j-x_i).$$

证明 用数学归纳法. 因为

$$D_2(x_1,x_2)=\begin{vmatrix}1&1\\x_1&x_2\end{vmatrix}=x_2-x_1=\prod_{1\leqslant i<j\leqslant 2}(x_j-x_i),$$

所以当 $n=2$ 时，等式成立. 现在假设等式对于 $n-1$ 阶范德蒙行列式成立，欲证等式对 n 阶范德蒙行列式也成立. 从第 n 行开始，依次由后行减去前行的 x_1 倍. 得

$$D_n(x_1,x_2,\cdots,x_n)=\begin{vmatrix}1&1&1&\cdots&1\\0&x_2-x_1&x_3-x_1&\cdots&x_n-x_1\\0&x_2(x_2-x_1)&x_3(x_3-x_1)&\cdots&x_n(x_n-x_1)\\\vdots&\vdots&\vdots&&\vdots\\0&x_2^{n-2}(x_2-x_1)&x_3^{n-2}(x_3-x_1)&\cdots&x_n^{n-2}(x_n-x_1)\end{vmatrix},$$

把右端按第一列展开，并把每列的公因子提出，得

$$D_n=(x_2-x_1)\cdot(x_3-x_1)\cdots(x_n-x_1)\cdot D_{n-1}(x_2,x_3,\cdots,x_n).$$

由归纳假设得

$$D_n=(x_2-x_1)\cdot(x_3-x_1)\cdots(x_n-x_1)\cdot\prod_{2\leqslant i<j\leqslant n}(x_j-x_i)=\prod_{1\leqslant i<j\leqslant n}(x_j-x_i).$$

例 17 用加边法计算行列式：

$$D_n=\begin{vmatrix}x+1&x&x&\cdots&x\\x&x+\frac{1}{2}&x&\cdots&x\\\vdots&\vdots&\vdots&&\vdots\\x&x&x&\cdots&x+\frac{1}{n}\end{vmatrix}.$$

解　应用加边法得

$$D_n=\begin{vmatrix}1 & x & x & \cdots & x\\ 0 & x+1 & x & \cdots & x\\ 0 & x & x+\frac{1}{2} & \cdots & x\\ \vdots & \vdots & \vdots & & \vdots\\ 0 & x & x & \cdots & x+\frac{1}{n}\end{vmatrix}=\begin{vmatrix}1 & x & x & \cdots & x\\ -1 & 1 & 0 & \cdots & 0\\ -1 & 0 & \frac{1}{2} & \cdots & 0\\ \vdots & \vdots & \vdots & & \vdots\\ -1 & 0 & 0 & \cdots & \frac{1}{n}\end{vmatrix}$$

$$=\begin{vmatrix}1+x+2x+\cdots+nx & x & x & \cdots & x\\ 0 & 1 & 0 & \cdots & 0\\ 0 & 0 & \frac{1}{2} & \cdots & 0\\ \vdots & \vdots & \vdots & & \vdots\\ 0 & 0 & 0 & \cdots & \frac{1}{n}\end{vmatrix}$$

$$=(1+x+2x+\cdots+nx)\cdot\frac{1}{n!}.$$

习　题　1.3

1. 计算下列行列式：

(1) $\begin{vmatrix}3 & 1 & 1 & 1\\ 1 & 3 & 1 & 1\\ 1 & 1 & 3 & 1\\ 1 & 1 & 1 & 3\end{vmatrix}$；　　(2) $\begin{vmatrix}1+x & 1 & 1 & 1\\ 1 & 1-x & 1 & 1\\ 1 & 1 & 1+y & 1\\ 1 & 1 & 1 & 1-y\end{vmatrix}$；

(3) $\begin{vmatrix}2 & 1 & 3 & 4\\ 1 & 0 & 2 & 3\\ 1 & 1 & 1 & 1\\ 4 & 2 & 6 & 8\end{vmatrix}$；　　(4) $\begin{vmatrix}1+a_1 & 1 & \cdots & 1\\ 1 & 1+a_2 & \cdots & 1\\ \vdots & \vdots & & \vdots\\ 1 & 1 & \cdots & 1+a_n\end{vmatrix}$ $(a_i\neq 0)$；

(5) $\begin{vmatrix}a_1-b_1 & a_1-b_2 & \cdots & a_1-b_n\\ a_2-b_1 & a_2-b_2 & \cdots & a_2-b_n\\ \vdots & \vdots & & \vdots\\ a_n-b_1 & a_n-b_2 & \cdots & a_n-b_n\end{vmatrix}$ $(n\geqslant 3)$；

(6) $\begin{vmatrix} 1 & -1 & 1 & x-1 \\ 1 & -1 & x+1 & -1 \\ 1 & x-1 & 1 & -1 \\ x+1 & -1 & 1 & -1 \end{vmatrix}$.

2. 已知 n 阶行列式：

$$D_n=\begin{vmatrix} x & a & \cdots & a \\ a & x & \cdots & a \\ \vdots & \vdots & & \vdots \\ a & a & \cdots & x \end{vmatrix},\quad (n-1)a+x\neq 0.$$

求 $A_{n1}+A_{n2}+\cdots+A_{nn}$ 的值.

3. 计算 n 阶行列式：

$$D_n=\begin{vmatrix} 2 & 1 & 0 & 0 & \cdots & 0 & 0 & 0 \\ 1 & 2 & 1 & 0 & \cdots & 0 & 0 & 0 \\ \vdots & \vdots & \vdots & \vdots & & \vdots & \vdots & \vdots \\ 0 & 0 & 0 & 0 & \cdots & 1 & 2 & 1 \\ 0 & 0 & 0 & 0 & \cdots & 0 & 1 & 2 \end{vmatrix}.$$

4. 计算 n 阶行列式：

$$D_n=\begin{vmatrix} a+b & ab & 0 & \cdots & 0 & 0 & 0 \\ 1 & a+b & ab & \cdots & 0 & 0 & 0 \\ 0 & 1 & a+b & \cdots & 0 & 0 & 0 \\ \vdots & \vdots & \vdots & & \vdots & \vdots & \vdots \\ 0 & 0 & 0 & \cdots & 1 & a+b & ab \\ 0 & 0 & 0 & \cdots & 0 & 1 & a+b \end{vmatrix}.$$

5. 计算 $n+1$ 阶行列式：

$$D_{n+1}=\begin{vmatrix} a_1^n & a_1^{n-1}b_1 & a_1^{n-2}b_1^2 & \cdots & a_1b_1^{n-1} & b_1^n \\ a_2^n & a_2^{n-1}b_2 & a_2^{n-2}b_2^2 & \cdots & a_2b_2^{n-1} & b_2^n \\ \vdots & \vdots & \vdots & & \vdots & \vdots \\ a_{n+1}^n & a_{n+1}^{n-1}b_{n+1} & a_{n+1}^{n-2}b_{n+1}^2 & \cdots & a_{n+1}b_{n+1}^{n-1} & b_{n+1}^n \end{vmatrix}.$$

6. 计算 $n(n\geqslant 3)$ 阶行列式：

$$D_n=\begin{vmatrix} x & y & 0 & \cdots & 0 & 0 \\ 0 & x & y & \cdots & 0 & 0 \\ \vdots & \vdots & \vdots & & \vdots & \vdots \\ 0 & 0 & 0 & \cdots & x & y \\ y & 0 & 0 & \cdots & 0 & x \end{vmatrix}.$$

7. 计算 n 阶行列式：

$$D_n=\begin{vmatrix} 1+a_1 & 1 & \cdots & 1 \\ 2 & 2+a_2 & \cdots & 2 \\ \vdots & \vdots & & \vdots \\ n & n & \cdots & n+a_n \end{vmatrix},\quad a_1a_2\cdots a_n\neq 0.$$

第二章　矩　　阵

矩阵是线性代数的一个主要研究对象，在自然科学、工程技术中有大量的问题都与矩阵有关，这使得矩阵成为数学中的一个极其重要的且应用广泛的概念．本章主要讨论矩阵的运算、矩阵的初等变换以及有关理论．

第一节　矩阵的概念

1．矩阵的概念

定义 2.1　由 $m\times n$ 个数 a_{ij} 排成的数表：

$$\begin{pmatrix} a_{11} & a_{12} & \cdots & a_{1n} \\ a_{21} & a_{22} & \cdots & a_{2n} \\ \vdots & \vdots & & \vdots \\ a_{m1} & a_{m2} & \cdots & a_{mn} \end{pmatrix}$$

称为一个 m 行 n 列的矩阵，简称为矩阵，通常简记为

$$\boldsymbol{A}=(a_{ij})_{m\times n},$$

或用一个大写字母 $\boldsymbol{A},\boldsymbol{B}$ 等表示．

称 a_{ij} 为矩阵 $\boldsymbol{A}$ 的第 i 行第 j 列元素，本书中均假定 a_{ij} 都是实数．称

$$\boldsymbol{a}_i=(a_{i1}\ \ a_{i2}\ \ \cdots\ \ a_{in})$$

为矩阵的第 i 行，而称

$$\boldsymbol{a}_j=\begin{pmatrix} a_{1j} \\ a_{2j} \\ \vdots \\ a_{mj} \end{pmatrix}$$

为矩阵的第 j 列．在矩阵 $\boldsymbol{A}=(a_{ij})_{n\times n}$ 中，称 $a_{11},a_{22},\cdots,a_{nn}$ 所在的位置为矩阵的主对角线．

下面是几个完全可由矩阵来表示的问题.

(1) 线性方程组:

$$\begin{cases} x_1+2x_2+3x_3+4x_4=5, \\ x_1-x_2+x_3-x_4=0, \\ 2x_1+x_2+x_3+x_4=2 \end{cases}$$

完全由矩阵

$$\begin{pmatrix} 1 & 2 & 3 & 4 & 5 \\ 1 & -1 & 1 & -1 & 0 \\ 2 & 1 & 1 & 1 & 2 \end{pmatrix}$$

唯一确定.

(2) 假设某物资有 m 个产地 $A_1,A_2,\cdots,A_m$ 和 n 个销地 $B_1,B_2,\cdots,B_n$,用 a_{ij} 表示由产地 A_i 运到销地 B_j 的数量,那么调运方案就可以用矩阵

$$\begin{pmatrix} a_{11} & a_{12} & \cdots & a_{1n} \\ a_{21} & a_{22} & \cdots & a_{2n} \\ \vdots & \vdots & & \vdots \\ a_{m1} & a_{m2} & \cdots & a_{mn} \end{pmatrix}$$

唯一确定.

虽然矩阵与行列式在形式上有些类似,但它们的意义完全不同,一个行列式是一个数,而一个矩阵是一个数表.

若两个矩阵 $\boldsymbol{A}=(a_{ij})_{m\times n}$,$\boldsymbol{B}=(b_{ij})_{s\times t}$满足 $m=s,n=t$,则称 $\boldsymbol{A}$ 与 $\boldsymbol{B}$ 是同型矩阵.

定义 2.2　如果两个同型矩阵 $\boldsymbol{A}=(a_{ij})_{m\times n}$,$\boldsymbol{B}=(b_{ij})_{m\times n}$对应的元素都相等,即

$$a_{ij}=b_{ij},\quad i=1,2,\cdots,m;\quad j=1,2,\cdots,n,$$

则称矩阵 $\boldsymbol{A}$ 与 $\boldsymbol{B}$ 是相等的,记作 $\boldsymbol{A}=\boldsymbol{B}$.

2. 特殊矩阵

下面介绍一些非常重要的特殊类型矩阵.

(1) 行矩阵与列矩阵. 我们把 $m\times 1$ 矩阵(即只有一列的矩阵)称为列矩阵,把 $1\times n$ 矩阵(即只有一行的矩阵)称为行矩阵,为避免元素间的混淆,行矩阵也记作

$$\boldsymbol{A}=(a_1,a_2,\cdots,a_n).$$

(2) 零矩阵. 若矩阵 $\boldsymbol{A}=(a_{ij})$中的元素 a_{ij} 都是零,则称 $\boldsymbol{A}$ 是零矩阵,记为 $\boldsymbol{A}=\boldsymbol{O}$.

(3) 方阵．若矩阵 $\boldsymbol{A}=(a_{ij})_{n\times n}$，则称 $\boldsymbol{A}$ 为 n 阶方阵或方阵，简记为 $\boldsymbol{A}=\boldsymbol{A}_n$.

(4) 对角矩阵与单位矩阵．若方阵 $\boldsymbol{A}=(a_{ij})_n$ 满足

$$a_{ij}=0,\quad i\neq j$$

则称 $\boldsymbol{A}$ 为对角矩阵．

当对角矩阵的主对角线上的元素都是 1 时，则称为单位矩阵，记为 $\boldsymbol{E}$ 或 $\boldsymbol{E}_n$.

(5) 三角矩阵．当方阵 $\boldsymbol{A}$ 的主对角线下方(上方)的元素都是零时，称 $\boldsymbol{A}$ 为上三角矩阵(下三角矩阵).

(6) 对称矩阵和反对称矩阵．若方阵 $\boldsymbol{A}=(a_{ij})_n$ 满足 $a_{ij}=a_{ji}$，则称 $\boldsymbol{A}$ 为对称矩阵；若 $\boldsymbol{A}=(a_{ij})_n$ 满足 $a_{ij}=-a_{ji}$，则称 $\boldsymbol{A}$ 为反对称矩阵．

例如，矩阵

$$\begin{pmatrix}1&2&3\\2&1&0\\3&0&2\end{pmatrix},\quad\begin{pmatrix}0&1&2\\-1&0&-1\\-2&1&0\end{pmatrix}$$

分别是对称矩阵和反对称矩阵．

习　题　2.1

1. 设 a_{ij} 表示某物质由产地 A_i 运到销地 B_j 的数量，试由矩阵表示的调运方案

$$\begin{pmatrix}a_{11}&a_{12}&\cdots&a_{1n}\\a_{21}&a_{22}&\cdots&a_{2n}\\\vdots&\vdots&&\vdots\\a_{m1}&a_{m2}&\cdots&a_{mn}\end{pmatrix},$$

求：(1) 产地数量；

(2) 销地数量；

(3) 产地 A_1 的产量(假定产量全部运出)；

(4) 销地 B_1 的销量(假定产量全部销出).

2. 设方阵 $\boldsymbol{A}$ 是反对称矩阵，证明：$a_{ii}=0,i=1,2,\cdots,n$.

第二节　矩阵的运算

矩阵的意义不仅在于将 $m\times n$ 个数排成数表形式，而且在于对它定义了一些有实际意义和理论意义的运算，从而使矩阵成为进行理论研究和解决实际问

题的有力工具．

1．矩阵的加减及数乘

定义 2.3　设 $\boldsymbol{A}=(a_{ij})_{m\times n}$，$\boldsymbol{B}=(b_{ij})_{m\times n}$，规定

$$\boldsymbol{A}+\boldsymbol{B}=(a_{ij}+b_{ij})_{m\times n},\quad \boldsymbol{A}-\boldsymbol{B}=(a_{ij}-b_{ij})_{m\times n},$$

它们分别称为矩阵的和与矩阵的差．

从定义可知，只有同型矩阵才能相加、相减．

例 1

$$\begin{pmatrix}1&2&3\\3&2&1\end{pmatrix}+\begin{pmatrix}1&0&1\\1&1&1\end{pmatrix}=\begin{pmatrix}1+1&2+0&3+1\\3+1&2+1&1+1\end{pmatrix}=\begin{pmatrix}2&2&4\\4&3&2\end{pmatrix}.$$

由于矩阵的加法就是把矩阵对应的元素相加，因此，矩阵的加法满足下述运算规律：

(1) $\boldsymbol{A}+\boldsymbol{B}=\boldsymbol{B}+\boldsymbol{A}$（交换律）；

(2) $\boldsymbol{A}+(\boldsymbol{B}+\boldsymbol{C})=(\boldsymbol{A}+\boldsymbol{B})+\boldsymbol{C}$（结合律）；

(3) $\boldsymbol{A}+\boldsymbol{O}=\boldsymbol{A}$.

同理，矩阵的减法也有相同性质．

定义 2.4　设 $\boldsymbol{A}=(a_{ij})_{m\times n}$，$\lambda$ 是一个数，规定

$$\lambda\boldsymbol{A}=(\lambda a_{ij})_{m\times n},$$

称为数 λ 与矩阵 $\boldsymbol{A}$ 的乘积．

由定义可知，用数 λ 乘矩阵就是用数 λ 去乘矩阵中每一个元素，因此数与矩阵的乘积满足如下运算规律：

(1) $1\boldsymbol{A}=\boldsymbol{A}$；

(2) $(\lambda\mu)\boldsymbol{A}=\lambda(\mu\boldsymbol{A})=\mu(\lambda\boldsymbol{A})$；

(3) $(\lambda+\mu)\boldsymbol{A}=\lambda\boldsymbol{A}+\mu\boldsymbol{A}$；

(4) $\lambda(\boldsymbol{A}+\boldsymbol{B})=\lambda\boldsymbol{A}+\lambda\boldsymbol{B}$

其中 $\boldsymbol{A}$，$\boldsymbol{B}$ 是同型矩阵，λ、μ 是两个数．

例 2　设 $\boldsymbol{A}=\begin{pmatrix}1&1&1\\1&0&1\end{pmatrix}$，　$\boldsymbol{B}=\begin{pmatrix}1&1&0\\1&-1&1\end{pmatrix}$，计算 $2\boldsymbol{A}+\boldsymbol{B}$.

解

$$\begin{aligned}2\boldsymbol{A}+\boldsymbol{B}&=2\begin{pmatrix}1&1&1\\1&0&1\end{pmatrix}+\begin{pmatrix}1&1&0\\1&-1&1\end{pmatrix}\\&=\begin{pmatrix}2&2&2\\2&0&2\end{pmatrix}+\begin{pmatrix}1&1&0\\1&-1&1\end{pmatrix}=\begin{pmatrix}3&3&2\\3&-1&3\end{pmatrix}.\end{aligned}$$

2. 矩阵的乘法

定义 2.5　设 $\boldsymbol{A}=(a_{ik})_{m\times s}$，$\boldsymbol{B}=(b_{kj})_{s\times n}$，规定 $\boldsymbol{C}=\boldsymbol{AB}=(c_{ij})_{m\times n}$ 是一个 $m\times n$ 矩阵，其中

$$\begin{aligned} c_{ij} &= a_{i1}b_{1j}+a_{i2}b_{2j}+\cdots+a_{is}b_{sj} \\ &= \sum_{k=1}^{s} a_{ik}b_{kj}, \quad (i=1,2,\cdots,m;\ j=1,2,\cdots,n) \end{aligned}$$

称矩阵 $\boldsymbol{C}$ 是 $\boldsymbol{A}$ 与 $\boldsymbol{B}$ 的乘积 .

由定义可知，只有当 $\boldsymbol{A}$ 的列数与 $\boldsymbol{B}$ 的行数相同时，乘积 $\boldsymbol{AB}$ 才可以进行 .

例 3　设 $\boldsymbol{A}=\begin{pmatrix} -1 & -1 \\ 1 & 1 \end{pmatrix}$，$\boldsymbol{B}=\begin{pmatrix} 1 & -1 \\ -1 & 1 \end{pmatrix}$，计算 $\boldsymbol{AB}$ 与 $\boldsymbol{BA}$.

解

$$\boldsymbol{AB}=\begin{pmatrix} -1 & -1 \\ 1 & 1 \end{pmatrix}\begin{pmatrix} 1 & -1 \\ -1 & 1 \end{pmatrix}=\begin{pmatrix} 0 & 0 \\ 0 & 0 \end{pmatrix},$$

$$\boldsymbol{BA}=\begin{pmatrix} 1 & -1 \\ -1 & 1 \end{pmatrix}\begin{pmatrix} -1 & -1 \\ 1 & 1 \end{pmatrix}=\begin{pmatrix} -2 & -2 \\ 2 & 2 \end{pmatrix}.$$

从上例的计算结果看，$\boldsymbol{A}\neq\boldsymbol{O}$，$\boldsymbol{B}\neq\boldsymbol{O}$，但 $\boldsymbol{AB}=\boldsymbol{O}$. 这是与数的乘法不同的地方，由此可以推出：由 $\boldsymbol{AB}=\boldsymbol{AC}$ 不一定能断定 $\boldsymbol{B}=\boldsymbol{C}$.

另外，该例题还表明，矩阵乘法没有交换律，即一般来说，$\boldsymbol{AB}\neq\boldsymbol{BA}$.

定义 2.6　对矩阵 $\boldsymbol{A}$ 与 $\boldsymbol{B}$，若有

$$\boldsymbol{AB}=\boldsymbol{BA},$$

则称 $\boldsymbol{A}$ 与 $\boldsymbol{B}$ 是可交换的 .

例如，n 阶单位矩阵 $\boldsymbol{E}$ 和 n 阶方阵 $\boldsymbol{A}$ 是可交换的 . 实际上，简单验算可得

$$\boldsymbol{E}_m\boldsymbol{A}_{m\times n}=\boldsymbol{A}_{m\times n}, \quad \boldsymbol{A}_{m\times n}\boldsymbol{E}_n=\boldsymbol{A}_{m\times n}.$$

例 4　设 $\boldsymbol{A}=\begin{pmatrix} 1 & 0 \\ 1 & 1 \end{pmatrix}$，求与 $\boldsymbol{A}$ 可交换的所有矩阵 .

解　设 $\boldsymbol{B}$ 与 $\boldsymbol{A}$ 可交换，则 $\boldsymbol{B}$ 应是 2 阶方阵，不妨记

$$\boldsymbol{B}=\begin{pmatrix} a & b \\ c & d \end{pmatrix},$$

由 $\boldsymbol{AB}=\boldsymbol{BA}$，即

$$\begin{pmatrix} 1 & 0 \\ 1 & 1 \end{pmatrix}\begin{pmatrix} a & b \\ c & d \end{pmatrix}=\begin{pmatrix} a & b \\ c & d \end{pmatrix}\begin{pmatrix} 1 & 0 \\ 1 & 1 \end{pmatrix},$$

得

$$\begin{pmatrix} a & b \\ a+c & b+d \end{pmatrix}=\begin{pmatrix} a+b & b \\ c+d & d \end{pmatrix}.$$

所以

$$\begin{cases} a=a+b, \\ a+c=c+d, \\ b+d=d. \end{cases}$$

解得 $b=0, a=d$. 故与 $\boldsymbol{A}$ 可交换的所有矩阵为

$$\boldsymbol{B}=\begin{pmatrix} a & 0 \\ c & a \end{pmatrix},$$

其中 a, c 为任意常数.

例 5 利用矩阵乘法,一般线性方程组可以写成矩阵形式. 设有线性方程组:

$$\begin{cases} a_{11}x_1+a_{12}x_2+\cdots+a_{1n}x_n=b_1, \\ a_{21}x_1+a_{22}x_2+\cdots+a_{2n}x_n=b_2, \\ \cdots\cdots\cdots\cdots \\ a_{m1}x_1+a_{m2}x_2+\cdots+a_{mn}x_n=b_m, \end{cases}$$

令

$$\boldsymbol{A}=\begin{pmatrix} a_{11} & a_{12} & \cdots & a_{1n} \\ a_{21} & a_{22} & \cdots & a_{2n} \\ \vdots & \vdots & & \vdots \\ a_{m1} & a_{m2} & \cdots & a_{mn} \end{pmatrix}, \quad \boldsymbol{X}=\begin{pmatrix} x_1 \\ x_2 \\ \vdots \\ x_n \end{pmatrix}, \quad \boldsymbol{b}=\begin{pmatrix} b_1 \\ b_2 \\ \vdots \\ b_m \end{pmatrix},$$

则上述方程组可写成

$$\boldsymbol{AX}=\boldsymbol{b}.$$

例 6 由 x_1, x_2, x_3 到 y_1, y_2, y_3 的一个坐标变换:

$$\begin{cases} y_1=a_{11}x_1+a_{12}x_2+a_{13}x_3, \\ y_2=a_{21}x_1+a_{22}x_2+a_{23}x_3, \\ y_3=a_{31}x_1+a_{32}x_2+a_{33}x_3 \end{cases}$$

也可以写成矩阵形式

$$\boldsymbol{Y}=\boldsymbol{AX}.$$

其中

$$\boldsymbol{A}=\begin{pmatrix} a_{11} & a_{12} & a_{13} \\ a_{21} & a_{22} & a_{23} \\ a_{31} & a_{32} & a_{33} \end{pmatrix}, \quad \boldsymbol{X}=\begin{pmatrix} x_1 \\ x_2 \\ x_3 \end{pmatrix}, \quad \boldsymbol{Y}=\begin{pmatrix} y_1 \\ y_2 \\ y_3 \end{pmatrix}.$$

容易验证矩阵的乘法满足下列运算规律:

(1) 结合律:$\boldsymbol{A}(\boldsymbol{BC})=(\boldsymbol{AB})\boldsymbol{C}$, $\lambda(\boldsymbol{AB})=(\lambda\boldsymbol{A})\boldsymbol{B}=\boldsymbol{A}(\lambda\boldsymbol{B})$, $\lambda\in\mathbf{R}$;

(2) 分配律：$\boldsymbol{A}(\boldsymbol{B}+\boldsymbol{C})=\boldsymbol{AB}+\boldsymbol{AC}$；$(\boldsymbol{B}+\boldsymbol{C})\boldsymbol{A}=\boldsymbol{BA}+\boldsymbol{CA}$.

例 7 设 n 阶方阵 $\boldsymbol{A}=(a_{ij})$，$\boldsymbol{B}=(b_{ij})$，矩阵 $\boldsymbol{A}$ 和 $\boldsymbol{B}$ 的每列元素之和都等于 1. 设 $\boldsymbol{\alpha}$ 为 $1\times n$ 矩阵，且每个元素都为1.

(1) 计算 $\boldsymbol{\alpha A}$ 和 $\boldsymbol{\alpha B}$；

(2) 证明矩阵 $\boldsymbol{AB}$ 的每列元素之和都等于 1.

解 (1)

$$\boldsymbol{\alpha A}=(1,1,\cdots,1)\begin{pmatrix} a_{11} & a_{12} & \cdots & a_{1n} \\ a_{21} & a_{22} & \cdots & a_{2n} \\ \vdots & \vdots & & \vdots \\ a_{n1} & a_{n2} & \cdots & a_{nn} \end{pmatrix}$$

$$=\left(\sum_{i=1}^{n} a_{i1},\ \sum_{i=1}^{n} a_{i2},\cdots,\ \sum_{i=1}^{n} a_{in}\right)=\boldsymbol{\alpha},$$

同理可得 $$\boldsymbol{\alpha B}=\boldsymbol{\alpha}.$$

(2) 设 $\boldsymbol{AB}=(c_{ij})$，那么

$$(\boldsymbol{\alpha AB})=\left(\sum_{i=1}^{n} c_{i1},\ \sum_{i=1}^{n} c_{i2},\cdots,\ \sum_{i=1}^{n} c_{in}\right).$$

另一方面，利用矩阵乘积的结合律和(1)的结果有

$$(\boldsymbol{\alpha AB})=(\boldsymbol{\alpha A})\boldsymbol{B}=\boldsymbol{\alpha B}=(1,1,\cdots,1),$$

从而

$$\sum_{i=1}^{n} c_{ij}=1,\quad j=1,2,\cdots,n.$$

现在设 $\boldsymbol{A}$ 是 n 阶方阵，由于矩阵乘积满足结合律，所以 $\boldsymbol{AA}\cdots\boldsymbol{A}$ 表示唯一的一个 n 阶方阵，于是可以定义

$$\boldsymbol{A}^m=\underbrace{\boldsymbol{AA}\cdots\boldsymbol{A}}_{m\text{个}}.$$

其中 m 为正整数. 称 $\boldsymbol{A}^m$ 为矩阵 $\boldsymbol{A}$ 的 m 次幂.

规定：$\boldsymbol{A}^0=\boldsymbol{E}$.

矩阵的幂显然有如下性质：

$$\boldsymbol{A}^k\boldsymbol{A}^l=\boldsymbol{A}^{k+l},\quad (\boldsymbol{A}^k)^l=\boldsymbol{A}^{kl},$$

其中 k,l 是任意非负整数.

对于方阵 $\boldsymbol{A}$，还可以定义矩阵 $\boldsymbol{A}$ 的多项式. 设

$$f(x)=a_mx^m+a_{m-1}x^{m-1}+\cdots+a_1x+a_0,$$

规定

$$f(\boldsymbol{A})=a_m\boldsymbol{A}^m+a_{m-1}\boldsymbol{A}^{m-1}+\cdots+a_1\boldsymbol{A}+a_0\boldsymbol{E},$$

其中 $\boldsymbol{E}$ 是和 $\boldsymbol{A}$ 同阶的单位矩阵，称 $f(\boldsymbol{A})$ 为矩阵 $\boldsymbol{A}$ 的多项式．显然 $f(\boldsymbol{A})$ 仍是和 $\boldsymbol{A}$ 同阶的方阵．

由于矩阵乘法的运算规律和数的乘法运算规律不完全相同，故由数的乘法运算规律推出的一些公式未必完全适合矩阵．

例如，对数来说有

$$(a+b)(a-b)=a^2-b^2,\quad (a+b)^2=a^2+2ab+b^2,$$

但对矩阵而言，却是

$$(\boldsymbol{A}+\boldsymbol{B})(\boldsymbol{A}-\boldsymbol{B})=\boldsymbol{A}^2+\boldsymbol{BA}-\boldsymbol{AB}-\boldsymbol{B}^2,$$
$$(\boldsymbol{A}+\boldsymbol{B})^2=\boldsymbol{A}^2+\boldsymbol{AB}+\boldsymbol{BA}+\boldsymbol{B}^2.$$

3．矩阵的转置

定义 2.7　设 $\boldsymbol{A}$ 是一个 $m\times n$ 矩阵，把 $\boldsymbol{A}$ 的行和列互换，得到一个 $n\times m$ 矩阵，称为 $\boldsymbol{A}$ 的转置矩阵或简称为转置，记作 $\boldsymbol{A}^{\mathrm{T}}$ 或 $\boldsymbol{A}'$. 即如果

$$\boldsymbol{A}=\begin{pmatrix} a_{11} & a_{12} & \cdots & a_{1n} \\ a_{21} & a_{22} & \cdots & a_{2n} \\ \vdots & \vdots & & \vdots \\ a_{m1} & a_{m2} & \cdots & a_{mn} \end{pmatrix},$$

则

$$\boldsymbol{A}^{\mathrm{T}}=\begin{pmatrix} a_{11} & a_{21} & \cdots & a_{m1} \\ a_{12} & a_{22} & \cdots & a_{m2} \\ \vdots & \vdots & & \vdots \\ a_{1n} & a_{2n} & \cdots & a_{mn} \end{pmatrix}.$$

或者说，若 $\boldsymbol{A}=(a_{ij})_{m\times n}$，则

$$\boldsymbol{A}^{\mathrm{T}}=(a_{ij}^{*})_{n\times m}\quad 且\quad a_{ij}^{*}=a_{ji}.$$

例如，矩阵 $\boldsymbol{A}=\begin{pmatrix} 1 & 2 & 3 \\ 3 & 2 & 1 \end{pmatrix}$ 的转置矩阵为

$$\boldsymbol{A}^{\mathrm{T}}=\begin{pmatrix} 1 & 3 \\ 2 & 2 \\ 3 & 1 \end{pmatrix}.$$

显然，$\boldsymbol{A}$ 是对称矩阵等价于 $\boldsymbol{A}^{\mathrm{T}}=\boldsymbol{A}$；$\boldsymbol{A}$ 是反对称矩阵等价于 $\boldsymbol{A}^{\mathrm{T}}=-\boldsymbol{A}$.

矩阵的转置也是矩阵的一种运算，并且满足下述运算规律：

(1) $(\boldsymbol{A}^{\mathrm{T}})^{\mathrm{T}}=\boldsymbol{A}$；

(2) $(\boldsymbol{A}+\boldsymbol{B})^{\mathrm{T}}=\boldsymbol{A}^{\mathrm{T}}+\boldsymbol{B}^{\mathrm{T}}$；

(3) $(\lambda\boldsymbol{A})^{\mathrm{T}}=\lambda\boldsymbol{A}^{\mathrm{T}}$;

(4) $(\boldsymbol{AB})^{\mathrm{T}}=\boldsymbol{B}^{\mathrm{T}}\boldsymbol{A}^{\mathrm{T}}$

下面证明(4).

设 $\boldsymbol{A}=(a_{ik})_{m\times s}$,$\boldsymbol{B}=(b_{kj})_{s\times n}$,则 $(\boldsymbol{AB})^{\mathrm{T}}$,$\boldsymbol{B}^{\mathrm{T}}\boldsymbol{A}^{\mathrm{T}}$ 均是 $n\times m$ 矩阵.若记 $(\boldsymbol{AB})^{\mathrm{T}}=(c_{ij})$,$\boldsymbol{B}^{\mathrm{T}}\boldsymbol{A}^{\mathrm{T}}=(d_{ij})$,计算得

$$c_{ij}=\sum_{k=1}^{s}a_{jk}b_{ki},\quad d_{ij}=\sum_{k=1}^{s}b_{ki}a_{jk}=c_{ij},$$

故

$$(\boldsymbol{AB})^{\mathrm{T}}=\boldsymbol{B}^{\mathrm{T}}\boldsymbol{A}^{\mathrm{T}}.$$

4.方阵的行列式

定义 2.8 由 n 阶方阵 $\boldsymbol{A}=(a_{ij})$ 的元素,保持位置不变所构成的行列式,称为方阵 $\boldsymbol{A}$ 的行列式,记作 $|\boldsymbol{A}|$.

例如,设 $\boldsymbol{A}=\begin{pmatrix}1&1\\2&3\end{pmatrix}$,则 $|\boldsymbol{A}|=\begin{vmatrix}1&1\\2&3\end{vmatrix}=1$.

方阵的行列式具有如下性质:

(1) $|\boldsymbol{A}^{\mathrm{T}}|=|\boldsymbol{A}|$;

(2) $|\lambda\boldsymbol{A}|=\lambda^{n}|\boldsymbol{A}|$;

(3) $|\boldsymbol{AB}|=|\boldsymbol{A}||\boldsymbol{B}|$,

其中 $\boldsymbol{A}$,$\boldsymbol{B}$ 都是 n 阶方阵,λ 是任意实数.

证明 根据行列式性质可得(1)、(2).

为证(3),设 $\boldsymbol{A}=(a_{ij})_n$,$\boldsymbol{B}=(b_{ij})_n$,$\boldsymbol{AB}=(c_{ij})_n$,其中 $c_{ij}=\sum\limits_{k=1}^{n}a_{ik}b_{kj}$,考虑 $2n$ 阶行列式:

$$\boldsymbol{D}=\begin{vmatrix}a_{11}&a_{12}&\cdots&a_{1n}&0&0&\cdots&0\\a_{21}&a_{22}&\cdots&a_{2n}&0&0&\cdots&0\\\vdots&\vdots&&\vdots&\vdots&\vdots&&\vdots\\a_{n1}&a_{n2}&\cdots&a_{nn}&0&0&\cdots&0\\-1&0&\cdots&0&b_{11}&b_{12}&\cdots&b_{1n}\\0&-1&\cdots&0&b_{21}&b_{22}&\cdots&b_{2n}\\\vdots&\vdots&&\vdots&\vdots&\vdots&&\vdots\\0&0&\cdots&-1&b_{n1}&b_{n2}&\cdots&b_{nn}\end{vmatrix},$$

由第一章例 10 知

$$\boldsymbol{D}=|\boldsymbol{A}||\boldsymbol{B}|,$$

另一方面

$$D \xlongequal[j=1,2,\cdots,n]{c_{n+j}+\sum_{i=1}^{n} b_{ij}c_i} \begin{vmatrix} a_{11} & a_{12} & \cdots & a_{1n} & c_{11} & c_{12} & \cdots & c_{1n} \\ a_{21} & a_{22} & \cdots & a_{2n} & c_{21} & c_{22} & \cdots & c_{2n} \\ \vdots & \vdots & & \vdots & \vdots & \vdots & & \vdots \\ a_{n1} & a_{n2} & \cdots & a_{nn} & c_{n1} & c_{n2} & \cdots & c_{nn} \\ -1 & 0 & \cdots & 0 & 0 & 0 & \cdots & 0 \\ 0 & -1 & \cdots & 0 & 0 & 0 & \cdots & 0 \\ \vdots & \vdots & & \vdots & \vdots & \vdots & & \vdots \\ 0 & 0 & \cdots & -1 & 0 & 0 & \cdots & 0 \end{vmatrix}$$

$$\xlongequal[j=1,2,\cdots,n]{c_j \leftrightarrow c_{n+j}} (-1)^n \begin{vmatrix} c_{11} & c_{12} & \cdots & c_{1n} & a_{11} & a_{12} & \cdots & a_{1n} \\ c_{21} & c_{22} & \cdots & c_{2n} & a_{21} & a_{22} & \cdots & a_{2n} \\ \vdots & \vdots & & \vdots & \vdots & \vdots & & \vdots \\ c_{n1} & c_{n2} & \cdots & c_{nn} & a_{n1} & a_{n2} & \cdots & a_{nn} \\ 0 & 0 & \cdots & 0 & -1 & 0 & \cdots & 0 \\ 0 & 0 & \cdots & 0 & 0 & -1 & \cdots & 0 \\ \vdots & \vdots & & \vdots & \vdots & \vdots & & \vdots \\ 0 & 0 & \cdots & 0 & 0 & 0 & \cdots & -1 \end{vmatrix}$$

$$=(-1)^n \begin{vmatrix} c_{11} & c_{12} & \cdots & c_{1n} \\ c_{21} & c_{22} & \cdots & c_{2n} \\ \vdots & \vdots & & \vdots \\ c_{n1} & c_{n2} & \cdots & c_{nn} \end{vmatrix} \begin{vmatrix} -1 & 0 & \cdots & 0 \\ 0 & -1 & \cdots & 0 \\ \vdots & \vdots & & \vdots \\ 0 & 0 & \cdots & -1 \end{vmatrix}$$

$$=(-1)^n |\boldsymbol{AB}| (-1)^n = |\boldsymbol{AB}|,$$

所以

$$|\boldsymbol{AB}| = |\boldsymbol{A}| |\boldsymbol{B}|.$$

性质(3)可以推广到多个 n 阶方阵相乘的情形，即

$$|\boldsymbol{A}_1\boldsymbol{A}_2\cdots\boldsymbol{A}_s| = |\boldsymbol{A}_1| |\boldsymbol{A}_2| \cdots |\boldsymbol{A}_s|.$$

习 题 2.2

1. 设

$$\boldsymbol{A}=\begin{pmatrix} 1 & 2 \\ -1 & 0 \\ 2 & 3 \end{pmatrix}, \quad \boldsymbol{B}=\begin{pmatrix} -2 & 0 \\ 1 & -1 \\ -1 & 1 \end{pmatrix},$$

计算$\frac{1}{2}\boldsymbol{A}-3\boldsymbol{B},\boldsymbol{A}\boldsymbol{B}^{\mathrm{T}},\boldsymbol{A}^{\mathrm{T}}\boldsymbol{B}$.

2. 设

$$3\begin{pmatrix} x & y \\ z & u \end{pmatrix}=\begin{pmatrix} x & 6 \\ -1 & 2u \end{pmatrix}+\begin{pmatrix} 4 & x+y \\ z+u & 3 \end{pmatrix},$$

求 x,y,z,u

3. 给出 $\boldsymbol{AB}$ 和 $\boldsymbol{BA}$ 都存在的条件.

4. 计算下列矩阵的乘积:

(1) $(1 \quad 2 \quad 3)\begin{pmatrix} 1 \\ 2 \\ 3 \end{pmatrix}$;　　(2) $\begin{pmatrix} 1 \\ 2 \\ 3 \end{pmatrix}(1 \quad 2 \quad 3)$;

(3) $\begin{pmatrix} \cos\theta & -\sin\theta \\ \sin\theta & \cos\theta \end{pmatrix}^n$;　　(4) $\begin{pmatrix} 1 & 0 \\ \lambda & 1 \end{pmatrix}^n$;

(5) $(x_1 \quad x_2 \quad x_3)\begin{pmatrix} a_{11} & a_{12} & a_{13} \\ a_{21} & a_{22} & a_{23} \\ a_{31} & a_{32} & a_{33} \end{pmatrix}\begin{pmatrix} x_1 \\ x_2 \\ x_3 \end{pmatrix}$.

5. 设

$$\boldsymbol{D}=\begin{pmatrix} \lambda_1 & 0 & 0 & \cdots & 0 \\ 0 & \lambda_2 & 0 & \cdots & 0 \\ 0 & 0 & \lambda_3 & \cdots & 0 \\ \vdots & \vdots & \vdots & & \vdots \\ 0 & 0 & 0 & \cdots & \lambda_n \end{pmatrix},\quad \boldsymbol{A}=\begin{pmatrix} a_{11} & a_{12} & \cdots & a_{1n} \\ a_{21} & a_{22} & \cdots & a_{2n} \\ \vdots & \vdots & & \vdots \\ a_{n1} & a_{n2} & \cdots & a_{nn} \end{pmatrix},$$

(1) 求 $\boldsymbol{DA}$ 和 $\boldsymbol{AD}$;

(2) 若 $\lambda_i \neq \lambda_j (i \neq j)$,证明与 $\boldsymbol{D}$ 乘法可换的矩阵必为对角阵.

6. 设 $\boldsymbol{A},\boldsymbol{B}$ 为 n 阶方阵,且 $\boldsymbol{A}$ 为对称阵,则 $\boldsymbol{B}^{\mathrm{T}}\boldsymbol{AB}$ 为对称阵.

7. 设 $\boldsymbol{A}$ 是实对称矩阵,若 $\boldsymbol{A}^2=\boldsymbol{O}$,则 $\boldsymbol{A}=\boldsymbol{O}$.

8. 证明任意方阵都可以表示为对称矩阵与反对称矩阵之和.

9. 设 $\boldsymbol{A},\boldsymbol{B}$ 是 n 阶方阵且满足 $\boldsymbol{A}+\boldsymbol{B}=\boldsymbol{E}$,证明:$\boldsymbol{AB}=\boldsymbol{BA}$.

10. 设 $\boldsymbol{A},\boldsymbol{B}$ 都是对称矩阵,证明:$\boldsymbol{AB}$ 为对称矩阵的充分必要条件是 $\boldsymbol{AB}=\boldsymbol{BA}$.

11. 设 n 阶方阵 $\boldsymbol{A}=(a_{ij})$,$\boldsymbol{B}=(b_{ij})$,且 $\boldsymbol{A}$ 与 $\boldsymbol{B}$ 的各行元素之和均为 1,$\boldsymbol{\alpha}$ 是 $n\times 1$ 矩阵,且每个元素都为 1,求证:

(1) $\boldsymbol{A\alpha}=\boldsymbol{\alpha}$;

(2) $\boldsymbol{AB}$ 的各行元素之和都等于 1.

(3) 若 $\boldsymbol{A},\boldsymbol{B}$ 各行元素之和分别均为 k,t，则 $\boldsymbol{AB}$ 各行元素之和等于什么？

12. 设有坐标变换：

$$\begin{cases}x_1=a_{11}y_1+a_{12}y_2+a_{13}y_3,\\x_2=a_{21}y_1+a_{22}y_2+a_{23}y_3,\\x_3=a_{31}y_1+a_{32}y_2+a_{33}y_3;\end{cases}\quad\begin{cases}y_1=b_{11}z_1+b_{12}z_2+b_{13}z_3,\\y_2=b_{21}z_1+b_{22}z_2+b_{23}z_3,\\y_3=b_{31}z_1+b_{32}z_2+b_{33}z_3,\end{cases}$$

试确定由 z_1,z_2,z_3 到 x_1,x_2,x_3 的坐标变换及矩阵表示.

13. 若 $\boldsymbol{A}$ 是 n 阶方阵，且满足 $\boldsymbol{AA}^{\mathrm{T}}=\boldsymbol{E}$. 若 $|\boldsymbol{A}|<0$，求 $|\boldsymbol{E}+\boldsymbol{A}|$.

14. 试证：若 $\boldsymbol{A}$ 是奇数阶方阵，且满足 $\boldsymbol{AA}^{\mathrm{T}}=\boldsymbol{E}$，$|\boldsymbol{A}|=1$，则 $|\boldsymbol{E}-\boldsymbol{A}|=0$.

15. 设 $\boldsymbol{A}$ 为 n 阶实方阵，若对任意的 n 维列向量 $\boldsymbol{Z}$，均有 $\boldsymbol{AZ}=\boldsymbol{O}$，证明 $\boldsymbol{A}=\boldsymbol{O}$.

第三节　逆　矩　阵

1. 可逆矩阵与逆矩阵的概念

掌握了矩阵的乘积运算之后，很自然地会考虑矩阵是否有除法运算？我们知道，数的除法可刻画成乘法的逆运算，即 $a\neq 0$ 时，$d\div a=d\cdot\frac{1}{a}$. 若记 $b=\frac{1}{a}$，则 b 可由 $ab=ba=1$ 唯一确定，而在矩阵乘法中，单位矩阵 $\boldsymbol{E}$ 具有与数 1 类似的地位，即对于任意 n 阶方阵 $\boldsymbol{A}$ 都有

$$\boldsymbol{AE}=\boldsymbol{EA}=\boldsymbol{A}.$$

定义 2.9　设 $\boldsymbol{A}$ 是 n 阶方阵，如果存在 n 阶方阵 $\boldsymbol{B}$，使得

$$\boldsymbol{AB}=\boldsymbol{BA}=\boldsymbol{E},$$

则称矩阵 $\boldsymbol{A}$ 是可逆的，可逆矩阵又称为非奇异矩阵. 并称矩阵 $\boldsymbol{B}$ 是 $\boldsymbol{A}$ 的逆矩阵，否则称 $\boldsymbol{A}$ 是不可逆的.

若 $\boldsymbol{A}$ 是可逆矩阵，则 $\boldsymbol{A}$ 的逆矩阵是唯一的. 事实上，假设 $\boldsymbol{B},\boldsymbol{C}$ 均是 $\boldsymbol{A}$ 的逆矩阵，就有

$$\boldsymbol{B}=\boldsymbol{BE}=\boldsymbol{B}(\boldsymbol{AC})=(\boldsymbol{BA})\boldsymbol{C}=\boldsymbol{EC}=\boldsymbol{C}.$$

今后记矩阵 $\boldsymbol{A}$ 的逆矩阵为 $\boldsymbol{A}^{-1}$，于是有

$$\boldsymbol{AA}^{-1}=\boldsymbol{A}^{-1}\boldsymbol{A}=\boldsymbol{E}.$$

例如，方阵

$$\boldsymbol{A}=\begin{pmatrix}\cos\alpha & -\sin\alpha\\ \sin\alpha & \cos\alpha\end{pmatrix},\qquad \boldsymbol{B}=\begin{pmatrix}\cos\alpha & \sin\alpha\\ -\sin\alpha & \cos\alpha\end{pmatrix}$$

都是可逆矩阵，且互为逆矩阵，这是因为验算可得

$$\boldsymbol{AB}=\boldsymbol{BA}=\begin{pmatrix}1&0\\0&1\end{pmatrix}=\boldsymbol{E}.$$

2．矩阵可逆的条件及逆矩阵的表示

在什么条件下方阵 $\boldsymbol{A}$ 可逆，如果 $\boldsymbol{A}$ 可逆，怎样求 $\boldsymbol{A}^{-1}$？这是我们需要解决的问题．

如果 $\boldsymbol{A}$ 可逆，那么有

$$|\boldsymbol{A}|\cdot|\boldsymbol{A}^{-1}|=|\boldsymbol{AA}^{-1}|=|\boldsymbol{E}|=1,$$

所以可逆矩阵的行列式不等于零．

在 $\boldsymbol{A}$ 可逆的假设下，为得到 $\boldsymbol{A}^{-1}$ 的表达式，不妨设 $\boldsymbol{A}=(a_{ij})$，$\boldsymbol{A}^{-1}=(b_{ij})$，那么有

$$\begin{pmatrix}a_{11}&a_{12}&\cdots&a_{1n}\\a_{21}&a_{22}&\cdots&a_{2n}\\\vdots&\vdots&&\vdots\\a_{n1}&a_{n2}&\cdots&a_{nn}\end{pmatrix}\begin{pmatrix}b_{11}&b_{12}&\cdots&b_{1n}\\b_{21}&b_{22}&\cdots&b_{2n}\\\vdots&\vdots&&\vdots\\b_{n1}&b_{n2}&\cdots&b_{nn}\end{pmatrix}=\begin{pmatrix}1&&&\boldsymbol{O}\\&1&&\\&&\ddots&\\\boldsymbol{O}&&&1\end{pmatrix},$$

$$\begin{pmatrix}b_{11}&b_{12}&\cdots&b_{1n}\\b_{21}&b_{22}&\cdots&b_{2n}\\\vdots&\vdots&&\vdots\\b_{n1}&b_{n2}&\cdots&b_{nn}\end{pmatrix}\begin{pmatrix}a_{11}&a_{12}&\cdots&a_{1n}\\a_{21}&a_{22}&\cdots&a_{2n}\\\vdots&\vdots&&\vdots\\a_{n1}&a_{n2}&\cdots&a_{nn}\end{pmatrix}=\begin{pmatrix}1&&&\boldsymbol{O}\\&1&&\\&&\ddots&\\\boldsymbol{O}&&&1\end{pmatrix}.$$

由矩阵乘法规则，上两式可写成

$$a_{i1}b_{1j}+a_{i2}b_{2j}+\cdots+a_{in}b_{nj}=\begin{cases}1, & i=j,\\0, & i\neq j,\end{cases}$$

$$b_{j1}a_{1i}+b_{j2}a_{2i}+\cdots+b_{jn}a_{ni}=\begin{cases}1, & i=j,\\0, & i\neq j,\end{cases}$$

另一方面，由行列式 $|\boldsymbol{A}|$ 的按行或按列展开计算有

$$a_{i1}A_{j1}+a_{i2}A_{j2}+\cdots+a_{in}A_{jn}=\begin{cases}|\boldsymbol{A}|, & i=j,\\0, & i\neq j,\end{cases}$$

$$a_{1i}A_{1j}+a_{2i}A_{2j}+\cdots+a_{ni}A_{nj}=\begin{cases}|\boldsymbol{A}|, & i=j,\\0, & i\neq j,\end{cases}$$

其中 A_{jk} 为 $|\boldsymbol{A}|$ 中元素 a_{jk} 的代数余子式，比较所得等式可知，如果令

$$b_{ij}=\frac{1}{|\boldsymbol{A}|}A_{ji},\quad i,j=1,2,\cdots,n,$$

则

$$(a_{ij})(b_{ij})=(b_{ij})(a_{ij})=\boldsymbol{E}.$$

由逆矩阵的唯一性,可以断定如上给出的方阵(b_{ij})就是$\boldsymbol{A}$的逆矩阵.

定义 2.10　设A_{ij}是行列式$|\boldsymbol{A}|$中a_{ij}的代数余子式,称方阵

$$\boldsymbol{A}^*=\begin{pmatrix} A_{11} & A_{21} & \cdots & A_{n1} \\ A_{12} & A_{22} & \cdots & A_{n2} \\ \vdots & \vdots & & \vdots \\ A_{1n} & A_{2n} & \cdots & A_{nn} \end{pmatrix}$$

为$\boldsymbol{A}$的伴随矩阵.

由前面的讨论知

$$\boldsymbol{A}\boldsymbol{A}^*=\boldsymbol{A}^*\boldsymbol{A}=|\boldsymbol{A}|\boldsymbol{E}=\begin{pmatrix} |\boldsymbol{A}| & & & \boldsymbol{O} \\ & |\boldsymbol{A}| & & \\ \boldsymbol{O} & & \ddots & \\ & & & |\boldsymbol{A}| \end{pmatrix}.$$

关于逆矩阵的结论可写成如下定理.

定理 2.1　设$\boldsymbol{A}$为n阶方阵,则$\boldsymbol{A}$可逆的充分必要条件为$|\boldsymbol{A}|\neq 0$,而$\boldsymbol{A}$的逆矩阵为

$$\boldsymbol{A}^{-1}=\frac{1}{|\boldsymbol{A}|}\boldsymbol{A}^*.$$

例 8　设

$$\boldsymbol{A}=\begin{pmatrix} 1 & 0 & 0 \\ 1 & 2 & 1 \\ 0 & 1 & 1 \end{pmatrix},$$

判断$\boldsymbol{A}$是否可逆？若可逆,求出$\boldsymbol{A}^{-1}$.

解　由于

$$|\boldsymbol{A}|=\begin{vmatrix} 1 & 0 & 0 \\ 1 & 2 & 1 \\ 0 & 1 & 1 \end{vmatrix}=1\neq 0,$$

所以$\boldsymbol{A}$是可逆的,再计算得

$$A_{11}=\begin{vmatrix} 2 & 1 \\ 1 & 1 \end{vmatrix}=1,\quad A_{21}=-\begin{vmatrix} 0 & 0 \\ 1 & 1 \end{vmatrix}=0,\quad A_{31}=\begin{vmatrix} 0 & 0 \\ 2 & 1 \end{vmatrix}=0,$$

$$A_{12}=-\begin{vmatrix} 1 & 1 \\ 0 & 1 \end{vmatrix}=-1,\quad A_{22}=\begin{vmatrix} 1 & 0 \\ 0 & 1 \end{vmatrix}=1,\quad A_{32}=-\begin{vmatrix} 1 & 0 \\ 1 & 1 \end{vmatrix}=-1,$$

$$A_{13}=\begin{vmatrix} 1 & 2 \\ 0 & 1 \end{vmatrix}=1,\quad A_{23}=-\begin{vmatrix} 1 & 0 \\ 0 & 1 \end{vmatrix}=-1,\quad A_{33}=\begin{vmatrix} 1 & 0 \\ 1 & 2 \end{vmatrix}=2,$$

即

$$A^* = \begin{pmatrix} 1 & 0 & 0 \\ -1 & 1 & -1 \\ 1 & -1 & 2 \end{pmatrix},$$

所以

$$A^{-1} = \frac{1}{|A|}A^* = A^* = \begin{pmatrix} 1 & 0 & 0 \\ -1 & 1 & -1 \\ 1 & -1 & 2 \end{pmatrix}.$$

例 9 求矩阵 X 使之满足

$$\begin{pmatrix} 1 & 0 & 0 \\ 1 & 2 & 1 \\ 0 & 1 & 1 \end{pmatrix} X = \begin{pmatrix} 1 & 1 \\ 0 & 1 \\ 1 & 0 \end{pmatrix}.$$

解 在方程两端同时左乘上例求出的逆矩阵，得

$$X = \begin{pmatrix} 1 & 0 & 0 \\ 1 & 2 & 1 \\ 0 & 1 & 1 \end{pmatrix}^{-1} \begin{pmatrix} 1 & 1 \\ 0 & 1 \\ 1 & 0 \end{pmatrix}$$

$$= \begin{pmatrix} 1 & 0 & 0 \\ -1 & 1 & -1 \\ 1 & -1 & 2 \end{pmatrix} \begin{pmatrix} 1 & 1 \\ 0 & 1 \\ 1 & 0 \end{pmatrix} = \begin{pmatrix} 1 & 1 \\ -2 & 0 \\ 3 & 0 \end{pmatrix}.$$

可逆矩阵具有以下性质：

(1) 设 A,B 都是 n 阶方阵，若 $AB=E$，则 A,B 都是可逆的，且 $A^{-1}=B, B^{-1}=A$.

事实上，由 $AB=E$，有

$$|AB| = |E|,$$

即

$$|A| \cdot |B| = 1,$$

所以 $|A| \neq 0, |B| \neq 0$，即 A,B 都是可逆的，并且存在 A^{-1}, B^{-1}. 于是

$$A^{-1} = A^{-1}E = A^{-1}(AB) = (A^{-1}A)B = EB = B.$$

同理

$$B^{-1} = A.$$

(2) 若 A 可逆，则 A^{-1} 也可逆，并且 $(A^{-1})^{-1} = A$.

事实上，由 $AA^{-1}=E$，再由性质(1)，得 A^{-1} 可逆，且 $(A^{-1})^{-1}=A$.

(3) 若 A 可逆，则 A^{T} 也可逆，并且 $(A^{\mathrm{T}})^{-1} = (A^{-1})^{\mathrm{T}}$.

事实上，因为 A 可逆，所以 A^{-1} 存在，又因

$$(A^{\mathrm{T}})(A^{-1})^{\mathrm{T}} = (A^{-1}A)^{\mathrm{T}} = E^{\mathrm{T}} = E,$$

根据性质(1)，A^{T} 可逆，且 $(A^{\mathrm{T}})^{-1} = (A^{-1})^{\mathrm{T}}$.

(4) 若 $\boldsymbol{A}$ 可逆,数 $k\neq0$,则 $k\boldsymbol{A}$ 可逆,并且 $(k\boldsymbol{A})^{-1}=\frac{1}{k}\boldsymbol{A}^{-1}$.

事实上,因为 $\boldsymbol{A}$ 可逆,所以 $\boldsymbol{A}^{-1}$ 存在,又因

$$(k\boldsymbol{A})\left(\frac{1}{k}\boldsymbol{A}^{-1}\right)=\left(k\times\frac{1}{k}\right)\boldsymbol{A}\boldsymbol{A}^{-1}=\boldsymbol{E},$$

根据性质(1),$k\boldsymbol{A}$ 可逆,且 $(k\boldsymbol{A})^{-1}=\frac{1}{k}\boldsymbol{A}^{-1}$.

(5) 若 n 阶方阵 $\boldsymbol{A}$ 与 $\boldsymbol{B}$ 都可逆,则 $\boldsymbol{AB}$ 也可逆,并且 $(\boldsymbol{AB})^{-1}=\boldsymbol{B}^{-1}\boldsymbol{A}^{-1}$.

事实上,因为 $\boldsymbol{A}$ 与 $\boldsymbol{B}$ 都可逆,所以 $\boldsymbol{A}^{-1}$,$\boldsymbol{B}^{-1}$ 都存在,又因

$$(\boldsymbol{AB})(\boldsymbol{B}^{-1}\boldsymbol{A}^{-1})=\boldsymbol{A}(\boldsymbol{B}\boldsymbol{B}^{-1})\boldsymbol{A}^{-1}=\boldsymbol{AEA}^{-1}=\boldsymbol{AA}^{-1}=\boldsymbol{E},$$

根据性质(1),$\boldsymbol{AB}$ 可逆,且 $(\boldsymbol{AB})^{-1}=\boldsymbol{B}^{-1}\boldsymbol{A}^{-1}$.

这条性质可以推广到多个 n 阶可逆方阵相乘的情形,即

$$(\boldsymbol{A}_1\boldsymbol{A}_2\cdots\boldsymbol{A}_s)^{-1}=\boldsymbol{A}_s^{-1}\cdots\boldsymbol{A}_2^{-1}\boldsymbol{A}_1^{-1}.$$

(6) 若 $\boldsymbol{A}$ 可逆,则 $|\boldsymbol{A}^{-1}|=|\boldsymbol{A}|^{-1}$.

事实上,由 $\boldsymbol{AA}^{-1}=\boldsymbol{E}$,有

$$|\boldsymbol{AA}^{-1}|=|\boldsymbol{E}|=1,$$

即
$$|\boldsymbol{A}|\cdot|\boldsymbol{A}^{-1}|=1,$$

所以
$$|\boldsymbol{A}^{-1}|=|\boldsymbol{A}|^{-1}.$$

例 10 设方阵 $\boldsymbol{A}$ 满足 $\boldsymbol{A}^2-2\boldsymbol{A}-3\boldsymbol{E}=\boldsymbol{O}$,试证 $\boldsymbol{A}$,$\boldsymbol{A}-2\boldsymbol{E}$,$\boldsymbol{A}+2\boldsymbol{E}$ 和 $\boldsymbol{A}-4\boldsymbol{E}$ 都是可逆矩阵,并求它们的逆.

解 由 $\boldsymbol{A}^2-2\boldsymbol{A}-3\boldsymbol{E}=\boldsymbol{O}$,知

$$\boldsymbol{A}(\boldsymbol{A}-2\boldsymbol{E})=3\boldsymbol{E},$$

即
$$\boldsymbol{A}\left[\frac{1}{3}(\boldsymbol{A}-2\boldsymbol{E})\right]=\boldsymbol{E}.$$

由性质(1)知,$\boldsymbol{A}$ 和 $\frac{1}{3}(\boldsymbol{A}-2\boldsymbol{E})$ 可逆,且

$$\boldsymbol{A}^{-1}=\frac{1}{3}(\boldsymbol{A}-2\boldsymbol{E}),\quad\left[\frac{1}{3}(\boldsymbol{A}-2\boldsymbol{E})\right]^{-1}=\boldsymbol{A},$$

又由性质(4)知,$\boldsymbol{A}-2\boldsymbol{E}$ 可逆,且

$$(\boldsymbol{A}-2\boldsymbol{E})^{-1}=\left[3\cdot\frac{1}{3}(\boldsymbol{A}-2\boldsymbol{E})\right]^{-1}=\frac{1}{3}\left[\frac{1}{3}(\boldsymbol{A}-2\boldsymbol{E})\right]^{-1}=\frac{1}{3}\boldsymbol{A}.$$

另外,由于

$$(\boldsymbol{A}+2\boldsymbol{E})(\boldsymbol{A}-4\boldsymbol{E})=\boldsymbol{A}^2-2\boldsymbol{A}-8\boldsymbol{E}=(\boldsymbol{A}^2-2\boldsymbol{A}-3\boldsymbol{E})-5\boldsymbol{E}=-5\boldsymbol{E},$$

所以
$$-\frac{1}{5}(\boldsymbol{A}+2\boldsymbol{E})(\boldsymbol{A}-4\boldsymbol{E})=\boldsymbol{E}.$$

故 $\boldsymbol{A}+2\boldsymbol{E}$ 和 $\boldsymbol{A}-4\boldsymbol{E}$ 都可逆,且

$$(\boldsymbol{A}+2\boldsymbol{E})^{-1}=-\frac{1}{5}(\boldsymbol{A}-4\boldsymbol{E}),\quad (\boldsymbol{A}-4\boldsymbol{E})^{-1}=-\frac{1}{5}(\boldsymbol{A}+2\boldsymbol{E}).$$

习　题　2.3

1. 判断下列矩阵是否可逆？若可逆，求它的逆矩阵：

(1) $\begin{pmatrix} a & b \\ c & d \end{pmatrix}$；　　(2) $\begin{pmatrix} 1 & 2 \\ 3 & 4 \end{pmatrix}$；

(3) $\begin{pmatrix} 1 & 2 & -3 \\ 0 & 1 & 2 \\ 0 & 0 & 1 \end{pmatrix}$；　　(4) $\begin{pmatrix} 2 & 1 & 3 \\ 0 & 1 & 2 \\ 1 & 0 & 1 \end{pmatrix}$.

2. 解矩阵方程：

$$\begin{pmatrix} 1 & 4 \\ -1 & 2 \end{pmatrix}\boldsymbol{Z}\begin{pmatrix} 2 & 0 \\ -1 & 1 \end{pmatrix}=\begin{pmatrix} 3 & 1 \\ 0 & -1 \end{pmatrix}.$$

3. 求矩阵 $\boldsymbol{Z}$，使 $\boldsymbol{AZ}=\boldsymbol{A}+\boldsymbol{Z}$，其中

$$\boldsymbol{A}=\begin{pmatrix} 2 & 2 & -1 \\ -1 & 0 & 2 \\ 2 & 7 & 1 \end{pmatrix}.$$

4. 设 $\boldsymbol{A}^k=\boldsymbol{O}$，证明：$(\boldsymbol{E}-\boldsymbol{A})^{-1}=\boldsymbol{E}+\boldsymbol{A}+\boldsymbol{A}^2+\cdots+\boldsymbol{A}^{k-1}$.

5. 设方阵 $\boldsymbol{A}$ 满足 $\boldsymbol{A}^2-\boldsymbol{A}-2\boldsymbol{E}=\boldsymbol{O}$，证明 $\boldsymbol{A}$ 及 $\boldsymbol{A}+2\boldsymbol{E}$ 都可逆，并求 $\boldsymbol{A}^{-1}$ 及 $(\boldsymbol{A}+2\boldsymbol{E})^{-1}$.

6. 证明：

(1) 若 $|\boldsymbol{A}|=0$，则 $|\boldsymbol{A}^*|=0$；

(2) $|\boldsymbol{A}^*|=|\boldsymbol{A}|^{n-1}$.

7. 设 n 阶方阵 $\boldsymbol{A}$ 满足 $\boldsymbol{A}^2=\boldsymbol{A}$，求证 $2\boldsymbol{E}-\boldsymbol{A}$ 可逆，并求出其逆．

8. 已知 $\boldsymbol{A}$ 为 3 阶方阵，且 $|\boldsymbol{A}|=3$，求：

(1) $|\boldsymbol{A}^{-1}|$；　　(2) $|(3\boldsymbol{A})^{-1}|$；

(3) $\left|\frac{1}{3}\boldsymbol{A}^*-4\boldsymbol{A}^{-1}\right|$；　　(4) $(\boldsymbol{A}^*)^{-1}$.

9. 已知 $\boldsymbol{A}^*\boldsymbol{BA}=2\boldsymbol{BA}-12\boldsymbol{E}$，求 $\boldsymbol{B}$. 其中，

$$\boldsymbol{A}=\begin{pmatrix} 1 & 0 & 0 \\ 0 & -2 & 0 \\ 0 & 0 & 1 \end{pmatrix}.$$

10. 设 $\boldsymbol{A}$ 是 n 阶方阵，如有非零矩阵 $\boldsymbol{B}$ 使 $\boldsymbol{AB}=\boldsymbol{O}$，证明 $|\boldsymbol{A}|=0$.

11. 设 $\boldsymbol{A},\boldsymbol{B},\boldsymbol{A}+\boldsymbol{B},\boldsymbol{A}^{-1}+\boldsymbol{B}^{-1}$ 均为 n 阶可逆矩阵，求 $(\boldsymbol{A}^{-1}+\boldsymbol{B}^{-1})^{-1}$.

12. 设 n 阶非零方阵 $\boldsymbol{A}$ 的伴随矩阵为 $\boldsymbol{A}^*$，且 $\boldsymbol{A}^*=\boldsymbol{A}^{\mathrm{T}}$，求证 $|\boldsymbol{A}|\neq 0$.

13. 设

$$\boldsymbol{A}=\begin{pmatrix}1&0&0\\2&2&0\\3&4&5\end{pmatrix},$$

其伴随矩阵为 $\boldsymbol{A}^*$，求 $(\boldsymbol{A}^*)^{-1}$.

14. 如果可逆矩阵 $\boldsymbol{A}$ 的每行元素之和均为 a，证明 $\boldsymbol{A}^{-1}$ 的每行元素之和为 a^{-1}.

第四节　分块矩阵

1. 矩阵的分块

在这一节中，将介绍一个在处理大矩阵时常用的方法．把一个大矩阵看成是由一些小矩阵组成的，就如矩阵是由一些数组成的一样，在运算中，把这些小矩阵当做数一样来处理，这就是所谓矩阵的分块．把每一小矩阵称为原矩阵的子块，分成子块的矩阵叫分块矩阵．

同一矩阵可用不同的方法进行分块．

例 11

$$\begin{aligned}\boldsymbol{A}&=\begin{pmatrix}1&0&1&2&3\\0&1&2&3&1\\0&0&3&1&0\end{pmatrix}\\&=\left(\begin{array}{cc:ccc}1&0&1&2&3\\0&1&2&3&1\\\hdashline 0&0&3&1&0\end{array}\right)=\begin{pmatrix}\boldsymbol{A}_{11}&\boldsymbol{A}_{12}\\\boldsymbol{A}_{21}&\boldsymbol{A}_{22}\end{pmatrix}\\&=\left(\begin{array}{cc:cc:c}1&0&1&2&3\\0&1&2&3&1\\\hdashline 0&0&3&1&0\end{array}\right)=\begin{pmatrix}\boldsymbol{B}_{11}&\boldsymbol{B}_{12}&\boldsymbol{B}_{13}\\\boldsymbol{B}_{21}&\boldsymbol{B}_{22}&\boldsymbol{B}_{23}\end{pmatrix}.\end{aligned}$$

其中

$$\boldsymbol{A}_{11}=\begin{pmatrix}1&0\\0&1\end{pmatrix},\quad \boldsymbol{A}_{12}=\begin{pmatrix}1&2&3\\2&3&1\end{pmatrix},\quad \boldsymbol{A}_{21}=(0\quad 0),\quad \boldsymbol{A}_{22}=(3\quad 1\quad 0),$$

$$\boldsymbol{B}_{11}=\begin{pmatrix}1&0\\0&1\end{pmatrix},\quad \boldsymbol{B}_{12}=\begin{pmatrix}1&2\\2&3\end{pmatrix},\quad \boldsymbol{B}_{13}=\begin{pmatrix}3\\1\end{pmatrix},$$

$$\boldsymbol{B}_{21}=(0\quad 0),\quad \boldsymbol{B}_{22}=(3\quad 1),\quad \boldsymbol{B}_{23}=(0).$$

2．分块矩阵的应用

矩阵的分块常用于矩阵的乘法，下面通过一个例子来说明这个方法．

例 12 用矩阵的分块来简化计算 $\boldsymbol{AB}$，其中

$$\boldsymbol{A}=\begin{pmatrix}1&0&0&0\\0&1&0&0\\-1&1&1&0\\2&1&0&1\end{pmatrix},\quad \boldsymbol{B}=\begin{pmatrix}1&-1&0\\0&2&0\\1&-1&3\\-1&2&2\end{pmatrix}.$$

解

$$\boldsymbol{A}=\left(\begin{array}{cc:cc}1&0&0&0\\0&1&0&0\\ \hdashline -1&1&1&0\\2&1&0&1\end{array}\right)=\begin{pmatrix}\boldsymbol{E}_2&\boldsymbol{O}\\\boldsymbol{A}_1&\boldsymbol{E}_2\end{pmatrix},$$

$$\boldsymbol{B}=\left(\begin{array}{cc:c}1&-1&0\\0&2&0\\ \hdashline 1&-1&3\\-1&2&2\end{array}\right)=\begin{pmatrix}\boldsymbol{B}_{11}&\boldsymbol{O}\\\boldsymbol{B}_{21}&\boldsymbol{B}_{22}\end{pmatrix},$$

$$\boldsymbol{AB}=\begin{pmatrix}\boldsymbol{E}_2&\boldsymbol{O}\\\boldsymbol{A}_1&\boldsymbol{E}_2\end{pmatrix}\begin{pmatrix}\boldsymbol{B}_{11}&\boldsymbol{O}\\\boldsymbol{B}_{21}&\boldsymbol{B}_{22}\end{pmatrix}=\begin{pmatrix}\boldsymbol{B}_{11}&\boldsymbol{O}\\\boldsymbol{A}_1\boldsymbol{B}_{11}+\boldsymbol{B}_{21}&\boldsymbol{B}_{22}\end{pmatrix},$$

其中

$$\boldsymbol{A}_1\boldsymbol{B}_{11}+\boldsymbol{B}_{21}=\begin{pmatrix}-1&1\\2&1\end{pmatrix}\begin{pmatrix}1&-1\\0&2\end{pmatrix}+\begin{pmatrix}1&-1\\-1&2\end{pmatrix}=\begin{pmatrix}0&2\\1&2\end{pmatrix},$$

所以

$$\boldsymbol{AB}=\begin{pmatrix}1&-1&0\\0&2&0\\0&2&3\\1&2&2\end{pmatrix}.$$

不难验证，直接计算 $\boldsymbol{AB}$，所得结果是一样的．

一般地，若 $\boldsymbol{A}$ 和 $\boldsymbol{B}$ 可乘，将 $\boldsymbol{A}$，$\boldsymbol{B}$ 分别表示成分块矩阵作乘法时，要求 $\boldsymbol{A}$ 的列的分法与 $\boldsymbol{B}$ 的行的分法必须一致，以保证除了分块矩阵可乘，而且各子块间的运算也可行．而对 $\boldsymbol{A}$ 的行的分法及 $\boldsymbol{B}$ 的列的分法没有限制．从上例还可以看出，当矩阵中出现单位矩阵子块或零矩阵子块时，矩阵的分块乘法更加简便．矩阵的分块乘法还有许多方便之处，在分块之后，不仅使运算简便，而且使矩阵间相互的关系更加清楚．

例 13 设 $\boldsymbol{A}$ 是 $m\times n$ 矩阵，$\boldsymbol{B}$ 是 $n\times s$ 矩阵，将 $\boldsymbol{A}$ 看做是 1×1 的分块矩阵（即将整个 $\boldsymbol{A}$ 看做是一块），而将 $\boldsymbol{B}$ 看做是 $1\times s$ 的分块矩阵（按列分块），即

$$\boldsymbol{B}=(\boldsymbol{B}_1,\boldsymbol{B}_2,\cdots,\boldsymbol{B}_s),$$

于是

$$\boldsymbol{AB}=\boldsymbol{A}(\boldsymbol{B}_1,\boldsymbol{B}_2,\cdots,\boldsymbol{B}_s)=(\boldsymbol{AB}_1,\boldsymbol{AB}_2,\cdots,\boldsymbol{AB}_s).$$

从这里我们可以得到如下重要结论：

(1) $\boldsymbol{AB}_j$ 就是乘积 $\boldsymbol{AB}$ 的第 j 列（$j=1,2,\cdots,s$）；

(2) 若取 $\boldsymbol{B}$ 为单位矩阵，并按列分块，即

$$\boldsymbol{B}=\boldsymbol{E}=(\boldsymbol{e}_1,\boldsymbol{e}_2,\cdots,\boldsymbol{e}_n),$$

则 $\boldsymbol{Ae}_j$ 就是 $\boldsymbol{AE}=\boldsymbol{A}$ 的第 j 列；

(3) 若 $\boldsymbol{AB}=\boldsymbol{O}$（零矩阵），则 $\boldsymbol{B}$ 的每一列 $\boldsymbol{B}_j$ 都是线性方程组 $\boldsymbol{Ax}=\boldsymbol{0}$（零向量）的解．

例 14 若

$$\boldsymbol{A}=\begin{pmatrix}0&1&0&\cdots&0&0\\0&0&1&\cdots&0&0\\\vdots&\vdots&\vdots&&\vdots&\vdots\\0&0&0&\cdots&0&1\\0&0&0&\cdots&0&0\end{pmatrix}_{n\times n},$$

求证 $\boldsymbol{A}^n=\boldsymbol{O}$.

证明 用 $\boldsymbol{e}_j$ 表示 n 阶单位矩阵 $\boldsymbol{E}$ 的第 j 列，并将 $\boldsymbol{A}$ 按列分块，则

$$\boldsymbol{A}=(\boldsymbol{0},\boldsymbol{e}_1,\boldsymbol{e}_2,\cdots,\boldsymbol{e}_{n-1}).$$

由例 13 知

$$\boldsymbol{Ae}_1=\boldsymbol{A}\text{ 的第一列}=\boldsymbol{0},$$

$$\boldsymbol{Ae}_j=\boldsymbol{A}\text{ 的第 }j\text{ 列}=\boldsymbol{e}_{j-1},\quad j=2,3,\cdots,n-1,$$

那么

$$\begin{aligned}\boldsymbol{A}^2&=\boldsymbol{AA}=\boldsymbol{A}(\boldsymbol{0},\boldsymbol{e}_1,\boldsymbol{e}_2,\cdots,\boldsymbol{e}_{n-1})\\&=(\boldsymbol{A0},\boldsymbol{Ae}_1,\boldsymbol{Ae}_2,\cdots,\boldsymbol{Ae}_{n-1})=(\boldsymbol{0},\boldsymbol{0},\boldsymbol{e}_1,\cdots,\boldsymbol{e}_{n-2}),\end{aligned}$$

进而

$$\begin{aligned}\boldsymbol{A}^3&=\boldsymbol{AA}^2=\boldsymbol{A}(\boldsymbol{0},\boldsymbol{0},\boldsymbol{e}_1,\cdots,\boldsymbol{e}_{n-2})\\&=(\boldsymbol{A0},\boldsymbol{A0},\boldsymbol{Ae}_1,\cdots,\boldsymbol{Ae}_{n-2})=(\boldsymbol{0},\boldsymbol{0},\boldsymbol{0},\boldsymbol{e}_1,\cdots,\boldsymbol{e}_{n-3}),\end{aligned}$$

$$\cdots\cdots\cdots\cdots$$

$$\boldsymbol{A}^{n-1}=(\boldsymbol{0},\boldsymbol{0},\cdots,\boldsymbol{0},\boldsymbol{e}_1),$$

$$\boldsymbol{A}^n=(\boldsymbol{0},\boldsymbol{0},\cdots,\boldsymbol{0},\boldsymbol{0})=\boldsymbol{O}.$$

例 15 设 $\boldsymbol{D}=\begin{pmatrix}\boldsymbol{A} & \boldsymbol{O}\\ \boldsymbol{C} & \boldsymbol{B}\end{pmatrix}$，其中 $\boldsymbol{A},\boldsymbol{B}$ 都是可逆矩阵，证明 $\boldsymbol{D}$ 可逆，并求 $\boldsymbol{D}^{-1}$.

证明 因为 $|\boldsymbol{D}|=|\boldsymbol{A}||\boldsymbol{B}|\neq 0$，故 $\boldsymbol{D}$ 可逆 .

设 $\boldsymbol{D}^{-1}=\begin{pmatrix}\boldsymbol{X}_{11} & \boldsymbol{X}_{12}\\ \boldsymbol{X}_{21} & \boldsymbol{X}_{22}\end{pmatrix}$，则

$$\begin{pmatrix}\boldsymbol{A} & \boldsymbol{O}\\ \boldsymbol{C} & \boldsymbol{B}\end{pmatrix}\begin{pmatrix}\boldsymbol{X}_{11} & \boldsymbol{X}_{12}\\ \boldsymbol{X}_{21} & \boldsymbol{X}_{22}\end{pmatrix}=\begin{pmatrix}\boldsymbol{E} & \boldsymbol{O}\\ \boldsymbol{O} & \boldsymbol{E}\end{pmatrix},$$

即

$$\begin{cases}\boldsymbol{A}\boldsymbol{X}_{11}=\boldsymbol{E},\\ \boldsymbol{A}\boldsymbol{X}_{12}=\boldsymbol{O},\\ \boldsymbol{C}\boldsymbol{X}_{11}+\boldsymbol{B}\boldsymbol{X}_{21}=\boldsymbol{O},\\ \boldsymbol{C}\boldsymbol{X}_{12}+\boldsymbol{B}\boldsymbol{X}_{22}=\boldsymbol{E}.\end{cases}$$

由于 $\boldsymbol{A}$ 可逆，从第一、二式得

$$\boldsymbol{X}_{11}=\boldsymbol{A}^{-1},\quad \boldsymbol{X}_{12}=\boldsymbol{O},$$

代入第四式，得

$$\boldsymbol{X}_{22}=\boldsymbol{B}^{-1};$$

代入第三式，得

$$\boldsymbol{B}\boldsymbol{X}_{21}=-\boldsymbol{C}\boldsymbol{X}_{11}=-\boldsymbol{C}\boldsymbol{A}^{-1},$$

所以

$$\boldsymbol{X}_{21}=-\boldsymbol{B}^{-1}\boldsymbol{C}\boldsymbol{A}^{-1}.$$

故

$$\boldsymbol{D}^{-1}=\begin{pmatrix}\boldsymbol{A}^{-1} & \boldsymbol{O}\\ -\boldsymbol{B}^{-1}\boldsymbol{C}\boldsymbol{A}^{-1} & \boldsymbol{B}^{-1}\end{pmatrix}.$$

若 $\boldsymbol{A}_i$ 为 r_i 阶方阵，则称方阵

$$\boldsymbol{A}=\begin{pmatrix}\boldsymbol{A}_1 & & & \\ & \boldsymbol{A}_2 & & \boldsymbol{O}\\ & & \ddots & \\ & \boldsymbol{O} & & \boldsymbol{A}_s\end{pmatrix}$$

为分块对角阵 . 分块对角阵有如下性质：

(1) 若 $\boldsymbol{A}_i$ 均可逆，则矩阵 $\boldsymbol{A}$ 也可逆，且

$$\boldsymbol{A}^{-1}=\begin{pmatrix}\boldsymbol{A}_1^{-1} & & & \\ & \boldsymbol{A}_2^{-1} & & \boldsymbol{O}\\ & & \ddots & \\ & \boldsymbol{O} & & \\ & & & \boldsymbol{A}_s^{-1}\end{pmatrix};$$

(2) 分块对角阵的行列式：$|A|=|A_1||A_2|\cdots|A_s|$；

(3)

$$A^m=\begin{pmatrix} A_1^m & & & \\ & A_2^m & & O \\ & & \ddots & \\ & O & & \\ & & & A_s^m \end{pmatrix}.$$

最后考虑分块矩阵的转置，容易验证分块矩阵

$$A=\begin{pmatrix} A_{11} & A_{12} & \cdots & A_{1q} \\ A_{21} & A_{22} & \cdots & A_{2q} \\ \vdots & \vdots & & \vdots \\ A_{p1} & A_{p2} & \cdots & A_{pq} \end{pmatrix}$$

的转置矩阵为

$$A^{\mathrm{T}}=\begin{pmatrix} A_{11}^{\mathrm{T}} & A_{21}^{\mathrm{T}} & \cdots & A_{p1}^{\mathrm{T}} \\ A_{12}^{\mathrm{T}} & A_{22}^{\mathrm{T}} & \cdots & A_{p2}^{\mathrm{T}} \\ \vdots & \vdots & & \vdots \\ A_{1q}^{\mathrm{T}} & A_{2q}^{\mathrm{T}} & \cdots & A_{pq}^{\mathrm{T}} \end{pmatrix}.$$

习　题　2.4

1. 设

$$A=\begin{pmatrix} -1 & 2 & 0 & 0 & 0 \\ 4 & 1 & 0 & 1 & 0 \\ 0 & 5 & 0 & 0 & 1 \\ 3 & 0 & 0 & 0 & 0 \\ 0 & 3 & 0 & 0 & 0 \end{pmatrix},\quad B=\begin{pmatrix} 0 & 0 & 0 & 2 \\ 0 & 0 & 0 & 3 \\ 2 & 1 & -3 & 0 \\ 1 & -2 & 1 & 0 \\ 0 & 1 & 4 & 0 \end{pmatrix},$$

利用分块矩阵计算 AB.

2. 设 A,B 均为 n 阶方阵，令

$$Q=\begin{pmatrix} O & A \\ B & O \end{pmatrix},$$

(1) 证明 Q 可逆的充要条件是 A,B 均可逆.

(2) 当 Q 可逆时，求出 Q^{-1}.

3. 设

$$\boldsymbol{A}=\begin{pmatrix} 0 & a_1 & 0 & \cdots & 0 & 0 \\ 0 & 0 & a_2 & \cdots & 0 & 0 \\ \vdots & \vdots & \vdots & & \vdots & \vdots \\ 0 & 0 & 0 & \cdots & 0 & a_{n-1} \\ a_n & 0 & 0 & \cdots & 0 & 0 \end{pmatrix}, \quad a_1,\cdots,a_n\neq 0,$$

利用矩阵分块求 $\boldsymbol{A}^{-1}$.

4. 设 $\boldsymbol{A}$ 为 n 阶可逆方阵，$\boldsymbol{A}_1$ 为 $n\times 1$ 矩阵，b 为常数.

$$\boldsymbol{P}=\begin{pmatrix} \boldsymbol{E} & \boldsymbol{O} \\ -\boldsymbol{A}_1^{\mathrm{T}}\boldsymbol{A}^* & |\boldsymbol{A}| \end{pmatrix}, \quad \boldsymbol{Q}=\begin{pmatrix} \boldsymbol{A} & \boldsymbol{A}_1 \\ \boldsymbol{A}_1^{\mathrm{T}} & b \end{pmatrix},$$

(1) 计算 $\boldsymbol{PQ}$；

(2) 证明 $\boldsymbol{Q}$ 可逆的充要条件是 $\boldsymbol{A}_1^{\mathrm{T}}\boldsymbol{A}^{-1}\boldsymbol{A}_1\neq b$.

5. 设 $\boldsymbol{A},\boldsymbol{B}$ 为 4 阶方阵，$\boldsymbol{A}=(\boldsymbol{\alpha}\ \boldsymbol{\gamma}_2\ \boldsymbol{\gamma}_3\ \boldsymbol{\gamma}_4)$，$\boldsymbol{B}=(\boldsymbol{\beta}\ \boldsymbol{\gamma}_2\ \boldsymbol{\gamma}_3\ \boldsymbol{\gamma}_4)$，且 $|\boldsymbol{A}|=5$，$|\boldsymbol{B}|=1$，求行列式 $|\boldsymbol{A}+\boldsymbol{B}|$.

第五节　矩阵的初等变换

1. 矩阵的初等变换与初等矩阵

矩阵的初等变换是矩阵的一种最基本的运算，它有着广泛的应用.

定义 2.11　下面三种变换称为矩阵的初等行变换：

(1) 对换矩阵的 i,j 两行，称为对换，记作 $r_i\leftrightarrow r_j$；

(2) 用数 $k\neq 0$ 乘矩阵的第 i 行，称为倍乘，记作 kr_i；

(3) 把矩阵的第 i 行的 k 倍加到第 j 行上去，称为倍加，记作 r_j+kr_i.

类似地，若把定义中的“行”换成“列”，就得到矩阵的初等列变换，并记为

(4) $c_i\leftrightarrow c_j$；

(5) kc_i；

(6) c_j+kc_i.

初等行变换与初等列变换统称为矩阵的初等变换. 若矩阵 $\boldsymbol{A}$ 经过有限次初等变换变成矩阵 $\boldsymbol{B}$，则称矩阵 $\boldsymbol{A}$ 与 $\boldsymbol{B}$ 等价，记作 $\boldsymbol{A}\sim\boldsymbol{B}$.

为了方便初等变换的使用，我们引入如下的初等矩阵.

定义 2.12　由单位矩阵 $\boldsymbol{E}$ 经过一次初等变换得到的矩阵称为初等矩阵.

三种初等变换对应着三种初等矩阵：

(1) 对换单位矩阵 $\boldsymbol{E}$ 的 i,j 两行($r_i \leftrightarrow r_j$)，所得初等矩阵记为 $\boldsymbol{E}(r_i \leftrightarrow r_j)$，例如

$$\boldsymbol{E}_3(r_1 \leftrightarrow r_3)=\begin{pmatrix}0 & 0 & 1\\0 & 1 & 0\\1 & 0 & 0\end{pmatrix}.$$

(2) 用非零数 k 乘单位矩阵 $\boldsymbol{E}$ 的第 i 行(kr_i)，所得初等矩阵记为 $\boldsymbol{E}(kr_i)$，例如

$$\boldsymbol{E}_3(2r_3)=\begin{pmatrix}1 & 0 & 0\\0 & 1 & 0\\0 & 0 & 2\end{pmatrix}.$$

(3) 把单位矩阵 $\boldsymbol{E}$ 的第 i 行的 k 倍加到第 j 行上(r_j+kr_i)所得初等矩阵记为 $\boldsymbol{E}(r_j+kr_i)$，例如

$$\boldsymbol{E}_3(r_1+3r_2)=\begin{pmatrix}1 & 3 & 0\\0 & 1 & 0\\0 & 0 & 1\end{pmatrix}.$$

对单位矩阵作一次初等列变换得到的初等矩阵也包括在上面所举的这三种初等矩阵之中．很容易验证

$$\boldsymbol{E}(c_i \leftrightarrow c_j)=\boldsymbol{E}(r_i \leftrightarrow r_j),\quad \boldsymbol{E}(kc_i)=\boldsymbol{E}(kr_i),$$
$$\boldsymbol{E}(c_i+kc_j)=\boldsymbol{E}(r_j+kr_i).$$

显然，这三种初等矩阵都是可逆的，且逆矩阵也是初等矩阵．事实上，

$$\boldsymbol{E}(r_i \leftrightarrow r_j)^{-1}=\boldsymbol{E}(r_i \leftrightarrow r_j),\quad \boldsymbol{E}(kr_i)^{-1}=\boldsymbol{E}\left(\frac{1}{k}r_i\right),$$
$$\boldsymbol{E}(r_i+kr_j)^{-1}=\boldsymbol{E}(r_i-kr_j).$$

初等矩阵与矩阵的乘法运算联系在一起，就可以实现矩阵的初等变换．

定理 2.2 对一个 $m\times n$ 矩阵 $\boldsymbol{A}$ 作一次初等行变换就相当于在 $\boldsymbol{A}$ 的左边乘上相应的 m 阶初等矩阵；对 $\boldsymbol{A}$ 作一次初等列变换就相当于在 $\boldsymbol{A}$ 的右边乘上相应的 n 阶初等矩阵．

证明 我们只证行变换的情形，列变换的情形可以同样证明．

设 $\boldsymbol{B}=(b_{ij})$ 为任意一个 m 阶方阵，$\boldsymbol{A}$ 为 $m\times n$ 矩阵，把 $\boldsymbol{A}$ 按行分块，$\boldsymbol{A}_i$ 是第 i 行($i=1,2,\cdots,m$)，则由矩阵的分块乘法，得

$$\boldsymbol{BA}=\boldsymbol{B}\begin{pmatrix}\boldsymbol{A}_1\\ \boldsymbol{A}_2\\ \vdots\\ \boldsymbol{A}_m\end{pmatrix}=\begin{pmatrix}b_{11}\boldsymbol{A}_1+b_{12}\boldsymbol{A}_2+\cdots+b_{1m}\boldsymbol{A}_m\\ b_{21}\boldsymbol{A}_1+b_{22}\boldsymbol{A}_2+\cdots+b_{2m}\boldsymbol{A}_m\\ \vdots\\ b_{m1}\boldsymbol{A}_1+b_{m2}\boldsymbol{A}_2+\cdots+b_{mm}\boldsymbol{A}_m\end{pmatrix},$$

特别地，令 $\boldsymbol{B}=\boldsymbol{E}(r_i\leftrightarrow r_j)$，得

$$\boldsymbol{E}(r_i\leftrightarrow r_j)\boldsymbol{A}=\begin{pmatrix}\boldsymbol{A}_1\\ \vdots\\ \boldsymbol{A}_j\\ \vdots\\ \boldsymbol{A}_i\\ \vdots\\ \boldsymbol{A}_m\end{pmatrix}\begin{matrix}\\ \\ (\text{第 } i \text{ 行})\\ \\ (\text{第 } j \text{ 行})\\ \\ \\ \end{matrix},$$

这就相当于把 $\boldsymbol{A}$ 的第 i 行与第 j 行互换．

令 $\boldsymbol{B}=\boldsymbol{E}(kr_i)$，得

$$\boldsymbol{E}(kr_i)\boldsymbol{A}=\begin{pmatrix}\boldsymbol{A}_1\\ \vdots\\ k\boldsymbol{A}_i\\ \vdots\\ \boldsymbol{A}_m\end{pmatrix}\begin{matrix}\\ \\ (\text{第 } i \text{ 行})\\ \\ \\ \end{matrix}$$

这就相当于用非零数 k 乘 $\boldsymbol{A}$ 的第 i 行．

令 $\boldsymbol{B}=\boldsymbol{E}(r_i+kr_j)$，得

$$\boldsymbol{E}(r_i+kr_j)\boldsymbol{A}=\begin{pmatrix}\boldsymbol{A}_1\\ \vdots\\ \boldsymbol{A}_i+k\boldsymbol{A}_j\\ \vdots\\ \boldsymbol{A}_j\\ \vdots\\ \boldsymbol{A}_m\end{pmatrix}\begin{matrix}\\ \\ (\text{第 } i \text{ 行})\\ \\ (\text{第 } j \text{ 行})\\ \\ \\ \end{matrix}$$

这就相当于把 $\boldsymbol{A}$ 的第 j 行的 k 倍加到第 i 行上．

2．阶梯形矩阵

矩阵初等变换的主要应用就是把一般矩阵化为阶梯形矩阵，从而使可用矩

阵形式表达的数学问题得到简化.

定义 2.13　称一个矩阵是阶梯形矩阵,是指它满足如下两个条件:

(1) 零行(元素全为零)在非零行的下方;

(2) 每个非零行的第一非零元素均位于上一行的第一个非零元素的右边.

例如

$$\begin{pmatrix}0&1&1&1\\0&0&0&3\\0&0&0&0\end{pmatrix},\quad\begin{pmatrix}1&1&1&1&1\\0&0&1&0&2\\0&0&0&1&1\end{pmatrix},\quad\begin{pmatrix}1&0&1\\0&2&1\\0&0&1\end{pmatrix}$$

都是阶梯形矩阵.

定义 2.14　称一个矩阵是简单阶梯形矩阵,是指它满足如下三个条件:

(1) 它是阶梯形的;

(2) 每一个非零行的第一个非零元均是 1;

(3) 每个非零行的第一个非零元所在列的其他元素都是零.

例如

$$\begin{pmatrix}1&3&0&0&1\\0&0&1&0&2\\0&0&0&1&2\end{pmatrix},\quad\begin{pmatrix}1&0&0\\0&1&0\\0&0&1\end{pmatrix}$$

都是简单阶梯形矩阵

定理 2.3　任意一个非零矩阵经过有限次初等行变换,总可以变成阶梯形矩阵,再经过有限次初等行变换还可以变成简单阶梯形矩阵.

证明略.

例 16　用初等行变换把矩阵

$$\boldsymbol{A}=\begin{pmatrix}0&0&-1&-1\\1&4&-1&0\\-1&-4&2&-1\end{pmatrix}$$

化为阶梯形矩阵和简单阶梯形矩阵.

解

$$\boldsymbol{A}\xrightarrow{r_1\leftrightarrow r_2}\begin{pmatrix}1&4&-1&0\\0&0&-1&-1\\-1&-4&2&-1\end{pmatrix}\xrightarrow{r_3+r_1}\begin{pmatrix}1&4&-1&0\\0&0&-1&-1\\0&0&1&-1\end{pmatrix}$$

$$\xrightarrow{r_3+r_2}\begin{pmatrix}1&4&-1&0\\0&0&-1&-1\\0&0&0&-2\end{pmatrix}.$$

上面最后一个矩阵就是阶梯形矩阵，对这个阶梯形矩阵再作初等行变换，就可以得到简单阶梯形矩阵，即

$$A \longrightarrow \begin{pmatrix} 1 & 4 & -1 & 0 \\ 0 & 0 & -1 & -1 \\ 0 & 0 & 0 & -2 \end{pmatrix} \xrightarrow[\left(-\frac{1}{2}\right)r_3]{(-1)r_2} \begin{pmatrix} 1 & 4 & -1 & 0 \\ 0 & 0 & 1 & 1 \\ 0 & 0 & 0 & 1 \end{pmatrix}$$

$$\xrightarrow{r_1+r_2} \begin{pmatrix} 1 & 4 & 0 & 1 \\ 0 & 0 & 1 & 1 \\ 0 & 0 & 0 & 1 \end{pmatrix} \xrightarrow[r_2-r_3]{r_1-r_3} \begin{pmatrix} 1 & 4 & 0 & 0 \\ 0 & 0 & 1 & 0 \\ 0 & 0 & 0 & 1 \end{pmatrix}.$$

用初等行变换把一个矩阵化为阶梯形矩阵有许多应用，我们将在后面的相关内容中详细介绍，这里先给出一个利用阶梯形矩阵求逆矩阵的方法．

定理 2.4 可逆矩阵经过初等行变换变成的简单阶梯形矩阵一定是单位矩阵．

证明 设 $\boldsymbol{A}$ 是 n 阶可逆矩阵，经过初等行变换变成的简单阶梯形矩阵是 $\boldsymbol{B}$.

由于在方阵 $\boldsymbol{A}$ 上所作的三种初等行变换，对其行列式的影响依次是变号、相差 k 倍($k\neq0$)、不变，所以当 $|\boldsymbol{A}|\neq0$ 时，也就有 $|\boldsymbol{B}|\neq0$，从而 $\boldsymbol{B}$ 中没有零行，即 $\boldsymbol{B}$ 的每一行都是非零行．由于 $\boldsymbol{B}$ 是阶梯形矩阵，所以 $\boldsymbol{B}$ 形如三角矩阵

$$\boldsymbol{B}=\begin{pmatrix} a_{11} & a_{12} & a_{13} & \cdots & a_{1n} \\ 0 & a_{22} & a_{23} & \cdots & a_{2n} \\ 0 & 0 & a_{33} & \cdots & a_{3n} \\ \vdots & \vdots & \vdots & & \vdots \\ 0 & 0 & 0 & \cdots & a_{nn} \end{pmatrix},$$

又因为 $\boldsymbol{B}$ 是简单阶梯形矩阵，所以

$$\boldsymbol{B}=\begin{pmatrix} 1 & 0 & 0 & \cdots & 0 \\ 0 & 1 & 0 & \cdots & 0 \\ 0 & 0 & 1 & \cdots & 0 \\ \vdots & \vdots & \vdots & & \vdots \\ 0 & 0 & 0 & \cdots & 1 \end{pmatrix}=\boldsymbol{E}.$$

应用定理 2.3 就得到一个求逆矩阵的方法．设 $\boldsymbol{A}$ 是 n 阶可逆矩阵，由定理 2.4，有一系列初等行变换把 $\boldsymbol{A}$ 变成单位矩阵，由定理 2.2，有一系列初等矩阵 $\boldsymbol{P}_1,\boldsymbol{P}_2,\cdots,\boldsymbol{P}_m$，使

$$\boldsymbol{P}_m\cdots\boldsymbol{P}_2\boldsymbol{P}_1\boldsymbol{A}=\boldsymbol{E},$$

对上式右乘 $\boldsymbol{A}^{-1}$，得

$$\boldsymbol{P}_m\cdots\boldsymbol{P}_2\boldsymbol{P}_1\boldsymbol{E}=\boldsymbol{A}^{-1}.$$

这两个式子说明，如果用一系列初等行变换把可逆矩阵 $\boldsymbol{A}$ 变成单位矩阵 $\boldsymbol{E}$，那么同样地用这些初等行变换就把单位矩阵 $\boldsymbol{E}$ 变成 $\boldsymbol{A}^{-1}$，而且相应的初等矩阵的乘积就是$\boldsymbol{A}^{-1}$. 这个结论可用算式表示为

$$\boldsymbol{P}_m\cdots\boldsymbol{P}_2\boldsymbol{P}_1(\boldsymbol{A},\boldsymbol{E})=(\boldsymbol{P}_m\cdots\boldsymbol{P}_2\boldsymbol{P}_1\boldsymbol{A},\boldsymbol{P}_m\cdots\boldsymbol{P}_2\boldsymbol{P}_1\boldsymbol{E})=(\boldsymbol{E},\boldsymbol{A}^{-1}),$$

这就提供了一个用初等变换求逆矩阵的方法，作 $n\times 2n$ 矩阵$(\boldsymbol{A},\boldsymbol{E})$，用初等行变换把左边一半变成 $\boldsymbol{E}$，这时，右边的一半就是 $\boldsymbol{A}^{-1}$，即

$$(\boldsymbol{A},\boldsymbol{E})\xrightarrow{\text{初等行变换}}(\boldsymbol{E},\boldsymbol{A}^{-1}).$$

例 17　用初等行变换求矩阵

$$\boldsymbol{A}=\begin{pmatrix}1&0&1\\1&2&0\\1&2&1\end{pmatrix}$$

的逆矩阵.

解

$$(\boldsymbol{A},\boldsymbol{E})=\begin{pmatrix}1&0&1&1&0&0\\1&2&0&0&1&0\\1&2&1&0&0&1\end{pmatrix}\xrightarrow[r_2-r_1]{r_3-r_2}\begin{pmatrix}1&0&1&1&0&0\\0&2&-1&-1&1&0\\0&0&1&0&-1&1\end{pmatrix}$$

$$\xrightarrow[r_2+r_3]{r_1-r_3}\begin{pmatrix}1&0&0&1&1&-1\\0&2&0&-1&0&1\\0&0&1&0&-1&1\end{pmatrix}$$

$$\xrightarrow{\frac{1}{2}r_2}\begin{pmatrix}1&0&0&1&1&-1\\0&1&0&-\frac{1}{2}&0&\frac{1}{2}\\0&0&1&0&-1&1\end{pmatrix},$$

于是

$$\boldsymbol{A}^{-1}=\begin{pmatrix}1&1&-1\\-\frac{1}{2}&0&\frac{1}{2}\\0&-1&1\end{pmatrix}.$$

同样道理，由算式

$$\boldsymbol{A}^{-1}(\boldsymbol{A},\boldsymbol{B})=(\boldsymbol{E},\boldsymbol{A}^{-1}\boldsymbol{B})$$

可知，若对矩阵$(\boldsymbol{A},\boldsymbol{B})$施行初等行变换，当把 $\boldsymbol{A}$ 变为 $\boldsymbol{E}$ 时，$\boldsymbol{B}$ 就变为 $\boldsymbol{A}^{-1}\boldsymbol{B}$.

例 18 解矩阵方程 $\boldsymbol{AX}=\boldsymbol{B}$,其中

$$\boldsymbol{A}=\begin{pmatrix}1&2&0\\2&2&1\\2&1&1\end{pmatrix},\quad \boldsymbol{B}=\begin{pmatrix}0&-1\\-1&3\\1&-1\end{pmatrix}.$$

解 首先计算出 $|\boldsymbol{A}|=1$,所以 $\boldsymbol{A}$ 是可逆矩阵. 对矩阵 $(\boldsymbol{A},\boldsymbol{B})$ 作初等行变换

$$(\boldsymbol{A},\boldsymbol{B})=\begin{pmatrix}1&2&0&0&-1\\2&2&1&-1&3\\2&1&1&1&-1\end{pmatrix}\xrightarrow[r_1-2r_2]{r_2-r_3}\begin{pmatrix}1&0&0&4&-9\\0&1&0&-2&4\\2&1&1&1&-1\end{pmatrix}$$

$$\xrightarrow{r_3-(2r_1+r_2)}\begin{pmatrix}1&0&0&4&-9\\0&1&0&-2&4\\0&0&1&-5&13\end{pmatrix},$$

所以

$$\boldsymbol{X}=\boldsymbol{A}^{-1}\boldsymbol{B}=\begin{pmatrix}4&-9\\-2&4\\-5&13\end{pmatrix}.$$

习 题 2.5

1. 把矩阵

$$\boldsymbol{A}=\begin{pmatrix}3&-2&0&-1\\0&2&2&1\\1&-2&-3&-2\\0&1&2&1\end{pmatrix}$$

化为阶梯形和简单阶梯形.

2. 利用初等变换求逆矩阵:

(1) $\begin{pmatrix}1&2&3\\2&1&2\\1&3&4\end{pmatrix}$; (2) $\begin{pmatrix}1&2&0&0\\2&0&1&2\\1&1&0&-1\\1&0&0&0\end{pmatrix}$.

3. 已知

$$
\boldsymbol{A}=\begin{pmatrix} 2 & 2 & 2 & \cdots & 2 \\ 0 & 1 & 1 & \cdots & 1 \\ 0 & 0 & 1 & \cdots & 1 \\ \vdots & \vdots & \vdots & & \vdots \\ 0 & 0 & 0 & \cdots & 1 \end{pmatrix},
$$

用初等变换求 $\boldsymbol{A}^{-1}$，并计算 $|\boldsymbol{A}|$ 的所有代数余子式之和 $\sum\limits_{i,j=1}^{n} \boldsymbol{A}_{ij}$.

4. 方程组

$$
\begin{cases} a_{11}x_1+a_{12}x_2+a_{13}x_3=a_{14}, \\ a_{21}x_1+a_{22}x_2+a_{23}x_3=a_{24}, \\ a_{31}x_1+a_{32}x_2+a_{33}x_3=a_{34} \end{cases}
$$

由矩阵 $\overline{\boldsymbol{A}}=(a_{ij})_{3\times 4}$ 唯一确定. 经过若干次初等变换后，$\boldsymbol{A}$ 化为阶梯形矩阵 $\boldsymbol{B}$. 问：由矩阵 $\boldsymbol{B}$ 确定的方程组与原方程组有什么关系？

5. 利用 4 题结论求解方程组：

$$
\begin{cases} x_1+2x_2+x_3=5, \\ 3x_1-x_2+2x_3=1, \\ 2x_1+3x_2+5x_3=8. \end{cases}
$$

第六节　矩阵的秩

1. 矩阵秩的概念

在研究矩阵和与矩阵有关的问题中，矩阵的秩是一个很重要的概念. 为说明矩阵的秩，首先定义矩阵的 k 阶子式.

定义 2.15　在一个 $m\times n$ 矩阵 $\boldsymbol{A}$ 中，任意取出 k 个行和 k 个列，位于这些行及列的交叉处的元素按原来的位置组成一个 k 阶行列式，称其为矩阵 $\boldsymbol{A}$ 的一个 k 阶子式.

显然，$k\leqslant \min\{m,n\}$，且矩阵 $\boldsymbol{A}$ 一共有 $\mathrm{C}_m^k\cdot \mathrm{C}_n^k$ 个 k 阶子式.

例 19 设

$$\boldsymbol{A}=\begin{pmatrix}1 & -2 & 3 & 1 & 0\\0 & 2 & 1 & -1 & 1\\0 & 0 & 0 & -3 & 0\\0 & 0 & 0 & 0 & 0\end{pmatrix},$$

取 $\boldsymbol{A}$ 的 1,2,3 行和 $\boldsymbol{A}$ 的 1,2,4 列,得到 $\boldsymbol{A}$ 的一个 3 阶子式

$$\begin{vmatrix}1 & -2 & 1\\0 & 2 & -1\\0 & 0 & -3\end{vmatrix}=-6,$$

再取 $\boldsymbol{A}$ 的 1,2,3,4 行和 1,2,3,4 列,得到 $\boldsymbol{A}$ 的一个 4 阶子式

$$\begin{vmatrix}1 & -2 & 3 & 1\\0 & 2 & 1 & -1\\0 & 0 & 0 & -3\\0 & 0 & 0 & 0\end{vmatrix}=0.$$

因为矩阵 $\boldsymbol{A}$ 中只有 3 个非零行,所以 $\boldsymbol{A}$ 的所有 4 阶子式全为零.但是 $\boldsymbol{A}$ 中有一个 3 阶子式不为零,因此,矩阵 $\boldsymbol{A}$ 的不为零的子式的最高阶数是 3,这时说矩阵 $\boldsymbol{A}$ 的秩是3.一般地,定义如下.

定义 2.16 矩阵 $\boldsymbol{A}$ 的不等于零的子式的最高阶数称为 $\boldsymbol{A}$ 的秩,记作 $R(\boldsymbol{A})$,并规定零矩阵的秩是零.

显然,对任意一个 $m\times n$ 矩阵 $\boldsymbol{A}$,总有

$$0\leqslant R(\boldsymbol{A})\leqslant \min\{m,n\},$$

而且 $R(\boldsymbol{A})\geqslant r\Leftrightarrow \boldsymbol{A}$ 中有一个 r 阶子式不为零;$R(\boldsymbol{A})\leqslant r\Leftrightarrow \boldsymbol{A}$ 中所有 $r+1$ 阶子式全为零.

例 20 试证对任意矩阵 $\boldsymbol{A}$,总有 $R(\boldsymbol{A})=R(\boldsymbol{A}^{\mathrm{T}})$.

证明 设 $R(\boldsymbol{A})=r$,那么 $\boldsymbol{A}$ 中有一个非零的 k 阶子式,这个子式的转置行列式就是 $\boldsymbol{A}^{\mathrm{T}}$ 中的一个非零 k 阶子式,所以 $R(\boldsymbol{A}^{\mathrm{T}})\geqslant r$.

又由于 $\boldsymbol{A}$ 的全体 $r+1$ 阶子式都为零,那么 $\boldsymbol{A}^{\mathrm{T}}$ 中的全体 $r+1$ 阶子式作为其转置也都为零,所以,$R(\boldsymbol{A}^{\mathrm{T}})\leqslant r$,故 $R(\boldsymbol{A})=R(\boldsymbol{A}^{\mathrm{T}})$.

例 21 设 $\boldsymbol{A},\boldsymbol{B}$ 都是 $m\times n$ 型矩阵,令 $\boldsymbol{C}_{m\times 2n}=(\boldsymbol{A}\ \vdots\ \boldsymbol{B})$,证明不等式:

$$\max(R(\boldsymbol{A}),R(\boldsymbol{B}))\leqslant R(\boldsymbol{C})\leqslant R(\boldsymbol{A})+R(\boldsymbol{B}).$$

证明 由于 $\boldsymbol{A},\boldsymbol{B}$ 的子式也都是 $\boldsymbol{C}$ 的子式,所以

$$R(\boldsymbol{C})\geqslant R(\boldsymbol{A}),\text{且 } R(\boldsymbol{C})\geqslant R(\boldsymbol{B}),$$

于是

$$R(\boldsymbol{C})\geqslant \max(R(\boldsymbol{A}),R(\boldsymbol{B})).$$

另一方面，欲证 $R(\boldsymbol{C})\leqslant R(\boldsymbol{A})+R(\boldsymbol{B})$，只需证明 $\boldsymbol{C}$ 中任何 $R(\boldsymbol{A})+R(\boldsymbol{B})+1$ 阶子式 M 都等于零．为此应用拉普拉斯定理把 M 按其所含的矩阵 $\boldsymbol{A}$ 的列展开：

$$M=N_1A_1+N_2A_2+\cdots+N_tA_t,$$

其中 N_k 都是 $\boldsymbol{A}$ 的子式，而 A_k 最多和 $\boldsymbol{B}$ 的子式相差一个负号，若 M 所含的 $\boldsymbol{A}$ 的列数大于 $R(\boldsymbol{A})$，则 N_k 都等于零，因此 $M=0$；若 M 所含的 $\boldsymbol{A}$ 的列数不大于 $R(\boldsymbol{A})$，则 M 所含的 $\boldsymbol{B}$ 的列数就大于 $R(\boldsymbol{B})$，因此 A_k 都等于零，所以仍有 $M=0$.

如果 $\boldsymbol{A}$ 是 n 阶方阵，那么 $\boldsymbol{A}$ 的行列式 $|\boldsymbol{A}|$ 就是 $\boldsymbol{A}$ 的 n 阶子式，从而有下面的定理．

定理 2.5 n 阶方阵 $\boldsymbol{A}$ 可逆的充分必要条件是 $R(\boldsymbol{A})=n$.

当 n 阶方阵 $\boldsymbol{A}$ 的秩为 n 时，也称 $\boldsymbol{A}$ 为满秩矩阵，否则称 $\boldsymbol{A}$ 为降秩矩阵．

2．利用初等变换求矩阵的秩

用定义求矩阵 $\boldsymbol{A}$ 的秩，需计算 $\boldsymbol{A}$ 中很多子式，我们可以利用矩阵 $\boldsymbol{A}$ 的阶梯形，给出一个直接求 $R(\boldsymbol{A})$ 的方法．

定理 2.6 矩阵经初等变换后其秩不变．

证明 设矩阵 $\boldsymbol{A}$ 经过初等变换变成矩阵 $\boldsymbol{B}$，那么 $\boldsymbol{B}$ 的每一个 k 阶子式都是 $\boldsymbol{A}$ 的一个 k 阶子式的非零倍数，所以 $R(\boldsymbol{B})=R(\boldsymbol{A})$.

由于阶梯形矩阵的秩就是它的非零行的个数，所以有如下推论：

推论 1 一个矩阵的阶梯形中非零行的个数就是原矩阵的秩．

上面的讨论说明，为了计算矩阵 $\boldsymbol{A}$ 的秩，只要用初等行变换把 $\boldsymbol{A}$ 变成阶梯形即可．

例 22 求矩阵 $\boldsymbol{A}$ 的秩：

$$\boldsymbol{A}=\begin{pmatrix}1&-2&0&0\\1&0&1&1\\2&-4&0&1\\1&0&3&4\end{pmatrix}.$$

解

$$\boldsymbol{A}\to\begin{pmatrix}1&-2&0&0\\0&2&1&1\\0&0&0&1\\0&2&3&4\end{pmatrix}\to\begin{pmatrix}1&-2&0&0\\0&2&1&1\\0&0&2&3\\0&0&0&1\end{pmatrix},$$

所以 $R(\mathbf{A})=4$.

例 23　已知 $n(n>1)$阶方阵：

$$\mathbf{A}=\begin{pmatrix} a & b & b & \cdots & b \\ b & a & b & \cdots & b \\ \vdots & \vdots & \vdots & & \vdots \\ b & b & b & \cdots & a \end{pmatrix},$$

求 $\mathbf{A}$ 的秩.

解

$$\mathbf{A}\xrightarrow[k=2,3,\cdots,n]{r_k-r_1}\begin{pmatrix} a & b & b & \cdots & b \\ b-a & a-b & 0 & \cdots & 0 \\ b-a & 0 & a-b & \cdots & 0 \\ \vdots & \vdots & \vdots & & \vdots \\ b-a & 0 & 0 & \cdots & a-b \end{pmatrix}$$

$$\xrightarrow{c_1+\sum\limits_{j=2}^{n}c_j}\begin{pmatrix} a+(n-1)b & b & b & \cdots & b \\ 0 & a-b & 0 & \cdots & 0 \\ 0 & 0 & a-b & \cdots & 0 \\ \vdots & \vdots & \vdots & & \vdots \\ 0 & 0 & 0 & \cdots & a-b \end{pmatrix},$$

(1) $a=b$ 时，若 $a=b=0$，则 $R(\mathbf{A})=0$；若 $a=b\neq 0$，则$R(\mathbf{A})=1$.

(2) $a\neq b$ 时，若 $a+(n-1)b=0$，则 $R(\mathbf{A})=n-1$；若 $a+(n-1)b\neq 0$，则 $R(\mathbf{A})=n$.

习　题　2.6

1. 计算下列矩阵的秩：

(1) $\begin{pmatrix} 1 & -2 & 4 & -1 & 3 \\ 3 & -7 & 6 & 1 & 5 \\ -1 & 1 & -10 & 5 & -7 \\ 4 & -11 & -2 & 8 & 0 \end{pmatrix}$；　(2) $\begin{pmatrix} 0 & 1 & 1 & -1 & 2 \\ 0 & 2 & -2 & -2 & 0 \\ 0 & -1 & -1 & 1 & 1 \\ 1 & 1 & 0 & 1 & -1 \end{pmatrix}$.

2. 设矩阵：

$$\mathbf{A}=\begin{pmatrix} 3 & 1 & 1 & 4 \\ \lambda & 4 & 10 & 1 \\ 1 & 7 & 17 & 3 \\ 2 & 2 & 4 & 3 \end{pmatrix},$$

(1) λ 为何值时，$R(\mathbf{A})$最大？

(2) λ 为何值时，$R(\mathbf{A})$最小？

3. 试确定参数 λ 的值使 $R(\mathbf{A})$最小：

$$\mathbf{A}=\begin{pmatrix}1 & \lambda & -1 & 2\\ 2 & -1 & \lambda & 5\\ 1 & 10 & -6 & 1\end{pmatrix}.$$

4. 求矩阵

$$\mathbf{A}=\begin{pmatrix}a & a+1 & a+2\\ a+2 & a & a+1\\ a+1 & a+2 & a\end{pmatrix}$$

的秩．

5. 设 $n(n\geqslant 3)$阶矩阵

$$\mathbf{A}=\begin{pmatrix}1 & a & a & \cdots & a\\ a & 1 & a & \cdots & a\\ \vdots & \vdots & \vdots & & \vdots\\ a & a & a & \cdots & 1\end{pmatrix},$$

已知 $R(\mathbf{A})=n-1$，求 a 的值．

6. 设 $a_i(i=1,2,\cdots,m)$不全为零，$b_j(j=1,2,\cdots,n)$不全为零，求矩阵 $\mathbf{A}$ 的秩：

$$\mathbf{A}=\begin{pmatrix}a_1b_1 & a_1b_2 & \cdots & a_1b_n\\ a_2b_1 & a_2b_2 & \cdots & a_2b_n\\ \vdots & \vdots & & \vdots\\ a_mb_1 & a_mb_2 & \cdots & a_mb_n\end{pmatrix}.$$

7. 设 $\mathbf{A},\mathbf{B}$ 均为 n 阶方阵，证明：

(1) 若 $R(\mathbf{A})=n$，则 $R(\mathbf{AB})=R(\mathbf{B})$；

(2) 若 $R(\mathbf{B})=n$，则 $R(\mathbf{AB})=R(\mathbf{A})$．

第三章　向量组的线性相关性与 n 维向量空间

我们知道，平面(二维向量空间)上的向量是二元有序数组，空间(三维向量空间)中的向量是三元有序数组，而在众多的实际应用中，往往需要采用 n 个数构成的数组来描述物理现象，这就是说，平面向量和空间向量已经不能表达所给定的问题，因此，有必要推广向量的概念．下面引入 n 元数组构成 n 维向量，以研究 n 维向量组的性质，并抽象出 n 维向量空间的概念．本章将讨论 n 维向量组的有关理论，以及 n 维向量与矩阵的联系等．

第一节　n 维向量

线性代数中研究的基本对象就是向量、向量的集合及向量集合之间的线性映射．本节给出 n 维向量、n 维向量的集合、向量的线性运算等概念．

1．n 维向量的概念

定义 3.1　一个 n 元有序数组称为一个 n 维向量．n 维向量可用 $1\times n$ 的行矩阵表示为

$$\boldsymbol{a}=(a_1,a_2,\cdots,a_n),$$

称它为行向量；或用 $n\times 1$ 的列矩阵表示为

$$\boldsymbol{a}=\begin{pmatrix} a_1 \\ a_2 \\ \vdots \\ a_n \end{pmatrix}=(a_1,a_2,\cdots,a_n)^{\mathrm{T}},$$

称它为列向量．其中第 i 个数 a_i 称为向量 $\boldsymbol{a}$ 的第 i 个坐标或第 i 个分量，分量的个数 n 称为向量 $\boldsymbol{a}$ 的维数．本书以后均采用列向量表示．

坐标都是零的向量称为零向量，记为 $\mathbf{0}=(0,0,\cdots,0)^{\mathrm{T}}$. 当向量 $\boldsymbol{a}$ 的坐标 $a_i(i=1,2,\cdots,n)$ 都是实数时，称 $\boldsymbol{a}$ 为实向量；当向量 $\boldsymbol{a}$ 的坐标 $a_i(i=1,2,\cdots,n)$ 都是复数时，称 $\boldsymbol{a}$ 为复向量．本书一般只讨论实向量．

通常把全体 n 维实向量的集合记为 R^n，即

$$R^n=\{\boldsymbol{a}=(a_1,a_2,\cdots,a_n)^{\mathrm{T}}\mid a_i\in\mathbf{R},i=1,2,\cdots,n\}$$

所以，集合 R^n 中的元素是 n 维向量．

2．向量的线性运算

为了讨论向量的有关问题，首先需要规定向量的相等和向量的线性运算（向量的加法，数 λ 与向量的乘积）.

定义 3.2　设有两个 n 维向量 $\boldsymbol{a}=(a_1,a_2,\cdots,a_n)^{\mathrm{T}}$ 和 $\boldsymbol{b}=(b_1,b_2,\cdots,b_n)^{\mathrm{T}}$，两向量相等（记为 $\boldsymbol{a}=\boldsymbol{b}$）是指这两个向量的对应坐标都相等，即

$$a_i=b_i,\quad i=1,2,\cdots,n.$$

定义 3.3　设 $\boldsymbol{a}=(a_1,a_2,\cdots,a_n)^{\mathrm{T}}$ 和 $\boldsymbol{b}=(b_1,b_2,\cdots,b_n)^{\mathrm{T}}$ 是两个 n 维向量，$\lambda\in\mathbf{R}$，规定：

(1) 向量的加法：$\boldsymbol{a}$ 与 $\boldsymbol{b}$ 的和（记为 $\boldsymbol{a}+\boldsymbol{b}$）是一个 n 维向量，定义为

$$\boldsymbol{a}+\boldsymbol{b}=(a_1+b_1,a_2+b_2,\cdots,a_n+b_n)^{\mathrm{T}};$$

(2) 数乘向量：数 λ 与向量 $\boldsymbol{a}$ 的乘积（记为 $\lambda\boldsymbol{a}$）是一个 n 维向量，定义为

$$\lambda\boldsymbol{a}=(\lambda a_1,\lambda a_2,\cdots,\lambda a_n)^{\mathrm{T}}.$$

特别地，当取 $\lambda=-1$ 时，记

$$-\boldsymbol{a}=(-1)\boldsymbol{a}=(-a_1,-a_2,\cdots,-a_n)^{\mathrm{T}}.$$

$\boldsymbol{a}+(-1)\boldsymbol{b}$ 记作 $\boldsymbol{a}-\boldsymbol{b}$，称为向量 $\boldsymbol{a}$ 与 $\boldsymbol{b}$ 的差，即

$$\boldsymbol{a}-\boldsymbol{b}=(a_1-b_1,a_2-b_2,\cdots,a_n-b_n)^{\mathrm{T}}.$$

向量的加法与数乘向量两种运算统称为向量的线性运算．

例 1　设

$$\boldsymbol{a}=\begin{pmatrix}1\\0\\1\end{pmatrix},\quad \boldsymbol{b}=\begin{pmatrix}0\\1\\1\end{pmatrix},$$

则

$$\boldsymbol{a}+2\boldsymbol{b}=\begin{pmatrix}1\\0\\1\end{pmatrix}+2\begin{pmatrix}0\\1\\1\end{pmatrix}=\begin{pmatrix}1\\2\\3\end{pmatrix},\quad 2\boldsymbol{a}-3\boldsymbol{b}=2\begin{pmatrix}1\\0\\1\end{pmatrix}-3\begin{pmatrix}0\\1\\1\end{pmatrix}=\begin{pmatrix}2\\-3\\-1\end{pmatrix}.$$

由定义可知，向量的线性运算满足下列规律：对任意的 n 维向量 $\boldsymbol{a},\boldsymbol{b},\boldsymbol{c}$ 及

任意实数λ,μ有

(1) $\boldsymbol{a}+\boldsymbol{b}=\boldsymbol{b}+\boldsymbol{a}$；　(2) $(\boldsymbol{a}+\boldsymbol{b})+\boldsymbol{c}=\boldsymbol{a}+(\boldsymbol{b}+\boldsymbol{c})$；

(3) $\boldsymbol{a}+\boldsymbol{0}=\boldsymbol{a}$；　(4) $\boldsymbol{a}+(-\boldsymbol{a})=\boldsymbol{0}$；

(5) $1\cdot\boldsymbol{a}=\boldsymbol{a}$；　(6) $\lambda(\mu\boldsymbol{a})=(\lambda\mu)\boldsymbol{a}$；

(7) $\lambda(\boldsymbol{a}+\boldsymbol{b})=\lambda\boldsymbol{a}+\lambda\boldsymbol{b}$；　(8) $(\lambda+\mu)\boldsymbol{a}=\lambda\boldsymbol{a}+\mu\boldsymbol{a}$.

3．向量的标准基

在n维向量集合R^n中，有如下n个非常特殊的向量：

$$\boldsymbol{e}_1=(1,0,\cdots,0)^{\mathrm{T}},\quad \boldsymbol{e}_2=(0,1,\cdots,0)^{\mathrm{T}},\quad \cdots,\quad \boldsymbol{e}_n=(0,0,\cdots,1)^{\mathrm{T}},$$

称这n个向量为集合R^n的标准基．显然，R^n中任一向量$\boldsymbol{x}=(x_1,x_2,\cdots,x_n)^{\mathrm{T}}$都可以表示为

$$\boldsymbol{x}=x_1\boldsymbol{e}_1+x_2\boldsymbol{e}_2+\cdots+x_n\boldsymbol{e}_n. \tag{3.1}$$

表达式(3.1)称为向量$\boldsymbol{x}$关于标准基$\{\boldsymbol{e}_1,\boldsymbol{e}_2,\cdots,\boldsymbol{e}_n\}$的线性表示，$x_1,x_2,\cdots,x_n$称为向量$\boldsymbol{x}$在标准基$\{\boldsymbol{e}_1,\boldsymbol{e}_2,\cdots,\boldsymbol{e}_n\}$下的坐标．

例如，

$$\begin{pmatrix}1\\-2\\3\\-4\end{pmatrix}=\begin{pmatrix}1\\0\\0\\0\end{pmatrix}-2\begin{pmatrix}0\\1\\0\\0\end{pmatrix}+3\begin{pmatrix}0\\0\\1\\0\end{pmatrix}-4\begin{pmatrix}0\\0\\0\\1\end{pmatrix}=\boldsymbol{e}_1-2\boldsymbol{e}_2+3\boldsymbol{e}_3-4\boldsymbol{e}_4.$$

在讨论线性代数有关问题时，把向量$\boldsymbol{x}$表示成(3.1)的形式将给我们带来许多方便．

习　题　3.1

设$\boldsymbol{\alpha}_1=(2\ \ 5\ \ 1\ \ 3)$，$\boldsymbol{\alpha}_2=(1\ \ 1\ \ 5\ \ 2)$，$\boldsymbol{\alpha}_3=(4\ \ 1\ \ 2\ \ 3)$，且

$$3(\boldsymbol{\alpha}_1-\boldsymbol{\alpha})+2(\boldsymbol{\alpha}_2+\boldsymbol{\alpha})=5(\boldsymbol{\alpha}_3+\boldsymbol{\alpha}),$$

求向量$\boldsymbol{\alpha}$.

第二节　向量组的线性相关性

1．向量组与线性组合

由若干个维数相同的列向量(或行向量)构成的向量集合称为向量组．例如

R^n 中标准基 $\{\boldsymbol{e}_1,\boldsymbol{e}_2,\cdots,\boldsymbol{e}_n\}$ 就是一个向量组. 矩阵

$$\boldsymbol{A}=\begin{pmatrix}1&1&1&1\\1&2&1&1\\1&0&1&2\\1&2&3&3\end{pmatrix}$$

的行向量

$$\boldsymbol{\alpha}_1=(1,1,1,1),\quad \boldsymbol{\alpha}_2=(1,2,1,1),\quad \boldsymbol{\alpha}_3=(1,0,1,2),\quad \boldsymbol{\alpha}_4=(1,2,3,3)$$

就构成一个向量组 $M=\{\boldsymbol{\alpha}_1,\boldsymbol{\alpha}_2,\boldsymbol{\alpha}_3,\boldsymbol{\alpha}_4\}$.

设向量组 $M=\{\boldsymbol{\alpha}_1,\boldsymbol{\alpha}_2,\cdots,\boldsymbol{\alpha}_m\}$，对任意一组系数 $k_1,k_2,\cdots,k_m$，称向量

$$\boldsymbol{\beta}=k_1\boldsymbol{\alpha}_1+k_2\boldsymbol{\alpha}_2+\cdots+k_m\boldsymbol{\alpha}_m$$

是 $\boldsymbol{\alpha}_1,\boldsymbol{\alpha}_2,\cdots,\boldsymbol{\alpha}_m$ 的一个线性组合，或者说 $\boldsymbol{\beta}$ 可被 $\boldsymbol{\alpha}_1,\boldsymbol{\alpha}_2,\cdots,\boldsymbol{\alpha}_m$ 线性表示. 例如，$\boldsymbol{\beta}=\begin{pmatrix}1\\2\\4\end{pmatrix}$ 就可表示为 $\boldsymbol{\alpha}_1=\begin{pmatrix}0\\0\\1\end{pmatrix}$，$\boldsymbol{\alpha}_2=\begin{pmatrix}0\\1\\1\end{pmatrix}$，$\boldsymbol{\alpha}_3=\begin{pmatrix}1\\1\\1\end{pmatrix}$ 的线性组合. 实际上

$$\boldsymbol{\beta}=\begin{pmatrix}1\\2\\4\end{pmatrix}=2\begin{pmatrix}0\\0\\1\end{pmatrix}+\begin{pmatrix}0\\1\\1\end{pmatrix}+\begin{pmatrix}1\\1\\1\end{pmatrix}=2\boldsymbol{\alpha}_1+\boldsymbol{\alpha}_2+\boldsymbol{\alpha}_3.$$

2. 线性相关与线性无关的概念

为引入向量组的线性相关与线性无关的概念，下面先讨论两个问题.

引例 1　矩阵的阶梯形的零行存在性问题：若用初等行变换把矩阵 $\boldsymbol{A}_{m\times n}$ 化为阶梯形，试给出 $\boldsymbol{A}$ 的阶梯形有零行的充分必要条件.

分析　显然矩阵 $\boldsymbol{A}=\begin{pmatrix}1&1&1\\1&2&2\end{pmatrix}$ 的阶梯形无零行，而矩阵 $\boldsymbol{B}=\begin{pmatrix}1&1&1\\2&2&2\end{pmatrix}$ 的阶梯形有零行. 那么，一般矩阵的阶梯形有零行或无零行的条件是什么呢？

假设 $\boldsymbol{A}$ 的阶梯形有零行，则存在 j，通过初等行变换：

$$k_j\boldsymbol{r}_j+\sum_{i\neq j}k_i\boldsymbol{r}_i,\quad k_j\neq 0$$

使 $\boldsymbol{A}$ 的第 j 行变为零行. 也就是说，存在一组不全为零的系数 $k_i(i=1,2,\cdots,m)$，使

$$k_1\boldsymbol{r}_1+k_2\boldsymbol{r}_2+\cdots+k_m\boldsymbol{r}_m=\boldsymbol{0}.$$

反之，若存在一组不全为零的系数 $k_i(i=1,2,\cdots,m)$，使

$$k_1\boldsymbol{r}_1+k_2\boldsymbol{r}_2+\cdots+k_m\boldsymbol{r}_m=\boldsymbol{0},$$

不妨设 $k_j\neq 0$,那么对矩阵 $\boldsymbol{A}$ 作初等行变换:

$$k_j\boldsymbol{r}_j+\sum_{i\neq j}k_i\boldsymbol{r}_i,$$

就把 $\boldsymbol{A}$ 的第 j 行变成了零行.

综上所述,就得到了 $\boldsymbol{A}$ 的阶梯形有零行的一个充分必要条件:

"存在一组不全为零的系数 k_i,使 $k_1\boldsymbol{r}_1+k_2\boldsymbol{r}_2+\cdots+k_m\boldsymbol{r}_m=\boldsymbol{0}$".

同时,我们也得到了矩阵 $\boldsymbol{A}$ 的阶梯形无零行的一个充分必要条件:

"若 $k_1\boldsymbol{r}_1+k_2\boldsymbol{r}_2+\cdots+k_m\boldsymbol{r}_m=\boldsymbol{0}$,则 $k_1=k_2=\cdots=k_m=0$".

引例 2　线性组合的唯一性问题:设有向量组 $\boldsymbol{\alpha}_1,\boldsymbol{\alpha}_2,\cdots,\boldsymbol{\alpha}_m$,试给出 $\boldsymbol{\alpha}_1,\boldsymbol{\alpha}_2,\cdots,\boldsymbol{\alpha}_m$ 的线性组合具有唯一性的充分必要条件.

分析　对向量组

$$\boldsymbol{e}_1=\begin{pmatrix}1\\0\\0\end{pmatrix},\quad \boldsymbol{e}_2=\begin{pmatrix}0\\1\\0\end{pmatrix},\quad \boldsymbol{e}_3=\begin{pmatrix}0\\0\\1\end{pmatrix},$$

容易看出 $\boldsymbol{e}_1,\boldsymbol{e}_2,\boldsymbol{e}_3$ 的线性组合具有唯一性,即由

$$x_1\boldsymbol{e}_1+y_1\boldsymbol{e}_2+z_1\boldsymbol{e}_3=x_2\boldsymbol{e}_1+y_2\boldsymbol{e}_2+z_2\boldsymbol{e}_3,$$

可推出

$$x_1=x_2,\quad y_1=y_2,\quad z_1=z_2.$$

而对向量组

$$\boldsymbol{\alpha}_1=\begin{pmatrix}1\\0\\1\end{pmatrix},\quad \boldsymbol{\alpha}_2=\begin{pmatrix}1\\1\\0\end{pmatrix},\quad \boldsymbol{\alpha}_3=\begin{pmatrix}2\\1\\1\end{pmatrix},$$

其线性组合就不具有唯一性. 实际上,由于 $\boldsymbol{\alpha}_1+\boldsymbol{\alpha}_2-\boldsymbol{\alpha}_3=\boldsymbol{0}$,所以

$$k_1\boldsymbol{\alpha}_1+k_2\boldsymbol{\alpha}_2+2k_3\boldsymbol{\alpha}_3=(k_1+k_3)\boldsymbol{\alpha}_1+(k_2+k_3)\boldsymbol{\alpha}_2+k_3\boldsymbol{\alpha}_3$$

对任意 k_1,k_2,k_3 都成立,

那么对一般向量组,其线性组合具有唯一性或不具有唯一性的条件是什么呢?

假设 $\boldsymbol{\alpha}_1,\boldsymbol{\alpha}_2,\cdots,\boldsymbol{\alpha}_m$ 的线性组合是唯一的,那么若

$$\lambda_1\boldsymbol{\alpha}_1+\lambda_2\boldsymbol{\alpha}_2+\cdots+\lambda_m\boldsymbol{\alpha}_m=\mu_1\boldsymbol{\alpha}_1+\mu_2\boldsymbol{\alpha}_2+\cdots+\mu_m\boldsymbol{\alpha}_m,$$

则必有

$$\lambda_1=\mu_1,\quad \lambda_2=\mu_2,\quad \lambda_m=\mu_m.$$

特别地,若 $k_1\boldsymbol{\alpha}_1+k_2\boldsymbol{\alpha}_2+\cdots+k_m\boldsymbol{\alpha}_m=\boldsymbol{0}$,则必有

$$k_1=k_2=\cdots=k_m=0.$$

也就是说,"若 $k_1\boldsymbol{\alpha}_1+k_2\boldsymbol{\alpha}_2+\cdots+k_m\boldsymbol{\alpha}_m=\boldsymbol{0}$,则 $k_1=k_2=\cdots=k_m=0.$"

另一方面,假设"若 $k_1\boldsymbol{\alpha}_1+k_2\boldsymbol{\alpha}_2+\cdots+k_m\boldsymbol{\alpha}_m=\mathbf{0}$,则 $k_1=k_2=\cdots=k_m=0$"成立.那么若有两个线性组合相等,即

$$\lambda_1\boldsymbol{\alpha}_1+\lambda_2\boldsymbol{\alpha}_2+\cdots+\lambda_m\boldsymbol{\alpha}_m=\mu_1\boldsymbol{\alpha}_1+\mu_2\boldsymbol{\alpha}_2+\cdots+\mu_m\boldsymbol{\alpha}_m,$$

变形得

$$(\lambda_1-\mu_1)\boldsymbol{\alpha}_1+(\lambda_2-\mu_2)\boldsymbol{\alpha}_2+\cdots+(\lambda_m-\mu_m)\boldsymbol{\alpha}_m=\mathbf{0},$$

由假设条件知必有

$$\lambda_1-\mu_1=0,\quad \lambda_2-\mu_2=0,\quad \cdots,\quad \lambda_m-\mu_m=0,$$

即 $$\lambda_1=\mu_1,\quad \lambda_2=\mu_2,\quad \cdots,\quad \lambda_m=\mu_m.$$

也就是说,$\boldsymbol{\alpha}_1,\boldsymbol{\alpha}_2,\cdots,\boldsymbol{\alpha}_m$ 的线性组合是唯一的.

综上所述,就得到了向量组 $\boldsymbol{\alpha}_1,\boldsymbol{\alpha}_2,\cdots,\boldsymbol{\alpha}_m$ 的线性组合具有唯一性的一个充分必要条件:"若 $k_1\boldsymbol{\alpha}_1+k_2\boldsymbol{\alpha}_2+\cdots+k_m\boldsymbol{\alpha}_m=\mathbf{0}$,则 $k_1=k_2=\cdots=k_m=0$". 同时,我们也得到了 $\boldsymbol{\alpha}_1,\boldsymbol{\alpha}_2,\cdots,\boldsymbol{\alpha}_m$ 的线性组合不具有唯一性的一个充分必要条件:"存在一组不全为零的系数 k_i,使 $k_1\boldsymbol{\alpha}_1+k_2\boldsymbol{\alpha}_2+\cdots+k_m\boldsymbol{\alpha}_m=\mathbf{0}$."

定义 3.4 设 $\boldsymbol{\alpha}_1,\boldsymbol{\alpha}_2,\cdots,\boldsymbol{\alpha}_m$ 是给定向量组,

(1) 若存在一组不全为零的系数 $k_1,k_2,\cdots,k_m$,使

$$k_1\boldsymbol{\alpha}_1+k_2\boldsymbol{\alpha}_2+\cdots+k_m\boldsymbol{\alpha}_m=\mathbf{0},$$

则称向量组 $\boldsymbol{\alpha}_1,\boldsymbol{\alpha}_2,\cdots,\boldsymbol{\alpha}_m$ 是线性相关的.

(2) 若由 $k_1\boldsymbol{\alpha}_1+k_2\boldsymbol{\alpha}_2+\cdots+k_m\boldsymbol{\alpha}_m=\mathbf{0}$ 必推出

$$k_1=k_2=\cdots=k_m=0,$$

则称向量组 $\boldsymbol{\alpha}_1,\boldsymbol{\alpha}_2,\cdots,\boldsymbol{\alpha}_m$ 是线性无关的.

由定义知,讨论向量组 $\boldsymbol{\alpha}_1,\boldsymbol{\alpha}_2,\cdots,\boldsymbol{\alpha}_m$ 是否线性相关,就是写出向量方程

$$k_1\boldsymbol{\alpha}_1+k_2\boldsymbol{\alpha}_2+\cdots+k_m\boldsymbol{\alpha}_m=\mathbf{0},$$

并把 $k_1,k_2,\cdots,k_m$ 看成未知数,然后讨论该方程是否有非零解,即 $(k_1,k_2,\cdots,k_m)\neq(0,0,\cdots,0)$.

例 2 讨论

$$\boldsymbol{e}_1=\begin{pmatrix}1\\0\\0\end{pmatrix},\quad \boldsymbol{e}_2=\begin{pmatrix}0\\1\\0\end{pmatrix},\quad \boldsymbol{e}_3=\begin{pmatrix}0\\0\\1\end{pmatrix}$$

的线性相关性.

解 令 $k_1\boldsymbol{e}_1+k_2\boldsymbol{e}_2+k_3\boldsymbol{e}_3=\mathbf{0}$,把坐标代入得

$$k_1\begin{pmatrix}1\\0\\0\end{pmatrix}+k_2\begin{pmatrix}0\\1\\0\end{pmatrix}+k_3\begin{pmatrix}0\\0\\1\end{pmatrix}=\begin{pmatrix}0\\0\\0\end{pmatrix},$$

所以

$$\begin{pmatrix} k_1 \\ k_2 \\ k_3 \end{pmatrix} = \begin{pmatrix} 0 \\ 0 \\ 0 \end{pmatrix},$$

即

$$k_1 = k_2 = k_3 = 0.$$

故 $\boldsymbol{e}_1, \boldsymbol{e}_2, \boldsymbol{e}_3$ 线性无关.

例 3 讨论

$$\boldsymbol{\alpha}_1 = \begin{pmatrix} 1 \\ 1 \\ 0 \end{pmatrix}, \quad \boldsymbol{\alpha}_2 = \begin{pmatrix} 1 \\ 0 \\ 1 \end{pmatrix}, \quad \boldsymbol{\alpha}_3 = \begin{pmatrix} 5 \\ 2 \\ 3 \end{pmatrix}$$

的线性相关性.

解 因为 $2\boldsymbol{\alpha}_1 + 3\boldsymbol{\alpha}_2 = \boldsymbol{\alpha}_3$,所以

$$2\boldsymbol{\alpha}_1 + 3\boldsymbol{\alpha}_2 - \boldsymbol{\alpha}_3 = \mathbf{0}.$$

故由定义知 $\boldsymbol{\alpha}_1, \boldsymbol{\alpha}_2, \boldsymbol{\alpha}_3$ 线性相关.

例 4 设 $\boldsymbol{\alpha}_1, \boldsymbol{\alpha}_2, \boldsymbol{\alpha}_3$ 线性无关,而

$$\boldsymbol{\beta}_1 = \boldsymbol{\alpha}_1 + \boldsymbol{\alpha}_2, \quad \boldsymbol{\beta}_2 = \boldsymbol{\alpha}_2 + \boldsymbol{\alpha}_3, \quad \boldsymbol{\beta}_3 = \boldsymbol{\alpha}_3 + \boldsymbol{\alpha}_1,$$

证明 $\boldsymbol{\beta}_1, \boldsymbol{\beta}_2, \boldsymbol{\beta}_3$ 线性无关.

证明 令 $k_1\boldsymbol{\beta}_1 + k_2\boldsymbol{\beta}_2 + k_3\boldsymbol{\beta}_3 = \mathbf{0}$,即

$$k_1(\boldsymbol{\alpha}_1 + \boldsymbol{\alpha}_2) + k_2(\boldsymbol{\alpha}_2 + \boldsymbol{\alpha}_3) + k_3(\boldsymbol{\alpha}_3 + \boldsymbol{\alpha}_1) = \mathbf{0},$$

整理得

$$(k_1 + k_3)\boldsymbol{\alpha}_1 + (k_1 + k_2)\boldsymbol{\alpha}_2 + (k_2 + k_3)\boldsymbol{\alpha}_3 = \mathbf{0}.$$

由 $\boldsymbol{\alpha}_1, \boldsymbol{\alpha}_2, \boldsymbol{\alpha}_3$ 线性无关知

$$\begin{cases} k_1 + k_3 = 0, \\ k_1 + k_2 = 0, \\ k_2 + k_3 = 0. \end{cases}$$

由前两个方程可得 $k_2 = k_3$. 那么由第三个方程可得 $k_3 = 0$. 故

$$k_1 = k_2 = k_3 = 0.$$

所以由定义得 $\boldsymbol{\beta}_1, \boldsymbol{\beta}_2, \boldsymbol{\beta}_3$ 线性无关.

借助线性相关的概念,引例 1 的结果可表示为如下定理.

定理 3.1 设 $\boldsymbol{\alpha}_1, \boldsymbol{\alpha}_2, \cdots, \boldsymbol{\alpha}_m$ 是一个给定向量组,用它们作为行向量构造矩阵 $\mathbf{A}$,则 $\boldsymbol{\alpha}_1, \boldsymbol{\alpha}_2, \cdots, \boldsymbol{\alpha}_m$ 线性相关当且仅当用初等行变换把 $\mathbf{A}$ 化成的阶梯形有零行.

该定理提供了一个讨论向量组线性相关性的快捷简便的方法.

例 5　讨论

$$\boldsymbol{\alpha}_1=\begin{pmatrix}1\\1\\1\\1\\1\end{pmatrix},\quad \boldsymbol{\alpha}_2=\begin{pmatrix}1\\2\\1\\2\\1\end{pmatrix},\quad \boldsymbol{\alpha}_3=\begin{pmatrix}2\\2\\3\\3\\3\end{pmatrix},\quad \boldsymbol{\alpha}_4=\begin{pmatrix}3\\4\\3\\4\\3\end{pmatrix}$$

的线性相关性.

解　用 $\boldsymbol{\alpha}_1,\boldsymbol{\alpha}_2,\boldsymbol{\alpha}_3,\boldsymbol{\alpha}_4$ 作为行向量构造矩阵 $\boldsymbol{A}$,并用初等行变换把矩阵 $\boldsymbol{A}$ 化为阶梯形.

$$\boldsymbol{A}=\begin{pmatrix}1&1&1&1&1\\1&2&1&2&1\\2&2&3&3&3\\3&4&3&4&3\end{pmatrix}\xrightarrow[\substack{r_3-2r_1\\r_4-3r_1}]{r_2-r_1}\begin{pmatrix}1&1&1&1&1\\0&1&0&1&0\\0&0&1&1&1\\0&1&0&1&0\end{pmatrix}$$

$$\xrightarrow{r_4-r_2}\begin{pmatrix}1&1&1&1&1\\0&1&0&1&0\\0&0&1&1&1\\0&0&0&0&0\end{pmatrix}.$$

由于 $\boldsymbol{A}$ 的阶梯形有零行,故 $\boldsymbol{\alpha}_1,\boldsymbol{\alpha}_2,\boldsymbol{\alpha}_3,\boldsymbol{\alpha}_4$ 线性相关.

例 6　讨论

$$\boldsymbol{\alpha}_1=\begin{pmatrix}1\\1\\2\\1\end{pmatrix},\quad \boldsymbol{\alpha}_2=\begin{pmatrix}1\\2\\1\\2\end{pmatrix},\quad \boldsymbol{\alpha}_3=\begin{pmatrix}2\\3\\3\\a\end{pmatrix}$$

的线性相关性.

解　用 $\boldsymbol{\alpha}_1,\boldsymbol{\alpha}_2,\boldsymbol{\alpha}_3$ 作为行向量构造矩阵 $\boldsymbol{A}$,并用初等行变换把 $\boldsymbol{A}$ 化为阶梯形.

$$\boldsymbol{A}=\begin{pmatrix}1&1&2&1\\1&2&1&2\\2&3&3&a\end{pmatrix}\xrightarrow[r_3-2r_1]{r_2-r_1}\begin{pmatrix}1&1&2&1\\0&1&-1&1\\0&1&-1&a-2\end{pmatrix}$$

$$\xrightarrow{r_3-r_2}\begin{pmatrix}1&1&2&1\\0&1&-1&1\\0&0&0&a-3\end{pmatrix}.$$

由 $\boldsymbol{A}$ 的阶梯形可知:

当 $a=3$ 时,$\boldsymbol{\alpha}_1,\boldsymbol{\alpha}_2,\boldsymbol{\alpha}_3$ 线性相关;

当 $a\neq 3$ 时，$\boldsymbol{\alpha}_1,\boldsymbol{\alpha}_2,\boldsymbol{\alpha}_3$ 线性无关．

若向量组 $\boldsymbol{\alpha}_1,\boldsymbol{\alpha}_2,\cdots,\boldsymbol{\alpha}_m$ 构成的矩阵 $\boldsymbol{A}$ 是方阵，那么 A 的阶梯形是否有零行取决于 $\boldsymbol{A}$ 的行列式 $|\boldsymbol{A}|$ 是否等于零．这就启发我们得到如下推论．

推论 1　n 个 n 维向量线性相关当且仅当该向量组构成的矩阵的行列式为零．

证明　设 $\boldsymbol{\alpha}_1,\boldsymbol{\alpha}_2,\cdots,\boldsymbol{\alpha}_n$ 是 n 个 n 维向量，它们构成的矩阵为 $\boldsymbol{A}$．设 $\boldsymbol{B}$ 是 $\boldsymbol{A}$ 的阶梯形矩阵，则 $\boldsymbol{B}$ 可表示为

$$\boldsymbol{B}=\boldsymbol{Q}_s\boldsymbol{Q}_{s-1}\cdots\boldsymbol{Q}_1\boldsymbol{A},$$

其中 $\boldsymbol{Q}_i$ 为初等行变换所对应的初等矩阵，所以

$$|\boldsymbol{B}|=|\boldsymbol{Q}_s||\boldsymbol{Q}_{s-1}|\cdots|\boldsymbol{Q}_1||\boldsymbol{A}|.$$

由于 $|\boldsymbol{Q}_i|\neq 0$，于是

$$\boldsymbol{\alpha}_1,\boldsymbol{\alpha}_2,\cdots,\boldsymbol{\alpha}_n \text{ 线性相关} \Leftrightarrow \boldsymbol{B} \text{ 有零行} \Leftrightarrow |\boldsymbol{B}|=0 \Leftrightarrow |\boldsymbol{A}|=0.$$

故推论成立．

例 7　设 $x_1,x_2,\cdots,x_n$ 是 n 个不同的数，证明

$$\boldsymbol{\alpha}_1=\begin{pmatrix}1\\1\\\vdots\\1\end{pmatrix},\quad \boldsymbol{\alpha}_2=\begin{pmatrix}x_1\\x_2\\\vdots\\x_n\end{pmatrix},\quad \boldsymbol{\alpha}_3=\begin{pmatrix}x_1^2\\x_2^2\\\vdots\\x_n^2\end{pmatrix},\quad \cdots\quad,\quad \boldsymbol{\alpha}_n=\begin{pmatrix}x_1^{n-1}\\x_2^{n-1}\\\vdots\\x_n^{n-1}\end{pmatrix}$$

线性无关．

证明　用 $\boldsymbol{\alpha}_1,\boldsymbol{\alpha}_2,\cdots,\boldsymbol{\alpha}_n$ 作为行向量所构成矩阵的行列式 $|\boldsymbol{A}|$ 就是由 $x_1,x_2,\cdots,x_n$ 决定的范德蒙行列式．由行列式计算知

$$|\boldsymbol{A}|=D(x_1,x_2,\cdots,x_n)=\prod_{1\leqslant i<j\leqslant n}(x_j-x_i)\neq 0,$$

由推论知 $\boldsymbol{\alpha}_1,\boldsymbol{\alpha}_2,\cdots,\boldsymbol{\alpha}_n$ 线性无关．

例 8　设向量 $\boldsymbol{\beta}_1,\boldsymbol{\beta}_2,\cdots,\boldsymbol{\beta}_s$ 可由向量组 $\boldsymbol{\alpha}_1,\boldsymbol{\alpha}_2,\cdots,\boldsymbol{\alpha}_t$ 线性表示，且 $s>t$，证明 $\boldsymbol{\beta}_1,\boldsymbol{\beta}_2,\cdots,\boldsymbol{\beta}_s$ 线性相关．

证明　用反证法．设 $\boldsymbol{\beta}_1,\boldsymbol{\beta}_2,\cdots,\boldsymbol{\beta}_s$ 线性无关，用 $\boldsymbol{\beta}_1,\cdots,\boldsymbol{\beta}_s$ 和 $\boldsymbol{\alpha}_1,\cdots,\boldsymbol{\alpha}_t$ 作为行向量构造矩阵

$$\boldsymbol{A}=\begin{pmatrix}\boldsymbol{\beta}_1\\\boldsymbol{\beta}_2\\\vdots\\\boldsymbol{\beta}_s\end{pmatrix},\quad \boldsymbol{B}=\begin{pmatrix}\boldsymbol{\beta}_1\\\vdots\\\boldsymbol{\beta}_s\\\boldsymbol{\alpha}_1\\\vdots\\\boldsymbol{\alpha}_t\end{pmatrix}.$$

由于 $\boldsymbol{\beta}_1,\boldsymbol{\beta}_2,\cdots,\boldsymbol{\beta}_s$ 线性无关,所以矩阵 $\boldsymbol{A}$ 的阶梯形无零行,所以 $R(\boldsymbol{A})=s$,且显然有 $R(\boldsymbol{A})\leqslant R(\boldsymbol{B})$.

另一方面,由于 $\boldsymbol{\beta}_1,\boldsymbol{\beta}_2,\cdots,\boldsymbol{\beta}_s$ 可由 $\boldsymbol{\alpha}_1,\boldsymbol{\alpha}_2,\cdots,\boldsymbol{\alpha}_t$ 线性表示,所以

$$\boldsymbol{B}\xrightarrow{\text{初等行变换}}\begin{pmatrix}\boldsymbol{0}\\ \vdots\\ \boldsymbol{0}\\ \boldsymbol{\alpha}_1\\ \vdots\\ \boldsymbol{\alpha}_t\end{pmatrix}.$$

因为初等变换不改变矩阵的秩,所以 $R(\boldsymbol{B})\leqslant t$. 那么,$s=R(\boldsymbol{A})\leqslant R(\boldsymbol{B})\leqslant t$. 与前提矛盾! 故 $\boldsymbol{\beta}_1,\boldsymbol{\beta}_2,\cdots,\boldsymbol{\beta}_s$ 必线性相关.

习　题　3.2

1. 判断下列向量组的线性相关性:

(1) $\boldsymbol{\alpha}_1=(-1\ \ 2\ \ 1),\boldsymbol{\alpha}_2=(2\ \ 0\ \ 1),\boldsymbol{\alpha}_3=(1\ \ 2\ \ 2)$;

(2) $\boldsymbol{\alpha}_1=\begin{pmatrix}1\\1\\3\end{pmatrix},\boldsymbol{\alpha}_2=\begin{pmatrix}2\\4\\5\end{pmatrix},\boldsymbol{\alpha}_3=\begin{pmatrix}1\\-1\\0\end{pmatrix}$.

2. 设

$$\boldsymbol{\beta}=(1\ \ 3\ \ 0)^{\mathrm{T}},\boldsymbol{\alpha}_1=(1\ \ 0\ \ 1)^{\mathrm{T}},\boldsymbol{\alpha}_2=(0\ \ 1\ \ 0)^{\mathrm{T}},\boldsymbol{\alpha}_3=(2\ \ 2\ \ 1)^{\mathrm{T}},$$

把 $\boldsymbol{\beta}$ 表示成 $\boldsymbol{\alpha}_1,\boldsymbol{\alpha}_2,\boldsymbol{\alpha}_3$ 的线性组合,问 线性表示是否唯一?

3. 设 $\boldsymbol{\alpha}_1=(1\ \ 1\ \ 1),\boldsymbol{\alpha}_2=(1\ \ 2\ \ 3),\boldsymbol{\alpha}_3=(1\ \ 3\ \ t)$. 问:

(1) 当 t 为何值时,向量组 $\boldsymbol{\alpha}_1,\boldsymbol{\alpha}_2,\boldsymbol{\alpha}_3$ 线性无关?

(2) 当 t 为何值时,向量组 $\boldsymbol{\alpha}_1,\boldsymbol{\alpha}_2,\boldsymbol{\alpha}_3$ 线性相关?

(3) 当向量组 $\boldsymbol{\alpha}_1,\boldsymbol{\alpha}_2,\boldsymbol{\alpha}_3$ 线性相关时,将 $\boldsymbol{\alpha}_3$ 表示为 $\boldsymbol{\alpha}_1$ 和 $\boldsymbol{\alpha}_2$ 的线性组合.

4. 证明:若向量组 $\boldsymbol{\alpha}_1,\boldsymbol{\alpha}_2,\cdots,\boldsymbol{\alpha}_m$ 中含有零向量,则此向量组一定线性相关.

5. 若矩阵 $\boldsymbol{A}$ 经过有限次初等行变换变成矩阵 $\boldsymbol{B}$,那么 $\boldsymbol{A}$ 的任意 k 个列向量与 $\boldsymbol{B}$ 中对应的 k 个列向量的线性相关性有何变化?

6. 已知向量组

$$\boldsymbol{\alpha}_1=\begin{pmatrix}1\\1\\1\\1\end{pmatrix},\quad \boldsymbol{\alpha}_2=\begin{pmatrix}1\\1-x\\1\\1\end{pmatrix},\quad \boldsymbol{\alpha}_3=\begin{pmatrix}1\\1\\2-x\\1\end{pmatrix},\quad \boldsymbol{\alpha}_4=\begin{pmatrix}1\\1\\1\\3-x\end{pmatrix},$$

试讨论向量组 $\boldsymbol{\alpha}_1,\boldsymbol{\alpha}_2,\boldsymbol{\alpha}_3,\boldsymbol{\alpha}_4$ 的线性相关性.

7. 设 $m>n$,证明 m 个 n 维向量必然线性相关.

8. 设向量组 M 中的向量都可被向量组 N 线性表示,向量组 N 中的向量也都可被向量组 M 线性表示. 若 M 和 N 都是线性无关向量组,证明 M 和 N 的向量个数相同.

9. 证明:n 维向量组 $M=\{\boldsymbol{\alpha}_1,\boldsymbol{\alpha}_2,\cdots,\boldsymbol{\alpha}_k\}$ 线性相关 $\Leftrightarrow M$ 中有向量可由其余的向量线性表示.

10. 设向量组 $\{\boldsymbol{\alpha}_1,\boldsymbol{\alpha}_2,\cdots,\boldsymbol{\alpha}_k\}$ 线性无关,向量组 $\{\boldsymbol{\alpha}_1,\boldsymbol{\alpha}_2,\cdots,\boldsymbol{\alpha}_k,\boldsymbol{\beta}\}$ 线性相关,证明:$\boldsymbol{\beta}$ 可由向量组 $\boldsymbol{\alpha}_1,\boldsymbol{\alpha}_2,\cdots,\boldsymbol{\alpha}_k$ 线性表示,且表示式唯一.

11. 选择题.

(1) n 维向量组 $\boldsymbol{\alpha}_1,\boldsymbol{\alpha}_2,\cdots,\boldsymbol{\alpha}_s(3\leqslant s\leqslant n)$ 线性无关的充分必要条件是(　　).

(A) 存在一组不全为零的数 $k_1,k_2,\cdots,k_s$,使 $k_1\boldsymbol{\alpha}_1+k_2\boldsymbol{\alpha}_2+\cdots+k_s\boldsymbol{\alpha}_s\neq\mathbf{0}$

(B) $\boldsymbol{\alpha}_1,\boldsymbol{\alpha}_2,\cdots,\boldsymbol{\alpha}_s$ 中任意两个向量都线性无关

(C) $\boldsymbol{\alpha}_1,\boldsymbol{\alpha}_2,\cdots,\boldsymbol{\alpha}_s$ 中存在一个向量,它不能用其余向量线性表示

(D) $\boldsymbol{\alpha}_1,\boldsymbol{\alpha}_2,\cdots,\boldsymbol{\alpha}_s$ 中任意一个向量都不能用其余向量线性表示

(2) 设 $\boldsymbol{\alpha}_1,\boldsymbol{\alpha}_2,\cdots,\boldsymbol{\alpha}_m$ 均为 n 维向量,那么,下列结论正确的是(　　).

(A) 若 $k_1\boldsymbol{\alpha}_1+k_2\boldsymbol{\alpha}_2+\cdots+k_m\boldsymbol{\alpha}_m=\mathbf{0}$,则 $\boldsymbol{\alpha}_1,\boldsymbol{\alpha}_2,\cdots,\boldsymbol{\alpha}_m$ 线性相关

(B) 若对任意一组不全为零的数 $k_1,k_2,\cdots,k_m$,都有 $k_1\boldsymbol{\alpha}_1+k_2\boldsymbol{\alpha}_2+\cdots+k_m\boldsymbol{\alpha}_m\neq\mathbf{0}$,则 $\boldsymbol{\alpha}_1,\boldsymbol{\alpha}_2,\cdots,\boldsymbol{\alpha}_m$ 线性无关

(C) 若 $\boldsymbol{\alpha}_1,\boldsymbol{\alpha}_2,\cdots,\boldsymbol{\alpha}_m$ 线性相关,则对任意一组不全为零的数 $k_1,k_2,\cdots,k_m$,都有 $k_1\boldsymbol{\alpha}_1+k_2\boldsymbol{\alpha}_2+\cdots+k_m\boldsymbol{\alpha}_m=\mathbf{0}$

(D) 若 $0\boldsymbol{\alpha}_1+0\boldsymbol{\alpha}_2+\cdots+0\boldsymbol{\alpha}_m=\mathbf{0}$,则 $\boldsymbol{\alpha}_1,\boldsymbol{\alpha}_2,\cdots,\boldsymbol{\alpha}_m$ 线性无关

(3) 设有任意两个 n 维向量组 $\boldsymbol{\alpha}_1,\cdots,\boldsymbol{\alpha}_m$ 和 $\boldsymbol{\beta}_1,\cdots,\boldsymbol{\beta}_m$,若存在两组不全为零的数 $\lambda_1,\cdots,\lambda_m$ 和 $k_1,\cdots,k_m$,使 $(\lambda_1+k_1)\boldsymbol{\alpha}_1+\cdots+(\lambda_m+k_m)\boldsymbol{\alpha}_m+(\lambda_1-k_1)\boldsymbol{\beta}_1+\cdots+(\lambda_m-k_m)\boldsymbol{\beta}_m=\mathbf{0}$,则(　　).

(A) $\boldsymbol{\alpha}_1,\boldsymbol{\alpha}_2,\cdots,\boldsymbol{\alpha}_m$ 和 $\boldsymbol{\beta}_1,\boldsymbol{\beta}_2,\cdots,\boldsymbol{\beta}_m$ 都线性相关

(B) $\boldsymbol{\alpha}_1,\boldsymbol{\alpha}_2,\cdots,\boldsymbol{\alpha}_m$ 和 $\boldsymbol{\beta}_1,\boldsymbol{\beta}_2,\cdots,\boldsymbol{\beta}_m$ 都线性无关

(C) $\boldsymbol{\alpha}_1+\boldsymbol{\beta}_1,\cdots,\boldsymbol{\alpha}_m+\boldsymbol{\beta}_m,\boldsymbol{\alpha}_1-\boldsymbol{\beta}_1,\cdots,\boldsymbol{\alpha}_m-\boldsymbol{\beta}_m$ 线性无关

(D) $\boldsymbol{\alpha}_1+\boldsymbol{\beta}_1,\cdots,\boldsymbol{\alpha}_m+\boldsymbol{\beta}_m,\boldsymbol{\alpha}_1-\boldsymbol{\beta}_1,\cdots,\boldsymbol{\alpha}_m-\boldsymbol{\beta}_m$ 线性相关

(4) 若向量组 $\boldsymbol{\alpha},\boldsymbol{\beta},\boldsymbol{\gamma}$ 线性无关,$\boldsymbol{\alpha},\boldsymbol{\beta},\boldsymbol{\delta}$ 线性相关,则(　　).

(A) $\boldsymbol{\alpha}$ 必可由 $\boldsymbol{\beta},\boldsymbol{\gamma},\boldsymbol{\delta}$ 线性表示

(B) $\boldsymbol{\beta}$ 必不可由 $\boldsymbol{\alpha},\boldsymbol{\gamma},\boldsymbol{\delta}$ 线性表示

(C) $\boldsymbol{\delta}$ 必可由 $\boldsymbol{\alpha},\boldsymbol{\beta},\boldsymbol{\gamma}$ 线性表示

(D) $\boldsymbol{\delta}$ 必不可由 $\boldsymbol{\alpha},\boldsymbol{\beta},\boldsymbol{\gamma}$ 线性表示

(5) 设 $\boldsymbol{A}$ 是 n 阶矩阵，且 $\boldsymbol{A}$ 的行列式 $|\boldsymbol{A}|=0$，则 $\boldsymbol{A}$ 中(　　).

(A) 必有一列元素全为 0

(B) 必有两列元素对应成比例

(C) 必有一列向量是其余列向量的线性组合

(D) 任一列向量是其余列向量的线性组合

第三节　向量组的秩

1. 等价向量组

定义 3.5　设两个向量组 $M=\{\boldsymbol{\alpha}_1,\boldsymbol{\alpha}_2,\cdots,\boldsymbol{\alpha}_r\}$ 和 $N=\{\boldsymbol{\beta}_1,\boldsymbol{\beta}_2,\cdots,\boldsymbol{\beta}_s\}$，如果 M 中向量都可由 N 中向量线性表示，则称向量组 M 可由 N 线性表示．如果 M,N 可相互线性表示，则称 M,N 是等价向量组．

例 9　设向量组 $M=\{\boldsymbol{\alpha}_1,\boldsymbol{\alpha}_2,\boldsymbol{\alpha}_3\}$，$N=\{\boldsymbol{\beta}_1,\boldsymbol{\beta}_2,\boldsymbol{\beta}_3\}$，其中 $\boldsymbol{\beta}_1=\boldsymbol{\alpha}_1$，$\boldsymbol{\beta}_2=\boldsymbol{\alpha}_1+\boldsymbol{\alpha}_2$，$\boldsymbol{\beta}_3=\boldsymbol{\alpha}_1+\boldsymbol{\alpha}_2+\boldsymbol{\alpha}_3$，证明 M,N 等价．

证明　显然 N 可由 M 线性表示．另一方面，由于

$$\boldsymbol{\alpha}_1=\boldsymbol{\beta}_1,\quad \boldsymbol{\alpha}_2=\boldsymbol{\beta}_2-\boldsymbol{\beta}_1,\quad \boldsymbol{\alpha}_3=\boldsymbol{\beta}_3-\boldsymbol{\beta}_2,$$

所以 M 也可由 N 线性表示，故 M,N 是等价的．

定理 3.2　用初等行变换把矩阵 $\boldsymbol{A}$ 化为阶梯形矩阵 $\boldsymbol{B}$，那么，$\boldsymbol{A}$ 的行向量组 $M=\{\boldsymbol{\alpha}_1,\boldsymbol{\alpha}_2,\cdots,\boldsymbol{\alpha}_m\}$ 和 B 的行向量组 $N=\{\boldsymbol{\beta}_1,\boldsymbol{\beta}_2,\cdots,\boldsymbol{\beta}_m\}$ 是等价的．

证明　由初等行变换的定义，显然 N 中向量都可由 M 线性表示．又因为初等变换是可逆的，所以 M 中向量也可由 N 线性表示，故 M,N 等价．

2. 极大线性无关组

定义 3.6　给定向量组 M，如果 M 中有 r 个向量构成的子集 $\boldsymbol{\alpha}_1,\boldsymbol{\alpha}_2,\cdots,\boldsymbol{\alpha}_r$ 满足：

(1) $\boldsymbol{\alpha}_1,\boldsymbol{\alpha}_2,\cdots,\boldsymbol{\alpha}_r$ 线性无关；

(2) M 可由 $\boldsymbol{\alpha}_1,\boldsymbol{\alpha}_2,\cdots,\boldsymbol{\alpha}_r$ 线性表示，

则称 $\boldsymbol{\alpha}_1,\boldsymbol{\alpha}_2,\cdots,\boldsymbol{\alpha}_r$ 是向量组 M 的一个极大无关组．

由极大无关组($\boldsymbol{\alpha}_1,\boldsymbol{\alpha}_2,\cdots,\boldsymbol{\alpha}_r$)的定义可知，$\forall\,\boldsymbol{\beta}\in M$，且 $\boldsymbol{\beta}\neq\boldsymbol{\alpha}_k$ ($k\neq1,2,\cdots,r$)，$\boldsymbol{\alpha}_1,\boldsymbol{\alpha}_2,\cdots,\boldsymbol{\alpha}_r,\boldsymbol{\beta}$ 都是线性相关的，这就是极大无关组的“极大”性．而极大无关组不一定是唯一的．比如说设 $M=\{\boldsymbol{e}_1,\boldsymbol{e}_2,\boldsymbol{e}_3,\boldsymbol{\beta}_1,\boldsymbol{\beta}_2\}$，且

$$\boldsymbol{e}_1=\begin{pmatrix}1\\0\\0\end{pmatrix},\quad \boldsymbol{e}_2=\begin{pmatrix}0\\1\\0\end{pmatrix},\quad \boldsymbol{e}_3=\begin{pmatrix}0\\0\\1\end{pmatrix},\quad \boldsymbol{\beta}_1=\begin{pmatrix}1\\1\\0\end{pmatrix},\quad \boldsymbol{\beta}_2=\begin{pmatrix}1\\1\\1\end{pmatrix},$$

由于$\boldsymbol{\beta}_1=\boldsymbol{e}_1+\boldsymbol{e}_2$,$\boldsymbol{\beta}_2=\boldsymbol{e}_1+\boldsymbol{e}_2+\boldsymbol{e}_3$,所以

$$\boldsymbol{e}_2=\boldsymbol{\beta}_1-\boldsymbol{e}_1,\quad \boldsymbol{e}_3=\boldsymbol{\beta}_2-\boldsymbol{\beta}_1.$$

且$\boldsymbol{e}_1,\boldsymbol{e}_2,\boldsymbol{e}_3$和$\boldsymbol{e}_1,\boldsymbol{\beta}_1,\boldsymbol{\beta}_2$都是线性无关的,所以$\boldsymbol{e}_1,\boldsymbol{e}_2,\boldsymbol{e}_3$和$\boldsymbol{e}_1,\boldsymbol{\beta}_1,\boldsymbol{\beta}_2$都是$M$的极大无关组.

那么,对给定的向量组M,怎样确定它的一个极大无关组?如下定理解决了该问题.

定理 3.3 设$M=\{\boldsymbol{\alpha}_1,\boldsymbol{\alpha}_2,\cdots,\boldsymbol{\alpha}_s\}$是给定向量组,用$\boldsymbol{\alpha}_1,\boldsymbol{\alpha}_2,\cdots,\boldsymbol{\alpha}_s$作为行向量构造矩阵$\boldsymbol{A}$,用初等行变换把$\boldsymbol{A}$化为阶梯形$\boldsymbol{B}$,则矩阵$\boldsymbol{B}$中非零行所对应的向量$\boldsymbol{\alpha}_{k_1},\boldsymbol{\alpha}_{k_2},\cdots,\boldsymbol{\alpha}_{k_r}$就是向量组$M$的一个极大无关组.

证明 由于$\boldsymbol{\alpha}_{k_1},\boldsymbol{\alpha}_{k_2},\cdots,\boldsymbol{\alpha}_{k_r}$是阶梯形矩阵的非零行,所以$\boldsymbol{\alpha}_{k_1},\boldsymbol{\alpha}_{k_2},\cdots,\boldsymbol{\alpha}_{k_r}$线性无关.对其余的向量$\boldsymbol{\alpha}_j$,由于在阶梯化的过程中被变为零行,所以存在一组系数$\lambda_1,\lambda_2,\cdots,\lambda_r$,使

$$\boldsymbol{\alpha}_j-(\lambda_1\boldsymbol{\alpha}_{k_1}+\lambda_2\boldsymbol{\alpha}_{k_2}+\cdots+\lambda_r\boldsymbol{\alpha}_{k_r})=\boldsymbol{0},$$

即$\boldsymbol{\alpha}_j$可由$\boldsymbol{\alpha}_{k_1},\boldsymbol{\alpha}_{k_2},\cdots,\boldsymbol{\alpha}_{k_r}$线性表示.综上所述,$\boldsymbol{\alpha}_{k_1},\boldsymbol{\alpha}_{k_2},\cdots,\boldsymbol{\alpha}_{k_r}$就是向量组$M$的一个极大无关组.

向量组的极大无关组不一定是唯一的,但它们有一个非常醒目的共性,即它们的向量个数是一样的.

定理 3.4 向量组的任意两个极大无关组所含向量的个数都相同.

证明 设向量组M有两个极大无关组T_1和T_2,$T_1=\{\boldsymbol{\alpha}_1,\boldsymbol{\alpha}_2,\cdots,\boldsymbol{\alpha}_s\}$,$T_2=\{\boldsymbol{\beta}_1,\boldsymbol{\beta}_2,\cdots,\boldsymbol{\beta}_t\}$.用$\boldsymbol{\alpha}_i$和$\boldsymbol{\beta}_j$作为行向量构造矩阵

$$\boldsymbol{A}=\begin{pmatrix}\boldsymbol{\alpha}_1\\\boldsymbol{\alpha}_2\\\vdots\\\boldsymbol{\alpha}_s\\\boldsymbol{\beta}_1\\\boldsymbol{\beta}_2\\\vdots\\\boldsymbol{\beta}_t\end{pmatrix},$$

由于$\boldsymbol{\alpha}_1,\boldsymbol{\alpha}_2,\cdots,\boldsymbol{\alpha}_s$是极大无关组,所以$\boldsymbol{\beta}_1,\boldsymbol{\beta}_2,\cdots,\boldsymbol{\beta}_t$可由$\boldsymbol{\alpha}_1,\boldsymbol{\alpha}_2,\cdots,\boldsymbol{\alpha}_s$线性表示.根据这些线性表示对矩阵$\boldsymbol{A}$做初等行变换可得

$$\boldsymbol{A}\to\boldsymbol{B}=\begin{pmatrix}\boldsymbol{\alpha}_1\\ \boldsymbol{\alpha}_2\\ \vdots\\ \boldsymbol{\alpha}_s\\ \boldsymbol{0}\\ \vdots\\ \boldsymbol{0}\end{pmatrix}.$$

因为初等变换不影响矩阵的秩,且 $\boldsymbol{B}$ 的阶梯形不会产生新的零行,所以

$$R(\boldsymbol{A})=R(\boldsymbol{B})=s.$$

另外,由于 $\boldsymbol{\beta}_1,\boldsymbol{\beta}_2,\cdots,\boldsymbol{\beta}_t$ 也是极大无关组,同理可得

$$\boldsymbol{A}\xrightarrow{\text{初等行变换}}\boldsymbol{C}=\begin{pmatrix}\boldsymbol{0}\\ \vdots\\ \boldsymbol{0}\\ \boldsymbol{\beta}_1\\ \boldsymbol{\beta}_2\\ \vdots\\ \boldsymbol{\beta}_t\end{pmatrix},$$

且 $R(\boldsymbol{A})=R(\boldsymbol{C})=t$. 故 $s=t$.

注:应用例 8 的结论,用反证法也可证明该定理.

3. 向量组的秩

由于向量组的极大无关组的向量个数都相同,我们就可以按如下方式定义向量组的秩的概念.

定义 3.7　向量组的极大无关组的向量个数称为向量组的秩,记为 $R(\boldsymbol{\alpha}_1,\boldsymbol{\alpha}_2,\cdots,\boldsymbol{\alpha}_m)$ 或 $R(M)$.

定理 3.5　向量组的秩有如下性质:

(1) 若向量组 M,N 满足 $M\subset N$,则 $R(M)\leqslant R(N)$.

(2) 若向量组 M 由 N 线性表示,则 $R(M)\leqslant R(N)$.

(3) 若向量组 M,N 等价,则 $R(M)=R(N)$.

(4) 向量组 $\boldsymbol{\alpha}_1,\boldsymbol{\alpha}_2,\cdots,\boldsymbol{\alpha}_s$ 线性无关当且仅当 $R(\boldsymbol{\alpha}_1,\boldsymbol{\alpha}_2,\cdots,\boldsymbol{\alpha}_s)=s$.

证明　(1) 由定义显然成立.

(2) 令 $T=M\cup N$,则 $R(M)\leqslant R(T)$. 由于 M 由 N 线性表示,所以 N 的极大无关组就是 T 的极大无关组,所以 $R(T)=R(N)$,故 $R(M)\leqslant R(N)$.

(3) 由(2)可得.

(4) 由定义显然成立.

我们仍然可用化矩阵为阶梯形的方法求给定向量组的秩,为此给出如下定理.

定理 3.6　设向量组 $M=\{\boldsymbol{\alpha}_1,\boldsymbol{\alpha}_2,\cdots,\boldsymbol{\alpha}_s\}$,用 $\boldsymbol{\alpha}_k$ 作为行向量构造矩阵 $\boldsymbol{A}$,则 $R(M)=R(\boldsymbol{A})$.

证明　设 $\boldsymbol{\alpha}_1,\boldsymbol{\alpha}_2,\cdots,\boldsymbol{\alpha}_r$ 是 M 的极大无关组,那么 M 中其余向量可由 $\boldsymbol{\alpha}_1,\boldsymbol{\alpha}_2,\cdots,\boldsymbol{\alpha}_r$ 线性表示,据此对矩阵 $\boldsymbol{A}$ 做初等行变换可得

$$\boldsymbol{A}\longrightarrow\begin{pmatrix}\boldsymbol{\alpha}_1\\\boldsymbol{\alpha}_2\\\vdots\\\boldsymbol{\alpha}_r\\\boldsymbol{0}\\\vdots\\\boldsymbol{0}\end{pmatrix}=\boldsymbol{B}.$$

由于 $\boldsymbol{B}$ 的阶梯形不会产生新的零行,所以

$$R(\boldsymbol{A})=R(\boldsymbol{B})=r=R(M).$$

应用化矩阵为阶梯形的方法,我们可以同时解决向量组的线性相关性问题,以及极大无关组问题和向量组的秩的问题.

例 10　设

$$\boldsymbol{\alpha}_1=\begin{pmatrix}1\\4\\1\\0\end{pmatrix},\quad\boldsymbol{\alpha}_2=\begin{pmatrix}2\\5\\-1\\-3\end{pmatrix},\quad\boldsymbol{\alpha}_3=\begin{pmatrix}1\\0\\-3\\-4\end{pmatrix},\quad\boldsymbol{\alpha}_4=\begin{pmatrix}2\\2\\-6\\3\end{pmatrix},$$

讨论 $\boldsymbol{\alpha}_1,\boldsymbol{\alpha}_2,\boldsymbol{\alpha}_3,\boldsymbol{\alpha}_4$ 的线性相关性,给出 $\boldsymbol{\alpha}_1,\boldsymbol{\alpha}_2,\boldsymbol{\alpha}_3,\boldsymbol{\alpha}_4$ 的一个极大无关组,并求出 $\boldsymbol{\alpha}_1,\boldsymbol{\alpha}_2,\boldsymbol{\alpha}_3,\boldsymbol{\alpha}_4$ 的秩.

解　把 $\boldsymbol{\alpha}_1,\boldsymbol{\alpha}_2,\boldsymbol{\alpha}_3,\boldsymbol{\alpha}_4$ 作为行向量构造矩阵 $\boldsymbol{A}$,用初等行变换把 $\boldsymbol{A}$ 化为阶梯形,并把每行对应的向量及行变换对应的向量运算写在矩阵的右边

$$\boldsymbol{A}=\begin{pmatrix}1&4&1&0\\2&5&-1&-3\\1&0&-3&-4\\0&2&-6&3\end{pmatrix}\begin{matrix}\boldsymbol{\alpha}_1\\\boldsymbol{\alpha}_2\\\boldsymbol{\alpha}_3\\\boldsymbol{\alpha}_4\end{matrix}\xrightarrow[r_3-r_1]{r_2-2r_1}\begin{pmatrix}1&4&1&0\\0&-3&-3&-3\\0&-4&-4&-4\\0&2&-6&3\end{pmatrix}\begin{matrix}\boldsymbol{\alpha}_1\\\boldsymbol{\alpha}_2-2\boldsymbol{\alpha}_1\\\boldsymbol{\alpha}_3-\boldsymbol{\alpha}_1\\\boldsymbol{\alpha}_4\end{matrix}$$

$$\xrightarrow[r_4+\frac{2}{3}r_2]{r_3-\frac{4}{3}r_2}\left(\begin{array}{cccc|l}1 & 4 & 1 & 0 & \boldsymbol{\alpha}_1 \\ 0 & -3 & -3 & -3 & \boldsymbol{\alpha}_2-2\boldsymbol{\alpha}_1 \\ 0 & 0 & 0 & 0 & (\boldsymbol{\alpha}_3-\boldsymbol{\alpha}_1)-\frac{4}{3}(\boldsymbol{\alpha}_2-2\boldsymbol{\alpha}_1) \\ 0 & 0 & -8 & 1 & \boldsymbol{\alpha}_4+\frac{2}{3}(\boldsymbol{\alpha}_2-2\boldsymbol{\alpha}_1)\end{array}\right).$$

交换上面矩阵的3、4两行即得到 $\boldsymbol{A}$ 的阶梯形矩阵，那么由 $\boldsymbol{A}$ 的阶梯形可得如下结论：

(1) $\boldsymbol{\alpha}_1,\boldsymbol{\alpha}_2,\boldsymbol{\alpha}_3,\boldsymbol{\alpha}_4$ 线性相关；

(2) $\boldsymbol{\alpha}_1,\boldsymbol{\alpha}_2,\boldsymbol{\alpha}_4$ 是它的一个极大无关组，且 $R(\boldsymbol{\alpha}_1,\boldsymbol{\alpha}_2,\boldsymbol{\alpha}_3,\boldsymbol{\alpha}_4)=3$.

另外，矩阵 $\boldsymbol{A}$ 的第三行被化为零行，也就是

$$(\boldsymbol{\alpha}_3-\boldsymbol{\alpha}_1)-\frac{4}{3}(\boldsymbol{\alpha}_2-2\boldsymbol{\alpha}_1)=\mathbf{0},$$

即
$$\boldsymbol{\alpha}_3=-\frac{5}{3}\boldsymbol{\alpha}_1+\frac{4}{3}\boldsymbol{\alpha}_2 .$$

这意味着 $\boldsymbol{\alpha}_3$ 可表示为其余向量的线性组合．

在有些场合，也可用向量组的性质讨论矩阵的性质．

例 11　设 $\boldsymbol{A},\boldsymbol{B}$ 是两个矩阵，$\boldsymbol{AB}$ 有意义．证明 $R(\boldsymbol{AB})\leqslant\min\{R(\boldsymbol{A}),R(\boldsymbol{B})\}$.

证明　设 $\boldsymbol{AB}=\boldsymbol{C}$，并对 $\boldsymbol{A},\boldsymbol{C}$ 按列分块，有

$$(\boldsymbol{\alpha}_1,\boldsymbol{\alpha}_2,\cdots,\boldsymbol{\alpha}_n)\begin{pmatrix}b_{11} & b_{12} & \cdots & b_{1m} \\ b_{21} & b_{22} & \cdots & b_{2m} \\ \vdots & \vdots & & \vdots \\ b_{n1} & b_{n2} & \cdots & b_{nm}\end{pmatrix}=(\boldsymbol{\gamma}_1,\boldsymbol{\gamma}_2,\cdots,\boldsymbol{\gamma}_m).$$

这说明 $\boldsymbol{AB}$ 的列向量 $\boldsymbol{\gamma}_i$ 可由 $\boldsymbol{A}$ 的列向量 $\boldsymbol{\alpha}_1,\boldsymbol{\alpha}_2,\cdots,\boldsymbol{\alpha}_n$ 线性表示，因此有

$$R(\boldsymbol{AB})=R(\boldsymbol{\gamma}_1,\boldsymbol{\gamma}_2,\cdots,\boldsymbol{\gamma}_m)\leqslant R(\boldsymbol{\alpha}_1,\boldsymbol{\alpha}_2,\cdots,\boldsymbol{\alpha}_n)=R(\boldsymbol{A}).$$

类似地，对 $\boldsymbol{B}$ 与 $\boldsymbol{C}$ 分别按行分块，有

$$\begin{pmatrix}a_{11} & a_{12} & \cdots & a_{1n} \\ a_{21} & a_{22} & \cdots & a_{2n} \\ \vdots & \vdots & & \vdots \\ a_{m1} & a_{m2} & \cdots & a_{mn}\end{pmatrix}\begin{pmatrix}\boldsymbol{\beta}_1 \\ \boldsymbol{\beta}_2 \\ \vdots \\ \boldsymbol{\beta}_n\end{pmatrix}=\begin{pmatrix}\boldsymbol{\delta}_1 \\ \boldsymbol{\delta}_2 \\ \vdots \\ \boldsymbol{\delta}_n\end{pmatrix}.$$

这说明 $\boldsymbol{AB}$ 的行向量 $\boldsymbol{\delta}_j$ 可由 $\boldsymbol{B}$ 的行向量 $\boldsymbol{\beta}_1,\boldsymbol{\beta}_2,\cdots,\boldsymbol{\beta}_n$ 线性表示，因此

$$R(\boldsymbol{AB})=R(\boldsymbol{\delta}_1,\boldsymbol{\delta}_2,\cdots,\boldsymbol{\delta}_n)\leqslant R(\boldsymbol{\beta}_1,\boldsymbol{\beta}_2,\cdots,\boldsymbol{\beta}_n)=R(\boldsymbol{B}).$$

习　题　3.3

1. 判断下列向量组的线性相关性,并求它们的秩和一个极大无关组.

(1) $\boldsymbol{\alpha}_1=(1\ \ 1\ \ 2\ \ 3)$, $\boldsymbol{\alpha}_2=1\ \ -1\ \ 1\ \ 1)$,

$\boldsymbol{\alpha}_3=(1\ \ 3\ \ 3\ \ 5)$, $\boldsymbol{\alpha}_4=(4\ \ -2\ \ 5\ \ 6)$;

(2) $\boldsymbol{\beta}_1=\begin{pmatrix}-1\\1\\0\\-1\end{pmatrix}$, $\boldsymbol{\beta}_2=\begin{pmatrix}1\\-1\\-1\\2\end{pmatrix}$, $\boldsymbol{\beta}_3=\begin{pmatrix}0\\-2\\2\\-2\end{pmatrix}$, $\boldsymbol{\beta}_4=\begin{pmatrix}1\\0\\-1\\2\end{pmatrix}$.

2. 设 $\boldsymbol{\alpha}_1,\boldsymbol{\alpha}_2,\cdots,\boldsymbol{\alpha}_n$ 是 n 个 n 维向量,若 n 维标准基向量 $\boldsymbol{e}_1,\boldsymbol{e}_2,\cdots,\boldsymbol{e}_n$ 能由它们线性表示,证明 $\boldsymbol{\alpha}_1,\boldsymbol{\alpha}_2,\cdots,\boldsymbol{\alpha}_n$ 线性无关.

3. 设向量组 $M_1=\{\boldsymbol{\alpha}_1,\boldsymbol{\alpha}_2,\cdots,\boldsymbol{\alpha}_r\}$ 的秩为 r_1,向量组 $M_2=\{\boldsymbol{\beta}_1,\boldsymbol{\beta}_2,\cdots,\boldsymbol{\beta}_t\}$ 的秩为 r_2,向量组 $M_3=\{\boldsymbol{\alpha}_1,\boldsymbol{\alpha}_2,\cdots,\boldsymbol{\alpha}_r;\boldsymbol{\beta}_1,\boldsymbol{\beta}_2,\cdots,\boldsymbol{\beta}_t\}$ 的秩为 r_3. 证明:

$$\max\{r_1,r_2\}\leqslant r_3\leqslant r_1+r_2.$$

4. 设向量组 M 与向量组 N 的秩相等,且向量组 M 能由向量组 N 线性表示,证明:两向量组 M 与 N 等价.

5. 设向量组 N 能由向量组 M 线性表示,证明向量组 N 的秩不大于向量组 M 的秩,即 $R(N)\leqslant R(M)$.

6. 证明:

(1) 向量组 M 的一个极大线性无关组与向量组 M 等价.

(2) 若向量组 M 是线性无关的,那么 M 的极大无关组就是其本身.

(3) 等价的线性无关向量组所含向量个数相等.

7. 证明:R^n 中任意 $n+1$ 个向量构成的向量组必线性相关.

8. 设 $\boldsymbol{A},\boldsymbol{B}$ 为矩阵,证明 $R(\boldsymbol{A}+\boldsymbol{B})\leqslant R(\boldsymbol{A})+R(\boldsymbol{B})$.

9. 设 $\boldsymbol{A}$ 为 n 阶方阵,$\boldsymbol{Z}=\{\boldsymbol{A}\boldsymbol{x}\mid \boldsymbol{x}\in R^n\}$,证明:

(1) $R(\boldsymbol{Z})\leqslant n$;　　　(2) $R(\boldsymbol{Z})=n\Leftrightarrow|\boldsymbol{A}|\neq 0$.

10. 设 $\boldsymbol{A}$ 是 $m\times n$ 阶矩阵,$\boldsymbol{B}$ 是 $n\times m$ 阶矩阵,证明:如果 $m>n$,那么行列式 $|\boldsymbol{AB}|=0$.

第四节　n 维向量空间

前面介绍了 n 维向量的集合 R^n,它的元素(向量)是 n 元有序数组 $\boldsymbol{\alpha}=(a_1\ \ a_2\ \ \cdots\ \ a_n)^{\mathrm{T}}$,并且在这个集合上,定义了线性运算:向量的加法和数乘向量. 集合 R^n 上赋予了线性运算后称为 n 维向量空间. 本节介绍 n 维向量空间及其子空间的构造.

1. n 维向量空间的概念、子空间

定义 3.8　设 V 是一个非空的向量集合, 如果

(1) $\forall \boldsymbol{\alpha},\boldsymbol{\beta}\in V$, 有 $\boldsymbol{\alpha}+\boldsymbol{\beta}\in V$;

(2) $\forall \boldsymbol{\alpha}\in V$, $\forall\lambda\in\mathbf{R}$, 有 $\lambda\boldsymbol{\alpha}\in V$;

就称 V 对线性运算是封闭的, 并称 V 是一个向量空间.

由于集合 R^n 中的向量经过线性运算后仍为 R^n 中的向量, 所以 n 维向量的集合 R^n 对线性运算是封闭的, 因而 R^n 是一个向量空间, 我们称它为 n 维向量空间, 仍记作 R^n.

定义 3.9　设 V 是 R^n 的一个非空子集, 如果 V 对线性运算是封闭的, 则称 V 是 R^n 的一个子空间.

例如, xy 平面 R^2 是二维向量空间; R^3 是三维向量空间, xy 平面是 R^3 的一个子空间. n 维向量空间 R^n 有许多子空间, 其中有两个特殊的子空间, 一个是 R^n 本身, 另一个是只含一个零向量 $\{\mathbf{0}\}$ 的子空间.

由定义 3.9 可看到, 若 V 是 R^n 的子空间, 则 $\forall\boldsymbol{\alpha}\in V$, 必有 $0\cdot\boldsymbol{\alpha}=\mathbf{0}\in V$. 因此, R^n 的子空间必须含有零向量.

例 12　(1) 集合

$$V_1=\{(0,x_2,x_3,\cdots,x_n)\mid x_i\in\mathbf{R},i=2,3,\cdots,n\}$$

是 R^n 的一个子空间. 因为若 $\boldsymbol{\alpha}=(0,x_2,x_3,\cdots,x_n)\in V_1$, $\boldsymbol{\beta}=(0,y_2,y_3,\cdots,y_n)\in V_1$, 则

$$\boldsymbol{\alpha}+\boldsymbol{\beta}=(0,x_2+y_2,x_3+y_3,\cdots,x_n+y_n)\in V_1,$$
$$\lambda\boldsymbol{\alpha}=(0,\lambda x_2,\lambda x_3,\cdots,\lambda x_n)\in V_1.$$

(2) 集合

$$V_2=\{(x_1,x_2,\cdots,x_n)\mid x_1+x_2+\cdots+x_n=0\}$$

也是 R^n 的一个子空间. 因为若 $\boldsymbol{\alpha}=(x_1,x_2,\cdots,x_n)\in V_2$, $\boldsymbol{\beta}=(y_1,y_2,\cdots,y_n)\in V_2$, 则

$$\boldsymbol{\alpha}+\boldsymbol{\beta}=(x_1+y_1,x_2+y_2,\cdots,x_n+y_n),\quad \lambda\boldsymbol{\alpha}=(\lambda x_1,\lambda x_2,\cdots,\lambda x_n),$$

由 $x_1+x_2+\cdots+x_n=0$, $y_1+y_2+\cdots+y_n=0$ 可知

$$(x_1+y_1)+(x_2+y_2)+\cdots+(x_n+y_n)=0,$$
$$\lambda x_1+\lambda x_2+\cdots+\lambda x_n=0.$$

所以 $\boldsymbol{\alpha}+\boldsymbol{\beta}\in V_2$, $\lambda\boldsymbol{\alpha}\in V_2$.

(3) 集合

$$V_3=\{(x_1,x_2,\cdots,x_n)\mid x_1+x_2+\cdots+x_n=1\}$$

不是 R^n 的子空间. 因为若 $\boldsymbol{\alpha}=(x_1,x_2,x_3,\cdots,x_n)\in V_3$，取 $0\in\mathbf{R}$，则 $0\cdot\boldsymbol{\alpha}=(0,0,\cdots,0)\notin V_3$. 由于集合 V_3 里没有零向量 $\mathbf{0}=(0,0,\cdots,0)$，所以 V_3 不能成为子空间.

下面给出 R^n 的子集合是子空间的充要条件.

定理 3.7　设 V 是 R^n 的一个非空子集，那么

$$V \text{ 是 } R^n \text{ 的子空间} \Leftrightarrow \forall\boldsymbol{\alpha},\boldsymbol{\beta}\in V,\ \forall\lambda,\mu\in\mathbf{R},\text{有 } \lambda\boldsymbol{\alpha}+\mu\boldsymbol{\beta}\in V.$$

2. 生成空间

我们先看一个例子.

例 13　给定两个 n 维向量 $\boldsymbol{\alpha},\boldsymbol{\beta}$，则 $\boldsymbol{\alpha},\boldsymbol{\beta}$ 的所有线性组合构成的集合

$$V=\{\lambda\boldsymbol{\alpha}+\mu\boldsymbol{\beta}\mid\lambda,\mu\in\mathbf{R}\}$$

是一个向量空间.

解　设 $\boldsymbol{x}=\lambda_1\boldsymbol{\alpha}+\mu_1\boldsymbol{\beta}\in V$，$\boldsymbol{y}=\lambda_2\boldsymbol{\alpha}+\mu_2\boldsymbol{\beta}\in V$，则有

$$\boldsymbol{x}+\boldsymbol{y}=(\lambda_1+\lambda_2)\boldsymbol{\alpha}+(\mu_1+\mu_2)\boldsymbol{\beta}\in V,\quad \lambda\boldsymbol{x}=(\lambda\lambda_1)\boldsymbol{\alpha}+(\lambda\mu_1)\boldsymbol{\beta}\in V,$$

所以 V 对线性运算是封闭性的，V 是一个向量空间.

一般地，已知 R^n 中向量组 $\boldsymbol{\alpha}_1,\boldsymbol{\alpha}_2,\cdots,\boldsymbol{\alpha}_m$，那么集合

$$V=\{\lambda_1\boldsymbol{\alpha}_1+\lambda_2\boldsymbol{\alpha}_2+\cdots+\lambda_m\boldsymbol{\alpha}_m\mid\lambda_i\in\mathbf{R}\}\tag{3.2}$$

是一个向量空间，通常 V 是 R^n 的一个子空间.

定义 3.10　把 R^n 中向量组 $\boldsymbol{\alpha}_1,\boldsymbol{\alpha}_2,\cdots,\boldsymbol{\alpha}_m$ 的所有线性组合构成的向量空间 V 称为由此向量组生成的空间，记为 $\mathrm{span}\{\boldsymbol{\alpha}_1,\boldsymbol{\alpha}_2,\cdots,\boldsymbol{\alpha}_m\}$，即

$$V=\mathrm{span}\{\boldsymbol{\alpha}_1,\boldsymbol{\alpha}_2,\cdots,\boldsymbol{\alpha}_m\}=\{\lambda_1\boldsymbol{\alpha}_1+\lambda_2\boldsymbol{\alpha}_2+\cdots+\lambda_m\boldsymbol{\alpha}_m\mid\lambda_i\in\mathbf{R}\}.$$

例 14　(1) 给定 R^3 中两个向量：

$$\boldsymbol{e}_1=\begin{pmatrix}1\\0\\0\end{pmatrix},\boldsymbol{e}_2=\begin{pmatrix}0\\1\\0\end{pmatrix},$$

则 $$V=\mathrm{span}\{\boldsymbol{e}_1,\boldsymbol{e}_2\}=\{x_1\boldsymbol{e}_1+x_2\boldsymbol{e}_2=(x_1\ \ x_2\ \ 0)^{\mathrm{T}}\mid x_i\in\mathbf{R}\},$$

即由 $\{\boldsymbol{e}_1,\boldsymbol{e}_2\}$ 所生成的向量空间是 R^3 里的 xy 平面.

(2) 给定 R^3 中两个向量：

$$\boldsymbol{\alpha}_1=\begin{pmatrix}1\\1\\0\end{pmatrix},\quad\boldsymbol{\alpha}_2=\begin{pmatrix}1\\2\\0\end{pmatrix}.$$

可看出
$$\boldsymbol{e}_1=2\boldsymbol{\alpha}_1-\boldsymbol{\alpha}_2,\quad \boldsymbol{e}_2=-\boldsymbol{\alpha}_1+\boldsymbol{\alpha}_2.$$
R^3 中形如 $(x_1\ \ x_2\ \ 0)^{\mathrm{T}}$ 的向量 $\boldsymbol{x}$，有
$$\boldsymbol{x}=x_1\boldsymbol{e}_1+x_2\boldsymbol{e}_2=(2x_1-x_2)\boldsymbol{\alpha}_1+(x_2-x_1)\boldsymbol{\alpha}_2,$$
$\{\boldsymbol{\alpha}_1,\boldsymbol{\alpha}_2\}$ 所生成的向量空间 $V=\mathrm{span}\{\boldsymbol{\alpha}_1,\boldsymbol{\alpha}_2\}$ 也是 R^3 里的 xy 平面 .

(3) 设 R^3 中向量组：
$$\boldsymbol{\beta}_1=\begin{pmatrix}2\\1\\0\end{pmatrix},\quad \boldsymbol{\beta}_2=\begin{pmatrix}1\\2\\0\end{pmatrix},\quad \boldsymbol{\beta}_3=\begin{pmatrix}2\\2\\0\end{pmatrix}.$$
因为 $\boldsymbol{e}_1=\boldsymbol{\beta}_3-\boldsymbol{\beta}_2$，$\boldsymbol{e}_2=\boldsymbol{\beta}_3-\boldsymbol{\beta}_1$，所以
$$\boldsymbol{x}=(x_1\ \ x_2\ \ 0)^{\mathrm{T}}=x_1\boldsymbol{e}_1+x_2\boldsymbol{e}_2=-x_2\boldsymbol{\beta}_1-x_1\boldsymbol{\beta}_2+(x_1+x_2)\boldsymbol{\beta}_3,$$
所以 $V=\mathrm{span}\{\boldsymbol{\beta}_1,\boldsymbol{\beta}_2,\boldsymbol{\beta}_3\}$ 是 R^3 里的 xy 平面 .

例 14 中三个不同的向量组，它们的生成空间是相同的 . 究其原因，在于这三个向量组彼此等价 .

定理 3.8　设 R^n 里两个向量组 $M=\{\boldsymbol{\alpha}_1,\boldsymbol{\alpha}_2,\cdots,\boldsymbol{\alpha}_m\}$ 和 $N=\{\boldsymbol{\beta}_1,\boldsymbol{\beta}_2,\cdots,\boldsymbol{\beta}_s\}$，若这两个向量组等价，则它们有相同的生成空间，即
$$\mathrm{span}\{\boldsymbol{\alpha}_1,\boldsymbol{\alpha}_2,\cdots,\boldsymbol{\alpha}_m\}=\mathrm{span}\{\boldsymbol{\beta}_1,\boldsymbol{\beta}_2,\cdots,\boldsymbol{\beta}_s\}.$$

证明　记
$$V_1=\mathrm{span}\{\boldsymbol{\alpha}_1,\boldsymbol{\alpha}_2,\cdots,\boldsymbol{\alpha}_m\}=\{\lambda_1\boldsymbol{\alpha}_1+\lambda_2\boldsymbol{\alpha}_2+\cdots+\lambda_m\boldsymbol{\alpha}_m\mid\lambda_i\in\mathbf{R}\},$$
$$V_2=\mathrm{span}\{\boldsymbol{\beta}_1,\boldsymbol{\beta}_2,\cdots,\boldsymbol{\beta}_s\}=\{\mu_1\boldsymbol{\beta}_1+\mu_2\boldsymbol{\beta}_2+\cdots+\mu_s\boldsymbol{\beta}_s\mid\mu_i\in\mathbf{R}\},$$
设 $\boldsymbol{x}\in V_1$，则 $\boldsymbol{x}$ 可由 $\boldsymbol{\alpha}_1,\boldsymbol{\alpha}_2,\cdots,\boldsymbol{\alpha}_m$ 线性表示 . 因为向量组 M 与 N 等价，$\boldsymbol{\alpha}_1,\boldsymbol{\alpha}_2,\cdots,\boldsymbol{\alpha}_m$ 可由 $\boldsymbol{\beta}_1,\boldsymbol{\beta}_2,\cdots,\boldsymbol{\beta}_s$ 线性表示，因而 $\boldsymbol{x}$ 可由 $\boldsymbol{\beta}_1,\boldsymbol{\beta}_2,\cdots,\boldsymbol{\beta}_s$ 线性表示，故 $\boldsymbol{x}\in V_2$，这表明 $V_1\subseteq V_2$.

类似地推导可得：$V_2\subseteq V_1$，因此 $V_1=V_2$.

3 . 基与坐标

定义 3.11　设 V 是 n 维向量空间 R^n 的子空间，V 的任意一个极大无关组 $\boldsymbol{\alpha}_1,\boldsymbol{\alpha}_2,\cdots,\boldsymbol{\alpha}_r$ 称为向量空间 V 的一个基，极大无关组中向量的个数 r 称为向量空间 V 的维数，记为 $\dim V=r$. 此时说 V 是 R^n 的 r 维向量空间，或 r 维子空间 .

由于向量组的极大无关组一般不唯一，因此，向量空间 V 的基也不唯一. 若 $\dim V=r$，则 V 中任何由 r 个线性无关的向量构成的向量组都是 V 的基，并且 V 中任意向量可由选定的基线性表示. 所以，若 $\boldsymbol{\alpha}_1,\boldsymbol{\alpha}_2,\cdots,\boldsymbol{\alpha}_r$ 是 V 的一个基，那么 V 就可表示为
$$V=\mathrm{span}\{\boldsymbol{\alpha}_1,\boldsymbol{\alpha}_2,\cdots,\boldsymbol{\alpha}_r\}=\{x_1\boldsymbol{\alpha}_1+x_2\boldsymbol{\alpha}_2+\cdots+x_r\boldsymbol{\alpha}_r\mid x_i\in\mathbf{R}\},$$

这就较清楚地显示出了向量空间 V 的构造.

定义 3.12 设 V 是 R^n 的 r 维子空间,$\boldsymbol{\alpha}_1,\boldsymbol{\alpha}_2,\cdots,\boldsymbol{\alpha}_r$ 是 V 的一个基,对任意 $\boldsymbol{\alpha}\in V$,有

$$\boldsymbol{\alpha}=x_1\boldsymbol{\alpha}_1+x_2\boldsymbol{\alpha}_2+\cdots+x_r\boldsymbol{\alpha}_r,$$

称 $(x_1\ \ x_2\ \ \cdots\ \ x_r)^{\mathrm{T}}$ 是向量 $\boldsymbol{\alpha}$ 在基 $\boldsymbol{\alpha}_1,\boldsymbol{\alpha}_2,\cdots,\boldsymbol{\alpha}_r$ 下的坐标.

例 15 设

$$\boldsymbol{\alpha}_1=\begin{pmatrix}1\\-1\\0\end{pmatrix},\quad \boldsymbol{\alpha}_2=\begin{pmatrix}2\\1\\3\end{pmatrix},\quad \boldsymbol{\alpha}_3=\begin{pmatrix}3\\1\\2\end{pmatrix},\quad \boldsymbol{\beta}=\begin{pmatrix}5\\0\\7\end{pmatrix},$$

验证 $\{\boldsymbol{\alpha}_1,\boldsymbol{\alpha}_2,\boldsymbol{\alpha}_3\}$ 是 R^3 的基,并求向量 $\boldsymbol{\beta}$ 在基 $\boldsymbol{\alpha}_1,\boldsymbol{\alpha}_2,\boldsymbol{\alpha}_3$ 下的坐标.

证明 设

$$\boldsymbol{A}=\begin{pmatrix}\boldsymbol{\alpha}_1^{\mathrm{T}}\\\boldsymbol{\alpha}_2^{\mathrm{T}}\\\boldsymbol{\alpha}_3^{\mathrm{T}}\end{pmatrix}=\begin{pmatrix}1&-1&0\\2&1&3\\3&1&2\end{pmatrix},$$

则

$$\boldsymbol{A}\to\begin{pmatrix}1&-1&0\\0&3&3\\0&4&2\end{pmatrix}\to\begin{pmatrix}1&-1&0\\0&3&3\\0&0&-2\end{pmatrix},$$

所以 $R(\boldsymbol{A})=3$,因而 $\boldsymbol{\alpha}_1,\boldsymbol{\alpha}_2,\boldsymbol{\alpha}_3$ 为 R^3 的一个基.

设向量 $\boldsymbol{\beta}$ 在基 $\boldsymbol{\alpha}_1,\boldsymbol{\alpha}_2,\boldsymbol{\alpha}_3$ 下的坐标为 x_1,x_2,x_3,即 $\boldsymbol{\beta}=x_1\boldsymbol{\alpha}_1+x_2\boldsymbol{\alpha}_2+x_3\boldsymbol{\alpha}_3$,则有

$$\begin{pmatrix}5\\0\\7\end{pmatrix}=x_1\begin{pmatrix}1\\-1\\0\end{pmatrix}+x_2\begin{pmatrix}2\\1\\3\end{pmatrix}+x_3\begin{pmatrix}3\\1\\2\end{pmatrix}=\begin{pmatrix}x_1+2x_2+3x_3\\-x_1+x_2+x_3\\3x_2+2x_3\end{pmatrix},$$

这是一个三元一次方程组的求解问题.解得 $(x_1,x_2,x_3)^{\mathrm{T}}=(2,3,-1)^{\mathrm{T}}$,故 $\boldsymbol{\beta}$ 在基 $\boldsymbol{\alpha}_1,\boldsymbol{\alpha}_2,\boldsymbol{\alpha}_3$ 下的坐标为 2,3,−1,即 $\boldsymbol{\beta}=2\boldsymbol{\alpha}_1+3\boldsymbol{\alpha}_2-\boldsymbol{\alpha}_3$.

习 题 3.4

1. 试证 $V=\{(x,y,z)\mid x+2y+3z=0\}$ 是 R^3 的一个子空间.
2. 设

$V_1=\{x=(x_1\ \ x_2\ \ \cdots\ \ x_n)\mid x_i\in\mathbf{R}$ 满足 $x_1+x_2+\cdots+x_n=0\}$,

$V_2=\{x=(x_1\ \ x_2\ \ \cdots\ \ x_n)\mid x_i\in\mathbf{R}$ 满足 $x_1+x_2+\cdots+x_n\neq0\}$,

问：V_1,V_2 是不是向量空间？为什么？

3. 证明：由 $\boldsymbol{\alpha}_1=(1\ \ 2\ \ 3),\boldsymbol{\alpha}_2=(1\ \ 2\ \ 0),\boldsymbol{\alpha}_3=(1\ \ 0\ \ 0)$ 所生成的向量空间就是 R^3.

4. 由 $\boldsymbol{\alpha}_1=(1\ \ 1\ \ 0\ \ 0)^{\mathrm{T}},\boldsymbol{\alpha}_2=(1\ \ 0\ \ 1\ \ 1)^{\mathrm{T}}$ 所生成的向量空间记作 V_1，由 $\boldsymbol{\beta}_1=(2\ \ -1\ \ 3\ \ 3)^{\mathrm{T}},\boldsymbol{\beta}_2=(0\ \ 1\ \ -1\ \ -1)^{\mathrm{T}}$ 所生成的向量空间记作 V_2，证明：$V_1=V_2$.

5. 试证向量 $\boldsymbol{\alpha}_1=(1\ \ 1\ \ 0),\boldsymbol{\alpha}_2=(0\ \ 0\ \ 2),\boldsymbol{\alpha}_3=(0\ \ 3\ \ 2)$ 构成 R^3 的一个基，并求 $\boldsymbol{\beta}=(5\ \ 9\ \ -2)$ 在这个基下的坐标.

第五节　线性变换及其矩阵

向量空间是对某类客观事物从量的方面所做的抽象，而线性变换则研究向量空间元素之间的最基本联系，本节将介绍线性变换的基本概念，并讨论它与矩阵之间的关系.

1. 线性变换的概念与性质

定义 3.13　设 V_1,V_2 是向量空间，σ 为 V_1 到 V_2 的一个映射，如果对于 V_1 中的任意向量 $\boldsymbol{\alpha},\boldsymbol{\beta}$ 以及任意常数 k，恒有以下两式成立：

(1) $\sigma(\boldsymbol{\alpha}+\boldsymbol{\beta})=\sigma(\boldsymbol{\alpha})+\sigma(\boldsymbol{\beta})$；

(2) $\sigma(k\boldsymbol{\alpha})=k\sigma(\boldsymbol{\alpha})$，

则称 σ 为 V_1 到 V_2 的一个线性变换.

特别的，若 $V_1=V_2$，则称线性变换 σ 为向量空间 V_1 上的一个线性算子.

下面讨论向量空间 V 上的线性变换.

例 16　平面解析几何中，设 $\boldsymbol{\alpha}=\begin{pmatrix}x\\y\end{pmatrix}$，定义

$$\sigma(\boldsymbol{\alpha})=\begin{pmatrix}x'\\y'\end{pmatrix}:\begin{cases}x'=x\cos\theta-y\sin\theta,\\y'=x\sin\theta+y\cos\theta,\end{cases}$$

则 $\sigma(\boldsymbol{\alpha})$ 是把平面直角坐标系中的向量 $\boldsymbol{\alpha}$ 绕坐标原点反时针旋转 θ 角.

易验证，σ 是一个由 $\mathbf{R}^2$ 到 $\mathbf{R}^2$ 的线性变换，称之为旋转变换.

若记 $\mathbf{A}=\begin{pmatrix}\cos\theta & -\sin\theta\\ \sin\theta & \cos\theta\end{pmatrix}$，则 $\sigma(\boldsymbol{\alpha})=\mathbf{A}\boldsymbol{\alpha}$.

例 17 设 $\boldsymbol{A}$ 为 n 阶方阵，定义 σ：对任意 $\boldsymbol{x}\in R^n$，有 $\sigma(\boldsymbol{x})=\boldsymbol{A}\boldsymbol{x}$.

易验证，σ 为 R^n 上的一个线性变换.

向量空间 V 上的线性变换 σ 具有如下基本性质：

(1) $\sigma(\mathbf{0})=0$；$\sigma(-\boldsymbol{\alpha})=-\sigma(\boldsymbol{\alpha})$，$(\boldsymbol{\alpha}\in V)$.

证明 由定义 3.13 得

$$\sigma(\mathbf{0})=\sigma(0\boldsymbol{\alpha})=0\sigma(\boldsymbol{\alpha})=\mathbf{0}.$$

$$\sigma(-\boldsymbol{\alpha})=\sigma[(-1)\boldsymbol{\alpha}]=(-1)\sigma(\boldsymbol{\alpha})=-\sigma(\boldsymbol{\alpha}).$$

(2) 线性变换保持线性组合关系不变，即对 V 中任意向量组 $\boldsymbol{\alpha}_1,\boldsymbol{\alpha}_2,\cdots,\boldsymbol{\alpha}_s$ 及任意一组数 $k_1,k_2,\cdots,k_s$，下式恒成立：

$$\sigma(k_1\boldsymbol{\alpha}_1+k_2\boldsymbol{\alpha}_2+\cdots+k_s\boldsymbol{\alpha}_s)=k_1\sigma(\boldsymbol{\alpha}_1)+k_2\sigma(\boldsymbol{\alpha}_2)+\cdots+k_s\sigma(\boldsymbol{\alpha}_s).$$

(3) 线性变换把线性相关向量组映射为线性相关向量组.

证明 若 V 中的向量组 $\boldsymbol{\alpha}_1,\boldsymbol{\alpha}_2,\cdots,\boldsymbol{\alpha}_s$ 线性相关，则存在一组不全为零的系数 $k_1,k_2,\cdots,k_s$，使得

$$k_1\boldsymbol{\alpha}_1+k_2\boldsymbol{\alpha}_2+\cdots+k_s\boldsymbol{\alpha}_s=\mathbf{0},$$

于是，

$$\sigma(k_1\boldsymbol{\alpha}_1+k_2\boldsymbol{\alpha}_2+\cdots+k_s\boldsymbol{\alpha}_s)=\sigma(\mathbf{0}).$$

利用性质(1)、(2)，上式即为

$$k_1\sigma(\boldsymbol{\alpha}_1)+k_2\sigma(\boldsymbol{\alpha}_2)+\cdots+k_s\sigma(\boldsymbol{\alpha}_s)=\mathbf{0}.$$

这表明 $\sigma(\boldsymbol{\alpha}_1),\sigma(\boldsymbol{\alpha}_2),\cdots,\sigma(\boldsymbol{\alpha}_s)$ 是 V 中的线性相关向量组.

(4) 设 σ 是向量空间 V 上的一个线性变换，则集合 $\sigma(V)=\{\sigma(\boldsymbol{\alpha})\mid\boldsymbol{\alpha}\in V\}$ 是 V 的一个子空间(称 $\sigma(V)$ 为像空间或值域).

证明 显然，$\sigma(V)$ 非空.

对于 $\sigma(V)$ 中的任意向量 $\sigma(\boldsymbol{\alpha})$，$\sigma(\boldsymbol{\beta})$ 及任意常数 k，有

$$\sigma(\boldsymbol{\alpha})+\sigma(\boldsymbol{\beta})=\sigma(\boldsymbol{\alpha}+\boldsymbol{\beta})\in\sigma(V),$$

$$k\sigma(\boldsymbol{\alpha})=\sigma(k\boldsymbol{\alpha})\in\sigma(V),$$

所以 $\sigma(V)$ 为 V 的子空间.

像空间 $\sigma(V)$ 的维数称为线性变换 σ 的秩.

(5) 设 σ 是向量空间 V 的线性变换，则集合 $\{\boldsymbol{\alpha}\mid\sigma(\boldsymbol{\alpha})=\mathbf{0},\boldsymbol{\alpha}\in V\}$ 是 V 的一个子空间. 称该集合为线性变换 σ 的核，记为 $\ker(\sigma)$ 或 $N(\sigma)$.

证明 因 $\sigma(\mathbf{0})=0$，$\mathbf{0}\in V$，故 $\mathbf{0}\in\ker(\sigma)$，即 $\ker(\sigma)$ 非空.

对任意 $\boldsymbol{\alpha},\boldsymbol{\beta}\in\ker(\sigma)$，则由 $\sigma(\boldsymbol{\alpha})=\mathbf{0}$，$\sigma(\boldsymbol{\beta})=0$，得

$$\sigma(\boldsymbol{\alpha}+\boldsymbol{\beta})=\sigma(\boldsymbol{\alpha})+\sigma(\boldsymbol{\beta})=\mathbf{0},$$

$$\sigma(k\boldsymbol{\alpha})=k\sigma(\boldsymbol{\alpha})=\mathbf{0}.$$

因此，$\boldsymbol{\alpha}+\boldsymbol{\beta}\in\ker(\sigma)$，$k\sigma\in\ker(\sigma)$，所以 $\ker(\sigma)$ 是 V 的子空间.

2．线性变换的矩阵表示

向量空间 V 上的线性变换可以用矩阵形式表示．

设 V 是 n 维向量空间，$\boldsymbol{\varepsilon}_1,\boldsymbol{\varepsilon}_2,\cdots,\boldsymbol{\varepsilon}_n$ 是 V 的一个基，$\sigma(\boldsymbol{\varepsilon}_1),\sigma(\boldsymbol{\varepsilon}_2),\cdots,\sigma(\boldsymbol{\varepsilon}_n)$ 是基的像，那么线性变换 σ 可以由它对基的作用完全确定．即有如下定理：

定理 3.9　设 σ 是 n 维向量空间 V 的一个线性变换，$\boldsymbol{\varepsilon}_1,\boldsymbol{\varepsilon}_2,\cdots,\boldsymbol{\varepsilon}_n$ 是 V 的一组基，则对 V 中任意向量 $\boldsymbol{\alpha}$，$\sigma(\boldsymbol{\alpha})$ 能由 $\sigma(\boldsymbol{\varepsilon}_i)(i=1,2,\cdots,n)$ 完全确定．

证明　设 $\boldsymbol{\alpha}=k_1\boldsymbol{\varepsilon}_1+k_2\boldsymbol{\varepsilon}_2+\cdots+k_n\boldsymbol{\varepsilon}_n$，则有

$$\sigma(\boldsymbol{\alpha})=k_1\sigma(\boldsymbol{\varepsilon}_1)+k_2\sigma(\boldsymbol{\varepsilon}_2)+\cdots+k_n\sigma(\boldsymbol{\varepsilon}_n).$$

这表明 $\sigma(\boldsymbol{\alpha})$ 可以由 $\sigma(\boldsymbol{\varepsilon}_i)(i=1,2,\cdots,n)$ 确定．再由 $\boldsymbol{\alpha}$ 的任意性可知，线性变换 σ 能够被完全确定．即要想确定 σ，只需确定基 $\boldsymbol{\varepsilon}_1,\boldsymbol{\varepsilon}_2,\cdots,\boldsymbol{\varepsilon}_n$ 在 σ 下的像即可．

从另一个角度看，$\sigma(\boldsymbol{\varepsilon}_i)$ 作为 V 中的向量，又可以由基 $\boldsymbol{\varepsilon}_1,\boldsymbol{\varepsilon}_2,\cdots,\boldsymbol{\varepsilon}_n$ 唯一线性表示．

设

$$\begin{cases}\sigma(\boldsymbol{\varepsilon}_1)=a_{11}\boldsymbol{\varepsilon}_1+a_{21}\boldsymbol{\varepsilon}_2+\cdots+a_{n1}\boldsymbol{\varepsilon}_n,\\ \sigma(\boldsymbol{\varepsilon}_2)=a_{12}\boldsymbol{\varepsilon}_1+a_{22}\boldsymbol{\varepsilon}_2+\cdots+a_{n2}\boldsymbol{\varepsilon}_n,\\ \cdots\cdots\cdots\cdots\\ \sigma(\boldsymbol{\varepsilon}_n)=a_{1n}\boldsymbol{\varepsilon}_1+a_{2n}\boldsymbol{\varepsilon}_2+\cdots+a_{nn}\boldsymbol{\varepsilon}_n,\end{cases} \tag{3.3}$$

若记

$$\boldsymbol{A}=\begin{pmatrix}a_{11} & a_{12} & \cdots & a_{1n}\\ a_{21} & a_{22} & \cdots & a_{2n}\\ \vdots & \vdots & & \vdots\\ a_{n1} & a_{n2} & \cdots & a_{nn}\end{pmatrix},$$

则(3.3)式可表示为

$$(\sigma(\boldsymbol{\varepsilon}_1),\sigma(\boldsymbol{\varepsilon}_2),\cdots,\sigma(\boldsymbol{\varepsilon}_n))=(\boldsymbol{\varepsilon}_1,\boldsymbol{\varepsilon}_2,\cdots,\boldsymbol{\varepsilon}_n)\boldsymbol{A}. \tag{3.4}$$

引进记号 $\sigma(\boldsymbol{\varepsilon}_1,\boldsymbol{\varepsilon}_2,\cdots,\boldsymbol{\varepsilon}_n)$ 以表示 $(\sigma(\boldsymbol{\varepsilon}_1),\sigma(\boldsymbol{\varepsilon}_2),\cdots,\sigma(\boldsymbol{\varepsilon}_n))$，故(3.4)式又可表示为

$$\sigma(\boldsymbol{\varepsilon}_1,\boldsymbol{\varepsilon}_2,\cdots,\boldsymbol{\varepsilon}_n)=(\boldsymbol{\varepsilon}_1,\boldsymbol{\varepsilon}_2,\cdots,\boldsymbol{\varepsilon}_n)\boldsymbol{A}. \tag{3.5}$$

(3.5)式中的 n 阶矩阵 $\boldsymbol{A}$ 称为线性变换 σ 在基 $\boldsymbol{\varepsilon}_1,\boldsymbol{\varepsilon}_2,\cdots,\boldsymbol{\varepsilon}_n$ 下的矩阵．

显然，当 σ 确定时，它在取定基 $\boldsymbol{\varepsilon}_1,\boldsymbol{\varepsilon}_2,\cdots,\boldsymbol{\varepsilon}_n$ 下的矩阵 $\boldsymbol{A}$ 是唯一的．事实上，$\boldsymbol{A}$ 的第 i 列就是 $\sigma(\boldsymbol{\varepsilon}_i)$ 在基 $\boldsymbol{\varepsilon}_1,\boldsymbol{\varepsilon}_2,\cdots,\boldsymbol{\varepsilon}_n$ 下的坐标．

反过来，若给定一个 n 阶矩阵 $\boldsymbol{A}=(a_{ij})$，可以证明 V 上存在唯一的线性变换 σ，使得 σ 在基 $\boldsymbol{\varepsilon}_1,\boldsymbol{\varepsilon}_2,\cdots,\boldsymbol{\varepsilon}_n$ 下的矩阵恰为 $\boldsymbol{A}$．

上述结论表明，在向量空间 V 取定基 $\boldsymbol{\varepsilon}_1,\boldsymbol{\varepsilon}_2,\cdots,\boldsymbol{\varepsilon}_n$ 之下，V 上的线性变换 σ 与 n 阶矩阵 $\boldsymbol{A}$ 是一一对应的，其对应关系由(3)式给出.

例 18　在 $\mathbf{R}^2$ 中，线性变换 σ 定义为：$\sigma\begin{pmatrix}x\\y\end{pmatrix}=\begin{pmatrix}y\\x\end{pmatrix}$，试求：

(1) σ 在基 $\boldsymbol{i}=(1,0)^{\mathrm{T}},\boldsymbol{j}=(0,1)^{\mathrm{T}}$ 下的矩阵；

(2) σ 在基 $\boldsymbol{\alpha}=(1,0)^{\mathrm{T}},\boldsymbol{\beta}=(1,1)^{\mathrm{T}}$ 下的矩阵.

解　(1) $\sigma(\boldsymbol{i})=\boldsymbol{j},\sigma(\boldsymbol{j})=\boldsymbol{i}$，故

$$\sigma(\boldsymbol{i},\boldsymbol{j})=(\boldsymbol{i},\boldsymbol{j})\begin{pmatrix}0&1\\1&0\end{pmatrix}.$$

因此 σ 在基 $\boldsymbol{i}=(1,0)^{\mathrm{T}},\boldsymbol{j}=(0,1)^{\mathrm{T}}$ 下的矩阵为 $\begin{pmatrix}0&1\\1&0\end{pmatrix}$.

(2) $\sigma(\boldsymbol{\alpha})=\boldsymbol{j}=\boldsymbol{\beta}-\boldsymbol{\alpha}$，$\sigma(\boldsymbol{\beta})=\boldsymbol{\beta}$，故

$$\sigma(\boldsymbol{\alpha},\boldsymbol{\beta})=(\boldsymbol{\alpha},\boldsymbol{\beta})\begin{pmatrix}-1&0\\1&1\end{pmatrix}.$$

因此 σ 在基 $\boldsymbol{\alpha}=(1,0)^{\mathrm{T}},\boldsymbol{\beta}=(1,1)^{\mathrm{T}}$ 下的矩阵为 $\begin{pmatrix}-1&0\\1&1\end{pmatrix}$.

由上例可知，同一个线性变换在不同的基下有不同的矩阵. 一个线性变换在不同的基下的矩阵之间有什么关系呢？我们有如下定理：

定理 3.10　如果向量空间 V 的线性变换 σ 在两组基 $\boldsymbol{\varepsilon}_1,\boldsymbol{\varepsilon}_2,\cdots,\boldsymbol{\varepsilon}_n$ 及 $\boldsymbol{\eta}_1,\boldsymbol{\eta}_2,\cdots,\boldsymbol{\eta}_n$ 下的矩阵分别是 $\boldsymbol{A}$ 和 $\boldsymbol{B}$，且 $(\boldsymbol{\eta}_1,\boldsymbol{\eta}_2,\cdots,\boldsymbol{\eta}_n)=(\boldsymbol{\varepsilon}_1,\boldsymbol{\varepsilon}_2,\cdots,\boldsymbol{\varepsilon}_n)\boldsymbol{P}$，则

$$\boldsymbol{B}=\boldsymbol{P}^{-1}\boldsymbol{A}\boldsymbol{P}.$$

证明　由已知得

$$\begin{aligned}\sigma(\boldsymbol{\varepsilon}_1,\boldsymbol{\varepsilon}_2,\cdots,\boldsymbol{\varepsilon}_n)&=(\boldsymbol{\varepsilon}_1,\boldsymbol{\varepsilon}_2,\cdots,\boldsymbol{\varepsilon}_n)\boldsymbol{A},\\ \sigma(\boldsymbol{\eta}_1,\boldsymbol{\eta}_2,\cdots,\boldsymbol{\eta}_n)&=(\boldsymbol{\eta}_1,\boldsymbol{\eta}_2,\cdots,\boldsymbol{\eta}_n)\boldsymbol{B},\\ (\boldsymbol{\eta}_1,\boldsymbol{\eta}_2,\cdots,\boldsymbol{\eta}_n)&=(\boldsymbol{\varepsilon}_1,\boldsymbol{\varepsilon}_2,\cdots,\boldsymbol{\varepsilon}_n)\boldsymbol{P},\end{aligned}\tag{3.6}$$

此时

$$(\boldsymbol{\varepsilon}_1,\boldsymbol{\varepsilon}_2,\cdots,\boldsymbol{\varepsilon}_n)=(\boldsymbol{\eta}_1,\boldsymbol{\eta}_2,\cdots,\boldsymbol{\eta}_n)\boldsymbol{P}^{-1}.$$

于是

$$\begin{aligned}\sigma(\boldsymbol{\eta}_1,\boldsymbol{\eta}_2,\cdots,\boldsymbol{\eta}_n)&=\sigma((\boldsymbol{\varepsilon}_1,\boldsymbol{\varepsilon}_2,\cdots,\boldsymbol{\varepsilon}_n)\boldsymbol{P})=(\sigma(\boldsymbol{\varepsilon}_1,\boldsymbol{\varepsilon}_2,\cdots,\boldsymbol{\varepsilon}_n))\boldsymbol{P}\\&=(\boldsymbol{\varepsilon}_1,\boldsymbol{\varepsilon}_2,\cdots,\boldsymbol{\varepsilon}_n)\boldsymbol{A}\boldsymbol{P}=(\boldsymbol{\eta}_1,\boldsymbol{\eta}_2,\cdots,\boldsymbol{\eta}_n)\boldsymbol{P}^{-1}\boldsymbol{A}\boldsymbol{P}.\end{aligned}$$

与(3.6)式相比，注意到线性变换在取定基下的矩阵是唯一的，得 $\boldsymbol{B}=\boldsymbol{P}^{-1}\boldsymbol{A}\boldsymbol{P}$.

称 $\boldsymbol{P}$ 为由基 $\boldsymbol{\varepsilon}_1,\boldsymbol{\varepsilon}_2,\cdots,\boldsymbol{\varepsilon}_n$ 到基 $\boldsymbol{\eta}_1,\boldsymbol{\eta}_2,\cdots,\boldsymbol{\eta}_n$ 的过渡矩阵.

例 19　线性变换 σ 在基 $\boldsymbol{e}_1,\boldsymbol{e}_2,\boldsymbol{e}_3,\boldsymbol{e}_4$ 下的矩阵为 $\begin{pmatrix}1&2&0&1\\3&0&-1&2\\2&5&3&1\\1&2&1&3\end{pmatrix}$，求这个线性变换在以下基下的矩阵：

(1) $\boldsymbol{e}_1,\boldsymbol{e}_3,\boldsymbol{e}_2,\boldsymbol{e}_4$；

(2) $\boldsymbol{e}_1,\boldsymbol{e}_1+\boldsymbol{e}_2,\boldsymbol{e}_1+\boldsymbol{e}_2+\boldsymbol{e}_3,\boldsymbol{e}_1+\boldsymbol{e}_2+\boldsymbol{e}_3+\boldsymbol{e}_4$.

解　(1) 由题设得

$$\sigma(\boldsymbol{e}_1)=\boldsymbol{e}_1+3\boldsymbol{e}_2+2\boldsymbol{e}_3+\boldsymbol{e}_4,\quad \sigma(\boldsymbol{e}_2)=2\boldsymbol{e}_1+5\boldsymbol{e}_3+2\boldsymbol{e}_4,$$
$$\sigma(\boldsymbol{e}_3)=-\boldsymbol{e}_2+3\boldsymbol{e}_3+\boldsymbol{e}_4,\quad \sigma(\boldsymbol{e}_4)=\boldsymbol{e}_1+2\boldsymbol{e}_2+\boldsymbol{e}_3+3\boldsymbol{e}_4.$$

所以 σ 在基 $\boldsymbol{e}_1,\boldsymbol{e}_3,\boldsymbol{e}_2,\boldsymbol{e}_4$ 下的矩阵为

$$\begin{pmatrix}1&0&2&1\\2&3&5&1\\3&-1&0&2\\1&1&2&3\end{pmatrix}.$$

(2) **(解法一)**　设

$$\sigma(\boldsymbol{e}_1)=x_1\boldsymbol{e}_1+x_2(\boldsymbol{e}_1+\boldsymbol{e}_2)+x_3(\boldsymbol{e}_1+\boldsymbol{e}_2+\boldsymbol{e}_3)+x_4(\boldsymbol{e}_1+\boldsymbol{e}_2+\boldsymbol{e}_3+\boldsymbol{e}_4),$$

即

$$\boldsymbol{e}_1+3\boldsymbol{e}_2+2\boldsymbol{e}_3+\boldsymbol{e}_4=(x_1+x_2+x_3+x_4)\boldsymbol{e}_1+(x_2+x_3+x_4)\boldsymbol{e}_2+(x_3+x_4)\boldsymbol{e}_3+x_4\boldsymbol{e}_4,$$

于是得 $x_1=-2,x_2=1,x_3=1,x_4=1$，即

$$\sigma(\boldsymbol{e}_1)=-2\boldsymbol{e}_1+(\boldsymbol{e}_1+\boldsymbol{e}_2)+(\boldsymbol{e}_1+\boldsymbol{e}_2+\boldsymbol{e}_3)+(\boldsymbol{e}_1+\boldsymbol{e}_2+\boldsymbol{e}_3+\boldsymbol{e}_4).$$

同理可以求得

$$\sigma(\boldsymbol{e}_1+\boldsymbol{e}_2)=-4(\boldsymbol{e}_1+\boldsymbol{e}_2)+4(\boldsymbol{e}_1+\boldsymbol{e}_2+\boldsymbol{e}_3)+3(\boldsymbol{e}_1+\boldsymbol{e}_2+\boldsymbol{e}_3+\boldsymbol{e}_4).$$
$$\sigma(\boldsymbol{e}_1+\boldsymbol{e}_2+\boldsymbol{e}_3)=\boldsymbol{e}_1-8(\boldsymbol{e}_1+\boldsymbol{e}_2)+6(\boldsymbol{e}_1+\boldsymbol{e}_2+\boldsymbol{e}_3)+4(\boldsymbol{e}_1+\boldsymbol{e}_2+\boldsymbol{e}_3+\boldsymbol{e}_4).$$
$$\sigma(\boldsymbol{e}_1+\boldsymbol{e}_2+\boldsymbol{e}_3+\boldsymbol{e}_4)=-7(\boldsymbol{e}_1+\boldsymbol{e}_2)+4(\boldsymbol{e}_1+\boldsymbol{e}_2+\boldsymbol{e}_3)+7(\boldsymbol{e}_1+\boldsymbol{e}_2+\boldsymbol{e}_3+\boldsymbol{e}_4).$$

所以 σ 在基 $\boldsymbol{e}_1,\boldsymbol{e}_1+\boldsymbol{e}_2,\boldsymbol{e}_1+\boldsymbol{e}_2+\boldsymbol{e}_3,\boldsymbol{e}_1+\boldsymbol{e}_2+\boldsymbol{e}_3+\boldsymbol{e}_4$ 下的矩阵为

$$\begin{pmatrix}-2&0&1&0\\1&-4&-8&-7\\1&4&6&4\\1&3&4&7\end{pmatrix}.$$

(解法二)　设 σ 在基 $\boldsymbol{e}_1,\boldsymbol{e}_1+\boldsymbol{e}_2,\boldsymbol{e}_1+\boldsymbol{e}_2+\boldsymbol{e}_3,\boldsymbol{e}_1+\boldsymbol{e}_2+\boldsymbol{e}_3+\boldsymbol{e}_4$ 之下的矩阵为 $\boldsymbol{B}$，则

$$\boldsymbol{B}=\boldsymbol{P}^{-1}\boldsymbol{A}\boldsymbol{P},$$

其中 $\boldsymbol{P}$ 是由基 $\boldsymbol{e}_1,\boldsymbol{e}_2,\boldsymbol{e}_3,\boldsymbol{e}_4$ 到基 $\boldsymbol{e}_1,\boldsymbol{e}_1+\boldsymbol{e}_2,\boldsymbol{e}_1+\boldsymbol{e}_2+\boldsymbol{e}_3,\boldsymbol{e}_1+\boldsymbol{e}_2+\boldsymbol{e}_3+\boldsymbol{e}_4$ 的过渡矩阵,$\boldsymbol{A}$ 是 σ 在基 $\boldsymbol{e}_1,\boldsymbol{e}_2,\boldsymbol{e}_3,\boldsymbol{e}_4$ 的矩阵. 由已知有

$$\boldsymbol{P}=\begin{pmatrix}1&1&1&1\\0&1&1&1\\0&0&1&1\\0&0&0&1\end{pmatrix},\quad \boldsymbol{A}=\begin{pmatrix}1&0&2&1\\3&3&5&1\\2&-1&0&2\\1&1&2&3\end{pmatrix},$$

则

$$\boldsymbol{B}=\boldsymbol{P}^{-1}\boldsymbol{A}\boldsymbol{P}=\begin{pmatrix}-2&0&1&0\\1&-4&-8&-7\\1&4&6&4\\1&3&4&7\end{pmatrix}$$

习 题 3.5

1. 判断下列各变换是否为线性变换.

(1) 在 R^3 上,定义 σ:对 $\boldsymbol{\alpha}=\begin{pmatrix}a_1\\a_2\\a_3\end{pmatrix}\in R^3,\sigma(\boldsymbol{\alpha})=\begin{pmatrix}a_1\\a_2\\0\end{pmatrix}$;

(2) 在 R^3 上,定义 σ:对 $\boldsymbol{\alpha}=\begin{pmatrix}a_1\\a_2\\a_3\end{pmatrix}\in R^3,\sigma(\boldsymbol{\alpha})=\begin{pmatrix}a_1^2\\a_2+a_3\\a_3\end{pmatrix}$;

(3) 在向量空间 V 上,定义 σ:$\sigma(\boldsymbol{\alpha})=\boldsymbol{\alpha}_0,\boldsymbol{\alpha}\in V$,其中 $\boldsymbol{\alpha}_0$ 为 V 中一个固定向量;

(4) 在 R^3 上,定义 σ:对 $\boldsymbol{\alpha}=\begin{pmatrix}a_1\\a_2\\a_3\end{pmatrix}\in R^3,\sigma(\boldsymbol{\alpha})=\begin{pmatrix}a_1+a_2+a_3\\0\\0\end{pmatrix}$;

(5) 在 R^3 上,定义 σ:对 $\boldsymbol{\alpha}=\begin{pmatrix}a_1\\a_2\\a_3\end{pmatrix}\in R^3,\sigma(\boldsymbol{\alpha})=\begin{pmatrix}a_1+a_2+a_3\\1\\-1\end{pmatrix}$.

2. 在 R^2 中,定义变换 σ:$\sigma\begin{pmatrix}a_1\\a_2\end{pmatrix}=\begin{pmatrix}a_1+a_2\\a_1-2a_2\end{pmatrix}$.

(1) 证明 σ 为线性变换;

(2) 求 σ 在基(Ⅰ)$\boldsymbol{\alpha}_1=\begin{pmatrix}1\\0\end{pmatrix},\boldsymbol{\alpha}_2=\begin{pmatrix}0\\1\end{pmatrix}$ 以及基(Ⅱ)$\boldsymbol{\beta}_1=\begin{pmatrix}1\\-1\end{pmatrix},\boldsymbol{\beta}_2=\begin{pmatrix}2\\1\end{pmatrix}$ 下的

矩阵.

3. 在 $\mathbf{R}^2$ 中,定义线性变换 $\sigma:\sigma\begin{pmatrix}x\\y\end{pmatrix}=\mathbf{A}\begin{pmatrix}x\\y\end{pmatrix}$,试说明该变换的几何意义,其中(1) $\mathbf{A}=\begin{pmatrix}-1&0\\0&1\end{pmatrix}$;(2) $\mathbf{A}=\begin{pmatrix}0&0\\0&1\end{pmatrix}$;(3) $\mathbf{A}=\begin{pmatrix}0&1\\1&0\end{pmatrix}$.

第四章　线性方程组

第一节　线性方程组的一般理论

1. 线性方程组的基本概念

n 元线性方程组的一般形式为

$$\begin{cases} a_{11}x_1+a_{12}x_2+\cdots+a_{1n}x_n=b_1, \\ a_{21}x_1+a_{22}x_2+\cdots+a_{2n}x_n=b_2, \\ \cdots\cdots\cdots\cdots \\ a_{m1}x_1+a_{m2}x_2+\cdots+a_{mn}x_n=b_m, \end{cases} \tag{4.1}$$

其中 $x_1,x_2,\cdots,x_n$ 表示 n 个未知数，m 是方程的个数，$a_{ij}(i=1,2,\cdots,m,j=1,2,\cdots,n)$称为方程组的系数，$b_i(i=1,2,\cdots,m)$称为常数项．系数 a_{ij} 的第一个下标 i 表示它在第 i 个方程，第二个下标 j 表示它是 x_j 的系数．方程组中未知数的个数与方程的个数不一定相等．如果方程组右端的常数项全部为零，即 $b_1=b_2=\cdots=b_m=0$，叫做齐次线性方程组；当 $b_1,b_2,\cdots,b_m$ 不全为零时，叫做非齐次线性方程组．

如果把 n 个数 $c_1,c_2,\cdots,c_n$ 分别代入方程组(4.1)中的 $x_1,x_2,\cdots,x_n$，使(4.1)中的 m 个等式都成立，则称有序数组$(c_1,c_2,\cdots,c_n)^{\mathrm{T}}$ 或$(c_1,c_2,\cdots,c_n)$是方程组的一个向量形式的解，简称为解向量．方程组解的全体称为方程组的解集合或解向量集合．解方程组就是找出它的全部解，或者说，是求方程组的解集合．如果两个方程组有相同的解，则称它们是同解方程组．

2. 线性方程组的矩阵和向量表示

对于线性方程组(4.1)，记

$$\boldsymbol{A}=\begin{pmatrix} a_{11} & a_{12} & \cdots & a_{1n} \\ a_{21} & a_{22} & \cdots & a_{2n} \\ \vdots & \vdots & & \vdots \\ a_{m1} & a_{m2} & \cdots & a_{mn} \end{pmatrix},\quad \boldsymbol{x}=\begin{pmatrix} x_1 \\ x_2 \\ \vdots \\ x_n \end{pmatrix},\quad \boldsymbol{b}=\begin{pmatrix} b_1 \\ b_2 \\ \vdots \\ b_m \end{pmatrix},$$

那么,方程组(4.1)可由矩阵方程表示为

$$\boldsymbol{A}\boldsymbol{x}=\boldsymbol{b}. \tag{4.2}$$

$\boldsymbol{A}$ 称为方程组(4.1)的系数矩阵,$\boldsymbol{x}$ 称为未知数向量,$\boldsymbol{b}$ 称为常数项向量.当 $\boldsymbol{b}\neq\boldsymbol{0}$ 时,(4.2)是非齐次线性方程组;当 $\boldsymbol{b}=\boldsymbol{0}$时为齐次线性方程组

$$\boldsymbol{A}\boldsymbol{x}=\boldsymbol{0}. \tag{4.3}$$

若记

$$\boldsymbol{\alpha}_1=\begin{pmatrix}a_{11}\\a_{21}\\\vdots\\a_{m1}\end{pmatrix},\quad \boldsymbol{\alpha}_2=\begin{pmatrix}a_{12}\\a_{22}\\\vdots\\a_{m2}\end{pmatrix},\quad \cdots,\quad \boldsymbol{\alpha}_n=\begin{pmatrix}a_{1n}\\a_{2n}\\\vdots\\a_{mn}\end{pmatrix},\quad \boldsymbol{b}=\begin{pmatrix}b_1\\b_2\\\vdots\\b_m\end{pmatrix},$$

则系数矩阵 $\boldsymbol{A}=(\boldsymbol{\alpha}_1,\boldsymbol{\alpha}_2,\cdots,\boldsymbol{\alpha}_n)$,方程组(4.1)又可用向量表示为

$$x_1\boldsymbol{\alpha}_1+x_2\boldsymbol{\alpha}_2+\cdots+x_n\boldsymbol{\alpha}_n=\boldsymbol{b}. \tag{4.4}$$

$\boldsymbol{b}=\boldsymbol{0}$ 时为齐次线性方程组,可表示为

$$x_1\boldsymbol{\alpha}_1+x_2\boldsymbol{\alpha}_2+\cdots+x_n\boldsymbol{\alpha}_n=\boldsymbol{0}. \tag{4.5}$$

例 1　非齐次线性方程组

$$\begin{cases}x_1-2x_2+3x_3-x_4=1,\\3x_1-x_2+5x_3-3x_4=4,\\2x_1+x_2+2x_3-2x_4=3\end{cases}$$

的系数矩阵、未知数向量、常数向量分别为

$$\boldsymbol{A}=\begin{pmatrix}1&-2&3&-1\\3&-1&5&-3\\2&1&2&-2\end{pmatrix},\quad \boldsymbol{x}=\begin{pmatrix}x_1\\x_2\\x_3\\x_4\end{pmatrix},\quad \boldsymbol{b}=\begin{pmatrix}1\\4\\3\end{pmatrix}.$$

方程组的矩阵方程形式为

$$\boldsymbol{A}\boldsymbol{x}=\boldsymbol{b}.$$

记

$$\boldsymbol{\alpha}_1=\begin{pmatrix}1\\3\\2\end{pmatrix},\quad \boldsymbol{\alpha}_2=\begin{pmatrix}-2\\-1\\1\end{pmatrix},\quad \boldsymbol{\alpha}_3=\begin{pmatrix}3\\5\\2\end{pmatrix},\quad \boldsymbol{\alpha}_4=\begin{pmatrix}-1\\-3\\-2\end{pmatrix},$$

则方程组又可表示为

$$x_1\boldsymbol{\alpha}_1+x_2\boldsymbol{\alpha}_2+x_3\boldsymbol{\alpha}_3+x_4\boldsymbol{\alpha}_4=\boldsymbol{b}\quad 或\quad (\boldsymbol{\alpha}_1\ \ \boldsymbol{\alpha}_2\ \ \boldsymbol{\alpha}_3\ \ \boldsymbol{\alpha}_4)\begin{pmatrix}x_1\\x_2\\x_3\\x_4\end{pmatrix}=\boldsymbol{b}.$$

3．线性方程组研究的主要内容

解方程是方程研究的中心问题．就线性方程组而言，求解方程组的主要内容包括：

(1) 给定的线性方程组是否有解？

(2) 如果方程组有解，它有多少解？

(3) 如果方程组有许多解，这些解之间有什么联系？

(4) 如何求出方程组的全部解？

对于齐次线性方程组 $\boldsymbol{Ax}=\boldsymbol{0}$，显然零向量 $\boldsymbol{x}=\boldsymbol{0}$ 是它的解(称 $\boldsymbol{x}=\boldsymbol{0}$ 为齐次方程组的零解)，所以齐次线性方程组一定有解．因此，对于齐次线性方程组主要是研究方程组是否有非零解，即是否存在 $\boldsymbol{x}\neq\boldsymbol{0}$，使 $\boldsymbol{Ax}=\boldsymbol{0}$；其次是如何求方程组的非零解．

对于非齐次线性方程组 $\boldsymbol{Ax}=\boldsymbol{b}$ 来说它不一定有解，因此对非齐次线性方程组首先要研究它是否有解，其次若方程组有解，如何求方程组的解？

综合起来，有

齐次线性方程组 $\boldsymbol{Ax}=\boldsymbol{0}$ 讨论的主要问题：

(1) 齐次线性方程组是否有非零解？

(2) 若方程组有非零解，这些解之间有什么联系？

(3) 如何求出方程组的全部解(解集合)？

非齐次线性方程组 $\boldsymbol{Ax}=\boldsymbol{b}$ 讨论的主要问题：

(1) 非齐次线性方程组是否有解？

(2) 若方程组有解，它的解有多少？

(3) 如果方程组有许多解，这些解之间有什么联系？

(4) 如何求出方程组的全部解(解集合)？

若非齐次线性方程组有解，则说它是相容方程组，否则称它是不相容方程组．

4．齐次线性方程组有非零解的充分必要条件

设齐次线性方程组

$$\begin{cases} a_{11}x_1+a_{12}x_2+\cdots+a_{1n}x_n=0, \\ a_{21}x_1+a_{22}x_2+\cdots+a_{2n}x_n=0, \\ \cdots\cdots\cdots\cdots \\ a_{m1}x_1+a_{m2}x_2+\cdots+a_{mn}x_n=0, \end{cases} \tag{4.6}$$

由式(4.3)和式(4.5)知，方程组(4.6)用矩阵和向量可表示成

$$\boldsymbol{Ax}=\boldsymbol{0} \quad 和 \quad x_1\boldsymbol{\alpha}_1+x_2\boldsymbol{\alpha}_2+\cdots+x_n\boldsymbol{\alpha}_n=\boldsymbol{0}.$$

其中，$\boldsymbol{A}$ 是 $m\times n$ 阶矩阵，$\boldsymbol{x}=(x_1,x_2,\cdots,x_n)^{\mathrm{T}}$ 是 n 维向量，$\boldsymbol{\alpha}_1,\boldsymbol{\alpha}_2,\cdots,\boldsymbol{\alpha}_n,\boldsymbol{0}$ 是 m 维向量．

应用矩阵和向量组的理论，有如下结果：

n 元齐次线性方程组 $\boldsymbol{Ax}=\boldsymbol{0}$ 有非零解

$\Leftrightarrow$存在不全为零的数 $x_1,x_2,\cdots,x_n$，使 $x_1\boldsymbol{\alpha}_1+x_2\boldsymbol{\alpha}_2+\cdots+x_n\boldsymbol{\alpha}_n=\boldsymbol{0}$，

$\Leftrightarrow$向量组$\{\boldsymbol{\alpha}_1,\boldsymbol{\alpha}_2,\cdots,\boldsymbol{\alpha}_n\}$线性相关，

$\Leftrightarrow$向量组$\{\boldsymbol{\alpha}_1,\boldsymbol{\alpha}_2,\cdots,\boldsymbol{\alpha}_n\}$的秩 $R(\boldsymbol{\alpha}_1,\boldsymbol{\alpha}_2,\cdots,\boldsymbol{\alpha}_n)<n$，

$\Leftrightarrow$系数矩阵 $\boldsymbol{A}$ 的秩 $R(\boldsymbol{A})<n$.

相应地，有

n 元齐次线性方程组 $\boldsymbol{Ax}=\boldsymbol{0}$ 只有零解(没有非零解)

$\Leftrightarrow$仅当 n 个数 $x_1,x_2,\cdots,x_n$ 全为零时，使 $x_1\boldsymbol{\alpha}_1+x_2\boldsymbol{\alpha}_2+\cdots+x_n\boldsymbol{\alpha}_n=\boldsymbol{0}$ 成立，

$\Leftrightarrow$向量组$\{\boldsymbol{\alpha}_1,\boldsymbol{\alpha}_2,\cdots,\boldsymbol{\alpha}_n\}$线性无关，

$\Leftrightarrow R(\boldsymbol{\alpha}_1,\boldsymbol{\alpha}_2,\cdots,\boldsymbol{\alpha}_n)=n$，

$\Leftrightarrow R(\boldsymbol{A})=n$.

于是，有下面定理：

定理 4.1　对于 n 元齐次线性方程组 $\boldsymbol{Ax}=\boldsymbol{0}$，

(1) 有非零解$\Leftrightarrow R(\boldsymbol{A})<n$；

(2) 没有非零解$\Leftrightarrow R(\boldsymbol{A})=n$.

5．非齐次线性方程组有解的充分必要条件

设非齐次线性方程组(4.1)

$$\begin{cases} a_{11}x_1+a_{12}x_2+\cdots+a_{1n}x_n=b_1, \\ a_{21}x_1+a_{22}x_2+\cdots+a_{2n}x_n=b_2, \\ \cdots\cdots\cdots\cdots \\ a_{m1}x_1+a_{m2}x_2+\cdots+a_{mn}x_n=b_m, \end{cases}$$

由式(4.2)和式(4.4)知，它可以用矩阵方程和向量的线性组合表示成

$$\boldsymbol{Ax}=\boldsymbol{b} \quad \text{或} \quad x_1\boldsymbol{\alpha}_1+x_2\boldsymbol{\alpha}_2+\cdots+x_n\boldsymbol{\alpha}_n=\boldsymbol{b}.$$

为了讨论非齐次线性方程组是否有解，通过方程组的系数矩阵 $\boldsymbol{A}$ 和常数项向量 $\boldsymbol{b}$ 构造如下矩阵：

$$\bar{\boldsymbol{A}}=(\boldsymbol{A} \vdots \boldsymbol{b})=\left(\begin{array}{cccc:c} a_{11} & a_{12} & \cdots & a_{1n} & b_1 \\ a_{21} & a_{22} & \cdots & a_{2n} & b_2 \\ \vdots & \vdots & & \vdots & \vdots \\ a_{m1} & a_{m2} & \cdots & a_{mn} & b_m \end{array}\right),$$

称矩阵 $\bar{\boldsymbol{A}}$ 是非齐次线性方程组(4.1)的增广矩阵．

应用矩阵和向量组的理论，有如下结果：

非齐次线性方程组 $\boldsymbol{Ax}=\boldsymbol{b}$ 有解

$\Leftrightarrow \boldsymbol{b}$ 能由 $\boldsymbol{\alpha}_1,\boldsymbol{\alpha}_2,\cdots,\boldsymbol{\alpha}_n$ 线性表示，即存在 $x_1,x_2,\cdots,x_n$，使 $\boldsymbol{b}=x_1\boldsymbol{\alpha}_1+x_2\boldsymbol{\alpha}_2+\cdots+x_n\boldsymbol{\alpha}_n$，

$\Leftrightarrow$ 向量组 $\{\boldsymbol{\alpha}_1,\boldsymbol{\alpha}_2,\cdots,\boldsymbol{\alpha}_n\}$ 与 $\{\boldsymbol{\alpha}_1,\boldsymbol{\alpha}_2,\cdots,\boldsymbol{\alpha}_n,\boldsymbol{b}\}$ 等价，

$\Leftrightarrow R(\boldsymbol{\alpha}_1,\boldsymbol{\alpha}_2,\cdots,\boldsymbol{\alpha}_n)=R(\boldsymbol{\alpha}_1,\boldsymbol{\alpha}_2,\cdots,\boldsymbol{\alpha}_n,\boldsymbol{b})$，

$\Leftrightarrow R(\boldsymbol{A})=R(\bar{\boldsymbol{A}})$.

于是，有下面定理：

定理 4.2 非齐次线性方程组 $\boldsymbol{Ax}=\boldsymbol{b}$ 有解 $\Leftrightarrow R(\boldsymbol{A})=R(\bar{\boldsymbol{A}})$. 进一步有，当 $R(\boldsymbol{A})=R(\bar{\boldsymbol{A}})=n$ 时，方程组 $\boldsymbol{Ax}=\boldsymbol{b}$ 有唯一解；当 $R(\boldsymbol{A})=R(\bar{\boldsymbol{A}})<n$ 时，方程组 $\boldsymbol{Ax}=\boldsymbol{b}$ 有多个解.

6．应用举例

例 2 齐次线性方程组

$$\begin{cases} x_1+x_2+x_3+x_4=0, \\ 2x_1+3x_2+x_3-3x_4=0, \\ x_1+2x_3+6x_4=0, \\ 4x_1+5x_2+3x_3-x_4=0 \end{cases}$$

是否有非零解？

解 利用矩阵的初等行变换把方程组的系数矩阵 $\boldsymbol{A}$ 化为阶梯形矩阵，得到 $R(\boldsymbol{A})$，由定理 4.1 可得出方程组是否有非零解．

这是一个四元齐次线性方程组，$n=4$. 对方程组的系数矩阵 $\boldsymbol{A}$ 作初等行变换

$$\boldsymbol{A}=\begin{pmatrix} 1 & 1 & 1 & 1 \\ 2 & 3 & 1 & -3 \\ 1 & 0 & 2 & 6 \\ 4 & 5 & 3 & -1 \end{pmatrix} \to \begin{pmatrix} 1 & 1 & 1 & 1 \\ 0 & 1 & -1 & -5 \\ 0 & -1 & 1 & 5 \\ 0 & 1 & -1 & -5 \end{pmatrix}$$

$$\rightarrow \begin{pmatrix} 1 & 1 & 1 & 1 \\ 0 & 1 & -1 & -5 \\ 0 & 0 & 0 & 0 \\ 0 & 0 & 0 & 0 \end{pmatrix} \rightarrow \begin{pmatrix} 1 & 0 & 2 & 6 \\ 0 & 1 & -1 & -5 \\ 0 & 0 & 0 & 0 \\ 0 & 0 & 0 & 0 \end{pmatrix}.$$

由于 $R(\boldsymbol{A})=2<4$，由定理 4.1 知，此方程组有非零解．

例 3 设齐次线性方程组

$$\begin{cases} x_1+x_2-3x_4=0, \\ x_1-x_2+2x_3-x_4=0, \\ 4x_1-2x_2+x_3-5x_4=0, \\ x_1-2x_2+3x_3+\lambda x_4=0, \end{cases}$$

问 λ 取何值时，该方程组有非零解？

解

$$\boldsymbol{A}=\begin{pmatrix} 1 & 1 & 0 & -3 \\ 1 & -1 & 2 & -1 \\ 4 & -2 & 1 & -5 \\ 1 & -2 & 3 & \lambda \end{pmatrix} \rightarrow \begin{pmatrix} 1 & 1 & 0 & -3 \\ 0 & -2 & 2 & 2 \\ 0 & -6 & 1 & 7 \\ 0 & -3 & 3 & \lambda+3 \end{pmatrix} \rightarrow \begin{pmatrix} 1 & 1 & 0 & -3 \\ 0 & -2 & 2 & 2 \\ 0 & 0 & -5 & 1 \\ 0 & 0 & 0 & \lambda \end{pmatrix},$$

因为 $n=4$，所以当 $\lambda=0$ 时，$R(\boldsymbol{A})=3<4$，方程组有非零解；当 $\lambda\neq 0$ 时，$R(\boldsymbol{A})=4$，方程组没有非零解．

齐次线性方程组的理论也可用来判断向量组的线性相关性．

例 4 讨论非齐次线性方程组

$$\begin{cases} x_1+2x_2+3x_3=1, \\ 2x_1+2x_2+x_3=2, \\ 3x_1+4x_2+4x_3=4 \end{cases}$$

是否有解．

解 写出方程组的增广矩阵 $\overline{\boldsymbol{A}}=(\boldsymbol{A} \vdots \boldsymbol{b})$，利用矩阵的初等行变换把增广矩阵化为阶梯形矩阵，通过阶梯形矩阵求得方程组系数矩阵 $\boldsymbol{A}$ 的秩 $R(\boldsymbol{A})$ 和增广矩阵 $\overline{\boldsymbol{A}}$ 的秩 $R(\overline{\boldsymbol{A}})$．

$$\overline{\boldsymbol{A}}=(\boldsymbol{A} \vdots \boldsymbol{b})=\begin{pmatrix} 1 & 2 & 3 & 1 \\ 2 & 2 & 1 & 2 \\ 3 & 4 & 4 & 4 \end{pmatrix} \rightarrow \begin{pmatrix} 1 & 2 & 3 & 1 \\ 0 & -2 & -5 & 0 \\ 0 & -2 & -5 & 1 \end{pmatrix} \rightarrow \begin{pmatrix} 1 & 2 & 3 & 1 \\ 0 & 2 & 5 & 0 \\ 0 & 0 & 0 & 1 \end{pmatrix},$$

可见，方程组系数矩阵 $\boldsymbol{A}$ 的秩 $R(\boldsymbol{A})=2$，增广矩阵 $\overline{\boldsymbol{A}}$ 的秩 $R(\overline{\boldsymbol{A}})=3$，由定理 4.2

知此方程组无解.

例 5 设非齐次线性方程组:

$$\begin{cases} x_1+x_2+x_3-x_4=2, \\ 3x_1+2x_2-x_3+2x_4=3, \\ 2x_1+x_2-2x_3+3x_4=\lambda, \end{cases}$$

问 λ 取何值时,该方程组无解? 有解?

解

$$\overline{A}=(A \vdots b)=\begin{pmatrix} 1 & 1 & 1 & -1 & 2 \\ 3 & 2 & -1 & 2 & 3 \\ 2 & 1 & -2 & 3 & \lambda \end{pmatrix} \to \begin{pmatrix} 1 & 1 & 1 & -1 & 2 \\ 0 & -1 & -4 & 5 & -3 \\ 0 & -1 & -4 & 5 & \lambda-4 \end{pmatrix}$$

$$\to \begin{pmatrix} 1 & 1 & 1 & -1 & 2 \\ 0 & 1 & 4 & -5 & 3 \\ 0 & 0 & 0 & 0 & \lambda-1 \end{pmatrix},$$

可见,方程组系数矩阵 $\boldsymbol{A}$ 的秩 $R(\boldsymbol{A})=2$.

当 $\lambda\neq1$ 时,增广矩阵 $\overline{\boldsymbol{A}}$ 的秩 $R(\overline{\boldsymbol{A}})=3$,这时方程组无解;当 $\lambda=1$ 时,$R(\boldsymbol{A})=2=R(\overline{\boldsymbol{A}})$,方程组有解.

例 6 讨论向量组

$$\boldsymbol{\alpha}_1=(1,1,-1,2)^{\mathrm{T}},\quad \boldsymbol{\alpha}_2=(0,3,-2,0)^{\mathrm{T}},\quad \boldsymbol{\alpha}_3=(1,4,-3,2)^{\mathrm{T}}$$

的线性相关性.

解 设 $k_1\boldsymbol{\alpha}_1+k_2\boldsymbol{\alpha}_2+k_3\boldsymbol{\alpha}_3=\boldsymbol{0}$,将向量 $\boldsymbol{\alpha}_1,\boldsymbol{\alpha}_2,\boldsymbol{\alpha}_3$ 的坐标代入得到以 k_1,k_2,k_3 为未知量的齐次线性方程组

$$\begin{cases} k_1+k_3=0, \\ k_1+3k_2+4k_3=0, \\ -k_1-2k_2-3k_3=0, \\ 2k_1+2k_3=0. \end{cases}$$

向量组 $\boldsymbol{\alpha}_1,\boldsymbol{\alpha}_2,\boldsymbol{\alpha}_3$ 线性相关等价于这个齐次线性方程组有非零解.

$$\boldsymbol{A}=\begin{pmatrix} 1 & 0 & 1 \\ 1 & 3 & 4 \\ -1 & -2 & -3 \\ 2 & 0 & 2 \end{pmatrix} \to \begin{pmatrix} 1 & 0 & 1 \\ 0 & 3 & 3 \\ 0 & -2 & -2 \\ 0 & 0 & 0 \end{pmatrix} \to \begin{pmatrix} 1 & 0 & 1 \\ 0 & 3 & 3 \\ 0 & 0 & 0 \\ 0 & 0 & 0 \end{pmatrix},$$

因为 $R(\boldsymbol{A})=2, n=3, R(\boldsymbol{A})<n$,故齐次线性方程组有非零解,从而向量组 $\{\boldsymbol{\alpha}_1,\boldsymbol{\alpha}_2,\boldsymbol{\alpha}_3\}$ 线性相关.

习　题　4.1

1. 判断齐次线性方程组

$$\begin{cases} x_1+3x_2+5x_3-2x_4=0, \\ x_1+5x_2-9x_3+8x_4=0, \\ 5x_1+18x_2+4x_3+5x_4=0, \\ 2x_1+7x_2+3x_3+x_4=0 \end{cases}$$

是否有非零解？

2. 问：λ 为何值时，非齐次线性方程组

$$\begin{cases} \lambda x_1+x_2+x_3=1, \\ x_1+\lambda x_2+x_3=\lambda, \\ x_1+x_2+\lambda x_3=\lambda^2 \end{cases}$$

有唯一解？无解？有无穷多解？

3. 设

$$\boldsymbol{\alpha}_1=\begin{pmatrix}1\\0\\2\\3\end{pmatrix},\quad \boldsymbol{\alpha}_2=\begin{pmatrix}1\\1\\3\\5\end{pmatrix},\quad \boldsymbol{\alpha}_3=\begin{pmatrix}1\\-1\\a+2\\1\end{pmatrix},\quad \boldsymbol{\alpha}_4=\begin{pmatrix}1\\2\\4\\a+8\end{pmatrix},\quad \boldsymbol{\beta}=\begin{pmatrix}1\\1\\b+3\\5\end{pmatrix},$$

试问：(1) a,b 为何值时，$\boldsymbol{\beta}$ 不能表示成 $\boldsymbol{\alpha}_1,\boldsymbol{\alpha}_2,\boldsymbol{\alpha}_3,\boldsymbol{\alpha}_4$ 的线性组合？

(2) a,b 为何值时，$\boldsymbol{\beta}$ 能由 $\boldsymbol{\alpha}_1,\boldsymbol{\alpha}_2,\boldsymbol{\alpha}_3,\boldsymbol{\alpha}_4$ 唯一线性表示？

4. 若线性方程组

$$\begin{cases} x_1+x_2=-a_1, \\ x_2+x_3=a_2, \\ x_3+x_4=-a_3, \\ x_4+x_1=a_4 \end{cases}$$

有解，问常数 a_1,a_2,a_3,a_4 应满足什么条件？

5. 设线性方程组：

$$\begin{cases} x_1+a_1x_2+a_1^2x_3=a_1^3, \\ x_1+a_2x_2+a_2^2x_3=a_2^3, \\ x_1+a_3x_2+a_3^2x_3=a_3^3, \\ x_1+a_4x_2+a_4^2x_3=a_4^3, \end{cases}$$

证明，若 a_1,a_2,a_3,a_4 两两不相等，则此线性方程组无解．

6. a,b 为何值时，线性方程组

$$\begin{cases} x_1+x_2-2x_3+3x_4=0, \\ 3x_1+2x_2+ax_3+7x_4=1, \\ x_1-x_2-6x_3-x_4=2b \end{cases}$$

有唯一解？无解？有无穷多解？

7. 选择题.

(1) 设 n 元齐次线性方程组 $\boldsymbol{Ax}=\boldsymbol{0}$ 的系数矩阵 $\boldsymbol{A}$ 的秩为 r，则 $\boldsymbol{Ax}=\boldsymbol{0}$ 有非零解的充分必要条件是(　　).

(A) $r=n$　　(B) $r<n$　　(C) $r\geqslant n$　　(D) $r>n$

(2) 设 $\boldsymbol{A}$ 为 $m\times n$ 矩阵，则齐次线性方程组 $\boldsymbol{Ax}=\boldsymbol{0}$ 仅有零解的充分条件是(　　).

(A) $\boldsymbol{A}$ 的列向量必线性无关　　(B) $\boldsymbol{A}$ 的列向量必线性相关

(C) $\boldsymbol{A}$ 的行向量必线性无关　　(D) $\boldsymbol{A}$ 的行向量必线性相关

(3) 设 n 元 m 个方程的非齐次线性方程组 $\boldsymbol{Ax}=\boldsymbol{b}$ 的系数矩阵 $\boldsymbol{A}$ 的秩为 r，则(　　).

(A) $r=m$ 时，方程组 $\boldsymbol{Ax}=\boldsymbol{b}$ 必有解

(B) $r=n$ 时，方程组 $\boldsymbol{Ax}=\boldsymbol{b}$ 有唯一解

(C) $m=n$ 时，方程组 $\boldsymbol{Ax}=\boldsymbol{b}$ 有唯一解

(D) $r<n$ 时，方程组 $\boldsymbol{Ax}=\boldsymbol{b}$ 有无穷多解

第二节　克莱姆(Cramer)法则

在线性方程组的研究中，方程的个数与未知量的个数相等是一个重要的情形. 应用 n 阶行列式，克莱姆法则给出 n 个方程、n 个未知数的线性方程组有解的条件和解的公式.

1. 克莱姆法则

n 个方程、n 个未知量的线性方程组的形式为

$$\begin{cases} a_{11}x_1+a_{12}x_2+\cdots+a_{1n}x_n=b_1, \\ a_{21}x_1+a_{22}x_2+\cdots+a_{2n}x_n=b_2, \\ \cdots\cdots\cdots\cdots \\ a_{n1}x_1+a_{n2}x_2+\cdots+a_{nn}x_n=b_n, \end{cases} \tag{4.7}$$

方程组(4.7)的系数矩阵 $\boldsymbol{A}$ 是一个 $n\times n$ 的方阵．系数矩阵 $\boldsymbol{A}$ 的行列式记为

$$D=|\boldsymbol{A}|=\begin{vmatrix} a_{11} & a_{12} & \cdots & a_{1n} \\ a_{21} & a_{22} & \cdots & a_{2n} \\ \vdots & \vdots & & \vdots \\ a_{n1} & a_{n2} & \cdots & a_{nn} \end{vmatrix},$$

称 D 为方程组(4.7)的系数行列式．

定理 4.3(克莱姆法则) 若线性方程组(4.7)的系数行列式 $D\neq 0$，则方程组(4.7)有唯一解：

$$x_1=\frac{D_1}{D},\quad x_2=\frac{D_2}{D},\quad \cdots,\quad x_n=\frac{D_n}{D}, \tag{4.8}$$

其中 D_j 是把系数矩阵 $\boldsymbol{A}$ 的第 j 列的元素 $a_{1j},a_{2j},\cdots,a_{nj}$ 换成常数项 $b_1,b_2,\cdots,b_n$ 所成的矩阵的行列式，即

$$D_j=\begin{vmatrix} a_{11} & \cdots & a_{1,j-1} & b_1 & a_{1,j+1} & \cdots & a_{1n} \\ a_{21} & \cdots & a_{2,j-1} & b_2 & a_{2,j+1} & \cdots & a_{2n} \\ \vdots & & \vdots & \vdots & \vdots & & \vdots \\ a_{n1} & \cdots & a_{n,j-1} & b_n & a_{n,j+1} & \cdots & a_{nn} \end{vmatrix},\qquad j=1,2,\cdots,n.$$

公式(4.8)可用向量形式表示成

$$\boldsymbol{x}=(x_1\quad x_2\quad \cdots\quad x_n)^{\mathrm{T}}=\frac{1}{D}(D_1\quad D_2\quad \cdots\quad D_n)^{\mathrm{T}}.$$

证明 方程组(4.7)的矩阵方程形式为

$$\boldsymbol{Ax}=\boldsymbol{b},$$

因为 $\boldsymbol{A}$ 是方阵，且 $|\boldsymbol{A}|=D\neq 0$，所以 $\boldsymbol{A}$ 是可逆的．方程组(4.7)的解可用向量表示为

$$(x_1\quad x_2\quad \cdots\quad x_n)^{\mathrm{T}}=\boldsymbol{x}=\boldsymbol{A}^{-1}\boldsymbol{b}=\frac{1}{|\boldsymbol{A}|}\boldsymbol{A}^*\boldsymbol{b}=\frac{1}{D}\boldsymbol{A}^*\boldsymbol{b},$$

其中

$$\boldsymbol{A}^*\boldsymbol{b}=\begin{pmatrix} A_{11} & A_{21} & \cdots & A_{n1} \\ A_{12} & A_{22} & \cdots & A_{n2} \\ \vdots & \vdots & & \vdots \\ A_{1n} & A_{2n} & \cdots & A_{nn} \end{pmatrix}\begin{pmatrix} b_1 \\ b_2 \\ \vdots \\ b_n \end{pmatrix}=\begin{pmatrix} \sum\limits_{k=1}^{n} A_{k1}b_k \\ \sum\limits_{k=1}^{n} A_{k2}b_k \\ \vdots \\ \sum\limits_{k=1}^{n} A_{kn}b_k \end{pmatrix}.$$

右边向量的第 j 个坐标为

$$\sum_{k=1}^{n} A_{kj}b_k = b_1A_{1j}+b_2A_{2j}+\cdots+b_nA_{nj}$$

$$=\begin{vmatrix} a_{11} & \cdots & a_{1,j-1} & b_1 & a_{1,j+1} & \cdots & a_{1n} \\ a_{21} & \cdots & a_{2,j-1} & b_2 & a_{2,j+1} & \cdots & a_{2n} \\ \vdots & & \vdots & \vdots & \vdots & & \vdots \\ a_{n1} & \cdots & a_{n,j-1} & b_n & a_{n,j+1} & \cdots & a_{nn} \end{vmatrix} = D_j.$$

所以

$$\boldsymbol{x}=\begin{pmatrix} x_1 \\ x_2 \\ \vdots \\ x_n \end{pmatrix}=\frac{1}{D}\boldsymbol{A}^*\boldsymbol{b}=\frac{1}{D}\begin{pmatrix} \sum_{k=1}^{n} A_{k1}b_k \\ \sum_{k=1}^{n} A_{k2}b_k \\ \vdots \\ \sum_{k=1}^{n} A_{kn}b_k \end{pmatrix}=\frac{1}{D}\begin{pmatrix} D_1 \\ D_2 \\ \vdots \\ D_n \end{pmatrix}.$$

2. 应　用

由克莱姆法则可知：

(1) 如果线性方程组(4.7)的系数行列式 $D\neq 0$，则此方程组一定有解，且解是唯一的．

(2) 如果线性方程组(4.7)无解或有两个不同的解，则此方程组的系数行列式 $D=0$.

对 n 个方程、n 个未知数的齐次线性方程组：

$$\begin{cases} a_{11}x_1+a_{12}x_2+\cdots+a_{1n}x_n=0, \\ a_{21}x_1+a_{22}x_2+\cdots+a_{2n}x_n=0, \\ \cdots\cdots\cdots\cdots \\ a_{n1}x_1+a_{n2}x_2+\cdots+a_{nn}x_n=0, \end{cases} \tag{4.9}$$

有下面定理．

定理 4.4　n 个方程、n 个未知数的齐次线性方程组 $\boldsymbol{Ax}=\boldsymbol{0}$ 有非零解的充要条件是方程组的系数行列式 $|\boldsymbol{A}|=0$.

例 7　用克莱姆法则解方程组：

$$\begin{cases}2x_1+x_2-5x_3+x_4=8,\\x_1-3x_2-6x_4=9,\\2x_2-x_3+2x_4=-5,\\x_1+4x_2-7x_3+6x_4=0.\end{cases}$$

解

$$D=\begin{vmatrix}2&1&-5&1\\1&-3&0&-6\\0&2&-1&2\\1&4&-7&6\end{vmatrix}=27\neq0,$$

$$D_1=\begin{vmatrix}8&1&-5&1\\9&-3&0&-6\\-5&2&-1&2\\0&4&-7&6\end{vmatrix}=81,\quad D_2=\begin{vmatrix}2&8&-5&1\\1&9&0&-6\\0&-5&-1&2\\1&0&-7&6\end{vmatrix}=-108,$$

$$D_3=\begin{vmatrix}2&1&8&1\\1&-3&9&-6\\0&2&-5&2\\1&4&0&6\end{vmatrix}=-27,\quad D_4=\begin{vmatrix}2&1&-5&8\\1&-3&0&9\\0&2&-1&-5\\1&4&-7&0\end{vmatrix}=27,$$

所以

$$x_1=\frac{81}{27}=3,\quad x_2=\frac{-108}{27}=-4,\quad x_3=\frac{-27}{27}=-1,\quad x_4=\frac{27}{27}=1,$$

写成解向量的形式为

$$\boldsymbol{x}=(x_1\quad x_2\quad x_3\quad x_4)^{\mathrm{T}}=(3\quad -4\quad -1\quad 1)^{\mathrm{T}}.$$

例 8　a 取何值时，齐次线性方程组

$$\begin{cases}ax_1+x_2+x_3=0,\\x_1+ax_2+x_3=0,\\x_1+x_2+ax_3=0\end{cases}$$

有非零解？

解　由定理 4.4，齐次线性方程组有非零解的充要条件是它的系数行列式 $D=0$. 又

$$D=\begin{vmatrix}a&1&1\\1&a&1\\1&1&a\end{vmatrix}=(a-1)^2(a+2),$$

由 $D=0$,得 $a=1,-2$. 当 $a\neq 1$ 且 $a\neq -2$ 时,方程组只有零解 $(x_1\ \ x_2\ \ x_3)^{\mathrm{T}}=(0\ \ 0\ \ 0)^{\mathrm{T}}$. 当 $a=1$ 或 $a=-2$ 时,方程组有非零解.

不难验证,$a=1$ 时,$(x_1\ \ x_2\ \ x_3)^{\mathrm{T}}=(2\ \ -1\ \ -1)^{\mathrm{T}}$ 是方程组的一个非零解;$a=-2$ 时,$(x_1\ \ x_2\ \ x_3)^{\mathrm{T}}=(1\ \ 1\ \ 1)^{\mathrm{T}}$ 是一个非零解.

克莱姆法则是线性方程组理论中的一个重要结果,它给出了线性方程组的解与方程组的系数、常数项的依赖关系.虽然这个法则只适用于方程个数与未知数个数相同的这类特殊的线性方程组,但是它在一般线性方程组的研究中也有重要的作用.同时也要看到,用克莱姆法则求解线性方程组,要计算 $n+1$ 个 n 阶行列式,对于未知数较多的线性方程组来说,计算量比较大.

习 题 4.2

1. 用克莱姆法则解下列方程组:

$$\begin{cases}2x_1-x_2-x_3=4,\\3x_1+4x_2-2x_3=11,\\3x_1-2x_2+4x_3=11.\end{cases}$$

2. 问数 λ 取何值时,齐次方程组

$$\begin{cases}2x_1+\lambda x_2+x_3=0,\\(\lambda-1)x_1-x_2+2x_3=0,\\4x_1+x_2+4x_3=0\end{cases}$$

有非零解?

3. 设有三维列向量

$$\boldsymbol{\alpha}_1=\begin{pmatrix}1+\lambda\\1\\1\end{pmatrix},\quad \boldsymbol{\alpha}_2=\begin{pmatrix}1\\1+\lambda\\1\end{pmatrix},\quad \boldsymbol{\alpha}_3=\begin{pmatrix}1\\1\\1+\lambda\end{pmatrix},\quad \boldsymbol{\beta}=\begin{pmatrix}0\\\lambda\\\lambda^2\end{pmatrix},$$

问 λ 取何值时:

(1) $\boldsymbol{\beta}$ 可由 $\boldsymbol{\alpha}_1,\boldsymbol{\alpha}_2,\boldsymbol{\alpha}_3$ 线性表示,且表达式唯一?

(2) $\boldsymbol{\beta}$ 可由 $\boldsymbol{\alpha}_1,\boldsymbol{\alpha}_2,\boldsymbol{\alpha}_3$ 线性表示,但表达式不唯一?

(3) $\boldsymbol{\beta}$ 不能由 $\boldsymbol{\alpha}_1,\boldsymbol{\alpha}_2,\boldsymbol{\alpha}_3$ 线性表示?

第三节　齐次线性方程组

由前面已经知道,齐次线性方程组

$$\begin{cases} a_{11}x_1+a_{12}x_2+\cdots+a_{1n}x_n=0, \\ a_{21}x_1+a_{22}x_2+\cdots+a_{2n}x_n=0, \\ \cdots\cdots\cdots\cdots \\ a_{m1}x_1+a_{m2}x_2+\cdots+a_{mn}x_n=0, \end{cases}$$

可表示成

$$\boldsymbol{Ax}=\boldsymbol{0}.$$

其中,

$$\boldsymbol{A}=\boldsymbol{A}_{m\times n}=\begin{pmatrix} a_{11} & a_{12} & \cdots & a_{1n} \\ a_{21} & a_{22} & \cdots & a_{2n} \\ \vdots & \vdots & & \vdots \\ a_{m1} & a_{m2} & \cdots & a_{mn} \end{pmatrix},$$

是方程组(4.6)的系数矩阵,$\boldsymbol{x}=(x_1\quad x_2\quad\cdots\quad x_n)^{\mathrm{T}}$ 是(4.6)的 n 个未知数构成的向量.方程组的解 $\boldsymbol{\xi}=(c_1,c_2,\cdots,c_n)^{\mathrm{T}}$ 称为解向量.

1. 齐次线性方程组 $Ax=0$ 解的结构

所谓解的结构,就是方程组的解与解之间的关系.若线性方程组只有唯一解,则没有什么结构问题.在有多个解的情况下,通过研究解的结构,方程组的全部解可以用有限个解表示出来.

记 $S=\{\boldsymbol{x}|\boldsymbol{Ax}=\boldsymbol{0}\}$,则 S 表示齐次线性方程组 $\boldsymbol{Ax}=\boldsymbol{0}$解的全体,且集合 S 具有如下性质:

(1) 若 $\boldsymbol{\xi}_1,\boldsymbol{\xi}_2\in S$,那么 $\boldsymbol{\xi}_1+\boldsymbol{\xi}_2\in S$,即两个解的和还是方程组的解.

(2) 若 $\boldsymbol{\xi}\in S,k\in\mathbf{R}$,那么 $k\boldsymbol{\xi}\in S$,即一个解的倍数还是方程组的解.

证明　(1) 设 $\boldsymbol{\xi}_1,\boldsymbol{\xi}_2\in S$,则 $\boldsymbol{A\xi}_1=\boldsymbol{0},\boldsymbol{A\xi}_2=\boldsymbol{0}$. $\boldsymbol{A}(\boldsymbol{\xi}_1+\boldsymbol{\xi}_2)=\boldsymbol{A\xi}_1+\boldsymbol{A\xi}_2=\boldsymbol{0}+\boldsymbol{0}=\boldsymbol{0}$,所以 $\boldsymbol{\xi}_1+\boldsymbol{\xi}_2\in S$.

(2) 设 $\boldsymbol{\xi}\in S$,则 $\boldsymbol{A\xi}=\boldsymbol{0}$. $\forall k\in\mathbf{R},\boldsymbol{A}(k\boldsymbol{\xi})=k(\boldsymbol{A\xi})=k\cdot\boldsymbol{0}=\boldsymbol{0}$,所以 $k\boldsymbol{\xi}\in S$.

由集合 S 的性质可知:若 $\boldsymbol{Ax}=\boldsymbol{0}$ 有非零解,那么,这些解的任意线性组合仍然是解.因此,齐次线性方程组若有非零解,则必有无穷多个解.

2. 解空间　基础解系　通解

上面讨论了齐次线性方程组的解向量集合 S 的性质,由前面可知,S 是 R^n 的一个子空间.于是有下面的定理

定理 4.5 n个未知数的齐次线性方程组$\boldsymbol{Ax}=\boldsymbol{0}$的解向量集$S$是$R^n$的一个子空间.

定义 4.1 称子空间S是齐次线性方程组$\boldsymbol{Ax}=\boldsymbol{0}$的解空间,解空间$S$的任意一个基(即$S$的极大无关组)称为齐次线性方程组$\boldsymbol{Ax}=\boldsymbol{0}$的基础解系.

根据向量空间的知识,只要找出向量空间的任意一个基,这个向量空间中的每个向量就都能由这个基线性表示.因此,如果找出解空间S的任意一个基础解系,解空间S中的任何解就都能由这个基础解系线性表示.

齐次线性方程组$\boldsymbol{Ax}=\boldsymbol{0}$的基础解系可能有很多个,这些基础解系彼此等价,它们的生成空间都是解空间S.

设$\boldsymbol{\xi}_1,\boldsymbol{\xi}_2,\cdots,\boldsymbol{\xi}_s$是齐次线性方程组$\boldsymbol{Ax}=\boldsymbol{0}$的一个基础解系,那么,对任意常数$k_1,k_2,\cdots,k_s$,

$$k_1\boldsymbol{\xi}_1+k_2\boldsymbol{\xi}_2+\cdots+k_s\boldsymbol{\xi}_s \tag{4.10}$$

是$\boldsymbol{Ax}=\boldsymbol{0}$的解.解的表达形式(4.10)称为齐次线性方程组$\boldsymbol{Ax}=\boldsymbol{0}$的通解或一般解.所以解齐次线性方程组$\boldsymbol{Ax}=\boldsymbol{0}$的关键是求出它的一个基础解系.

求方程组$\boldsymbol{Ax}=\boldsymbol{0}$的基础解系,首先要了解基础解系中有多少个向量,也就是要知道解空间S的维数是多少;其次是怎样求得齐次线性方程组的一个基础解系.

3. 齐次线性方程组的主要定理

定理 4.6 设齐次线性方程组$\boldsymbol{Ax}=\boldsymbol{0}$的系数矩阵$\boldsymbol{A}$是$m\times n$阶矩阵,且$R(\boldsymbol{A})=r$,则方程组$\boldsymbol{Ax}=\boldsymbol{0}$的基础解系中有$n-r$个向量,即解空间$S$的维数$\dim S=n-r$.

证明 对矩阵$\boldsymbol{A}$作初等行变换得到矩阵$\boldsymbol{B}$,则两个方程组$\boldsymbol{Ax}=\boldsymbol{0}$与$\boldsymbol{Bx}=\boldsymbol{0}$是同解方程组.

不失一般性,设矩阵$\boldsymbol{A}$的前r行、前r列所构成的r阶子式不为0. 因为$R(\boldsymbol{A})=r$,利用矩阵的初等行变换将$\boldsymbol{A}$化为阶梯形矩阵,进一步化为简单阶梯形矩阵,有

$$\boldsymbol{A}=\begin{pmatrix} a_{11} & a_{12} & \cdots & a_{1n} \\ a_{21} & a_{22} & \cdots & a_{2n} \\ \vdots & \vdots & & \vdots \\ a_{m1} & a_{m2} & \cdots & a_{mn} \end{pmatrix} \to \begin{pmatrix} 1 & 0 & \cdots & 0 & b_{11} & \cdots & b_{1,n-r} \\ 0 & 1 & \cdots & 0 & b_{21} & \cdots & b_{2,n-r} \\ \vdots & \vdots & & \vdots & \vdots & & \vdots \\ 0 & 0 & \cdots & 1 & b_{r1} & \cdots & b_{r,n-r} \\ 0 & 0 & \cdots & 0 & 0 & \cdots & 0 \\ \vdots & \vdots & & \vdots & \vdots & & \vdots \\ 0 & 0 & \cdots & 0 & 0 & \cdots & 0 \end{pmatrix},$$

故方程组

$$\begin{cases} x_1+b_{11}x_{r+1}+b_{12}x_{r+2}+\cdots+b_{1,n-r}x_n=0, \\ x_2+b_{21}x_{r+1}+b_{22}x_{r+2}+\cdots+b_{2,n-r}x_n=0, \\ \cdots\cdots\cdots\cdots \\ x_r+b_{r1}x_{r+1}+b_{r2}x_{r+2}+\cdots+b_{r,n-r}x_n=0, \end{cases} \tag{4.11}$$

与原方程组是同解的方程组．把式(4.11)改写为

$$\begin{cases} x_1=-b_{11}x_{r+1}-b_{12}x_{r+2}-\cdots-b_{1,n-r}x_n, \\ x_2=-b_{21}x_{r+1}-b_{22}x_{r+2}-\cdots-b_{2,n-r}x_n, \\ \cdots\cdots\cdots\cdots \\ x_r=-b_{r1}x_{r+1}-b_{r2}x_{r+2}-\cdots-b_{r,n-r}x_n, \end{cases} \tag{4.12}$$

对于(4.12)，任意给定 $x_{r+1},x_{r+2},\cdots,x_n$ 一组数值，代入到(4.12)中都可求出(4.12)的一个解，也就是 $\boldsymbol{Ax}=\boldsymbol{0}$ 的一个解．称 $x_{r+1},x_{r+2},\cdots,x_n$ 为方程组(4.12)的自由变量．

现在，令 $\begin{pmatrix} x_{r+1} \\ x_{r+2} \\ \vdots \\ x_n \end{pmatrix}$，分别取 $n-r$ 组数：$\begin{pmatrix} 1 \\ 0 \\ \vdots \\ 0 \end{pmatrix}$，$\begin{pmatrix} 0 \\ 1 \\ \vdots \\ 0 \end{pmatrix}$，…，$\begin{pmatrix} 0 \\ 0 \\ \vdots \\ 1 \end{pmatrix}$ 代入(4.12)中依次可确定 $\begin{pmatrix} x_1 \\ x_2 \\ \vdots \\ x_r \end{pmatrix}$ 为

$$\begin{pmatrix} -b_{11} \\ -b_{21} \\ \vdots \\ -b_{r1} \end{pmatrix},\quad \begin{pmatrix} -b_{12} \\ -b_{22} \\ \vdots \\ -b_{r2} \end{pmatrix},\quad \cdots,\quad \begin{pmatrix} -b_{1,n-r} \\ -b_{2,n-r} \\ \vdots \\ -b_{r,n-r} \end{pmatrix}.$$

从而得到 $\boldsymbol{Ax}=\boldsymbol{0}$ 的 $n-r$ 个解

$$\boldsymbol{\xi}_1=\begin{pmatrix} -b_{11} \\ -b_{21} \\ \vdots \\ -b_{r1} \\ 1 \\ 0 \\ \vdots \\ 0 \end{pmatrix},\quad \boldsymbol{\xi}_2=\begin{pmatrix} -b_{12} \\ -b_{22} \\ \vdots \\ -b_{r2} \\ 0 \\ 1 \\ \vdots \\ 0 \end{pmatrix},\quad \cdots,\quad \boldsymbol{\xi}_{n-r}=\begin{pmatrix} -b_{1,n-r} \\ -b_{2,n-r} \\ \vdots \\ -b_{r,n-r} \\ 0 \\ 0 \\ \vdots \\ 1 \end{pmatrix},$$

由于向量组 $\boldsymbol{\xi}_1,\boldsymbol{\xi}_2,\cdots,\boldsymbol{\xi}_{n-r}$ 构成的矩阵的秩是 $n-r$，所以 $\boldsymbol{\xi}_1,\boldsymbol{\xi}_2,\cdots,\boldsymbol{\xi}_{n-r}$ 是齐次线性方程组 $\boldsymbol{Ax}=\boldsymbol{0}$ 的 $n-r$ 个线性无关的解．

最后，证明 $\boldsymbol{Ax}=\boldsymbol{0}$ 的任意一个解都可由 $\boldsymbol{\xi}_1,\boldsymbol{\xi}_2,\cdots,\boldsymbol{\xi}_{n-r}$ 线性表示．

设齐次线性方程组 $\boldsymbol{Ax}=\boldsymbol{0}$ 的一个解为

$$\boldsymbol{\xi}=(k_1\quad\cdots\quad k_r\quad k_{r+1}\quad\cdots\quad k_n)^{\mathrm{T}},\tag{4.13}$$

因为 $\boldsymbol{\xi}_1,\boldsymbol{\xi}_2,\cdots,\boldsymbol{\xi}_{n-r}$ 是 $\boldsymbol{Ax}=\boldsymbol{0}$ 的解，由齐次线性方程组的解空间的性质，线性组合

$$\boldsymbol{\zeta}=k_{r+1}\boldsymbol{\xi}_1+k_{r+2}\boldsymbol{\xi}_2+\cdots+k_n\boldsymbol{\xi}_{n-r}\tag{4.14}$$

也是 $\boldsymbol{Ax}=\boldsymbol{0}$ 的一个解．

$$\begin{aligned}
\boldsymbol{\xi}-\boldsymbol{\zeta}&=\boldsymbol{\xi}-k_{r+1}\boldsymbol{\xi}_1-k_{r+2}\boldsymbol{\xi}_2-\cdots-k_n\boldsymbol{\xi}_{n-r}\\
&=\begin{pmatrix}k_1\\k_2\\\vdots\\k_r\\k_{r+1}\\k_{r+2}\\\vdots\\k_n\end{pmatrix}-k_{r+1}\begin{pmatrix}-b_{11}\\-b_{21}\\\vdots\\-b_{r1}\\1\\0\\\vdots\\0\end{pmatrix}-k_{r+2}\begin{pmatrix}-b_{12}\\-b_{22}\\\vdots\\-b_{r2}\\0\\1\\\vdots\\0\end{pmatrix}-\cdots-k_n\begin{pmatrix}-b_{1,n-r}\\-b_{2,n-r}\\\vdots\\-b_{r,n-r}\\0\\0\\\vdots\\1\end{pmatrix}\\
&=\begin{pmatrix}k_1+b_{11}k_{r+1}+b_{12}k_{r+2}+\cdots+b_{1,n-r}k_n\\k_2+b_{21}k_{r+1}+b_{22}k_{r+2}+\cdots+b_{2,n-r}k_n\\\vdots\\k_r+b_{r1}k_{r+1}+b_{r2}k_{r+2}+\cdots+b_{r,n-r}k_n\\0\\\vdots\\0\end{pmatrix}.
\end{aligned}$$

因为 $\boldsymbol{\xi}=(k_1\quad\cdots\quad k_r\quad k_{r+1}\quad\cdots\quad k_n)^{\mathrm{T}}$ 是 $\boldsymbol{Ax}=\boldsymbol{0}$ 的解，所以 $k_1,\cdots,k_r,k_{r+1},\cdots,k_n$ 满足式(4.11)，故 $\boldsymbol{\xi}-\boldsymbol{\zeta}=\boldsymbol{0}$，于是有

$$\boldsymbol{\xi}=\boldsymbol{\zeta}=k_{r+1}\boldsymbol{\xi}_1+k_{r+2}\boldsymbol{\xi}_2+\cdots+k_n\boldsymbol{\xi}_{n-r}.$$

由于 $\boldsymbol{\xi}_1,\boldsymbol{\xi}_2,\cdots,\boldsymbol{\xi}_{n-r}$ 线性无关，且 $\boldsymbol{Ax}=\boldsymbol{0}$ 的任意一个解都可由这 $n-r$ 个解向量线性表示，所以 $\boldsymbol{\xi}_1,\boldsymbol{\xi}_2,\cdots,\boldsymbol{\xi}_{n-r}$ 是齐次线性方程组 $\boldsymbol{Ax}=\boldsymbol{0}$ 的一个基础解系，方程组 $\boldsymbol{Ax}=\boldsymbol{0}$ 的任意一个基础解系中都有 $n-r$ 个解向量，解空间 S 的维数 $\dim S=n-r$.

4．应用举例

定理 4.6 的证明过程，给出了一个具体找基础解系的方法．在求解齐次线性方程组过程中，常常把 $\boldsymbol{Ax}=\boldsymbol{0}$ 的同解方程组(4.12)改写为

$$\begin{cases} x_1=-b_{11}x_{r+1}-b_{12}x_{r+2}-\cdots-b_{1,n-r}x_n, \\ \qquad\cdots\cdots\cdots\cdots \\ x_r=-b_{r1}x_{r+1}-b_{r2}x_{r+2}-\cdots-b_{r,n-r}x_n, \\ x_{r+1}=x_{r+1}, \\ \qquad\cdots\cdots\cdots\cdots \\ x_n=x_n. \end{cases} \tag{4.15}$$

令 $x_{r+1}=k_1, x_{r+2}=k_2, \cdots, x_n=k_{n-r}$，式(4.15)写成向量的线性组合形式

$$\begin{pmatrix} x_1 \\ \vdots \\ x_r \\ x_{r+1} \\ \vdots \\ x_n \end{pmatrix}=k_1\begin{pmatrix} -b_{11} \\ \vdots \\ -b_{r1} \\ 1 \\ \vdots \\ 0 \end{pmatrix}+\cdots+k_{n-r}\begin{pmatrix} -b_{1,n-r} \\ \vdots \\ -b_{r,n-r} \\ 0 \\ \vdots \\ 1 \end{pmatrix}. \tag{4.16}$$

式(4.16)是方程组 $\boldsymbol{Ax}=\boldsymbol{0}$ 的通解的向量形式，右边的 $n-r$ 个向量就是 $\boldsymbol{Ax}=\boldsymbol{0}$ 的一个基础解系．

利用矩阵的初等行变换可求解齐次线性方程组的解．

例 9 求方程组

$$\begin{cases} x_1+x_2+x_3+x_4=0, \\ 2x_1+3x_2+x_3-3x_4=0, \\ x_1+2x_3+6x_4=0, \\ 4x_1+5x_2+3x_3-x_4=0 \end{cases}$$

的一个基础解系并求其通解．

解 对方程组的系数矩阵作初等行变换化成简单阶梯形矩阵：

$$\boldsymbol{A}=\begin{pmatrix} 1 & 1 & 1 & 1 \\ 2 & 3 & 1 & -3 \\ 1 & 0 & 2 & 6 \\ 4 & 5 & 3 & -1 \end{pmatrix} \rightarrow \begin{pmatrix} 1 & 1 & 1 & 1 \\ 0 & 1 & -1 & -5 \\ 0 & -1 & 1 & 5 \\ 0 & 1 & -1 & -5 \end{pmatrix}$$

$$\rightarrow\begin{pmatrix}1&1&1&1\\0&1&-1&-5\\0&0&0&0\\0&0&0&0\end{pmatrix}\rightarrow\begin{pmatrix}1&0&2&6\\0&1&-1&-5\\0&0&0&0\\0&0&0&0\end{pmatrix},$$

得同解方程组

$$\begin{cases}x_1=-2x_3-6x_4,\\x_2=x_3+5x_4.\end{cases}$$

将同解方程组改写成

$$\begin{cases}x_1=-2x_3-6x_4,\\x_2=x_3+5x_4,\\x_3=x_3,\\x_4=x_4,\end{cases}$$

令 $x_3=k_1, x_4=k_2$,得方程组的通解

$$\boldsymbol{x}=k_1\begin{pmatrix}-2\\1\\1\\0\end{pmatrix}+k_2\begin{pmatrix}-6\\5\\0\\1\end{pmatrix}\quad(k_1,k_2\in\mathbf{R}),$$

其中

$$\boldsymbol{\xi}_1=\begin{pmatrix}-2\\1\\1\\0\end{pmatrix},\quad\boldsymbol{\xi}_2=\begin{pmatrix}-6\\5\\0\\1\end{pmatrix}$$

就是原方程组的一个基础解系.

例 10　求解齐次方程组

$$\begin{cases}x_1+x_2-2x_3+x_4=0,\\2x_1-x_2-x_3+x_4=0,\\4x_1-6x_2+2x_3-2x_4=0,\\3x_1+6x_2-9x_3+7x_4=0.\end{cases}$$

解　对方程组的系数矩阵作初等行变换化为简单阶梯形矩阵:

$$A=\begin{pmatrix}1&1&-2&1\\2&-1&-1&1\\4&-6&2&-2\\3&6&-9&7\end{pmatrix}\to\begin{pmatrix}1&1&-2&1\\0&-3&3&-1\\0&-5&5&-3\\0&3&-3&4\end{pmatrix}$$

$$\to\begin{pmatrix}1&1&-2&1\\0&-3&3&0\\0&0&0&1\\0&0&0&0\end{pmatrix}\to\begin{pmatrix}1&0&-1&0\\0&-1&1&0\\0&0&0&1\\0&0&0&0\end{pmatrix},$$

即得

$$\begin{cases}x_1=x_3,\\x_2=x_3,\\x_3=x_3,\\x_4=0.\end{cases}$$

令 $x_3=k$ 得通解

$$\begin{pmatrix}x_1\\x_2\\x_3\\x_4\end{pmatrix}=k\begin{pmatrix}1\\1\\1\\0\end{pmatrix}\quad(k\in\mathbf{R}),$$

一个基础解系为

$$\begin{pmatrix}1\\1\\1\\0\end{pmatrix}.$$

习　题　4.3

1. 求解下列齐次方程组：

(1) $\begin{cases}x_1+x_2+2x_3-x_4=0,\\2x_1+x_2+x_3-x_4=0,\\2x_1+2x_2+x_3+2x_4=0;\end{cases}$　(2) $\begin{cases}x_1+2x_2+x_3-x_4=0,\\3x_1+6x_2-x_3-3x_4=0,\\5x_1+10x_2+x_3-5x_4=0;\end{cases}$

(3) $\begin{cases}x_1-3x_2+x_3-2x_4=0,\\5x_1-x_2+2x_3-3x_4=0,\\x_1+11x_2-2x_3+5x_4=0,\\3x_1+5x_2+x_4=0.\end{cases}$

2. 设$\boldsymbol{A}=\begin{pmatrix}1&2&3&4\\2&3&4&5\end{pmatrix}$,求一个 4×2 矩阵 $\boldsymbol{B}$,使 $\boldsymbol{AB}=\boldsymbol{O}$,且 $R(\boldsymbol{B})=2$.

3. 求一个齐次线性方程组,使它的基础解系为

$$\boldsymbol{\xi}_1=(0,1,2,3)^{\mathrm{T}},\quad \boldsymbol{\xi}_2=(3,2,1,0)^{\mathrm{T}}.$$

4. 设 $\boldsymbol{A},\boldsymbol{B}$ 都是 n 阶矩阵,且 $\boldsymbol{AB}=\boldsymbol{O}$,证明 $R(\boldsymbol{A})+R(\boldsymbol{B})\leqslant n$.

5. 设四元齐次线性方程组(Ⅰ)为$\begin{cases}x_1+x_2=0,\\x_2-x_4=0,\end{cases}$又已知某线性齐次方程组(Ⅱ)的通解为 $k_1(0,1,1,0)^{\mathrm{T}}+k_2(-1,2,2,1)^{\mathrm{T}}$;

(1) 求线性方程(Ⅰ)的通解;

(2) 问线性方程线组(Ⅰ)和(Ⅱ)是否有非零公共解?若有,则求出所有的非零公共解.若没有,则说明理由.

6. 已知三阶矩阵 $\boldsymbol{B}\neq\boldsymbol{O}$,且 $\boldsymbol{B}$ 的每一个列向量都是方程组

$$\begin{cases}x_1+2x_2-2x_3=0,\\2x_1-x_2+\lambda x_3=0,\\3x_1+x_2-x_3=0,\end{cases}$$

的解.(1) 求 λ 的值;(2) 证明 $|\boldsymbol{B}|=0$.

7. 设 $\boldsymbol{\alpha}_1,\boldsymbol{\alpha}_2,\boldsymbol{\alpha}_3$ 线性无关,问 l,m 满足什么条件时,向量组 $l\boldsymbol{\alpha}_2-\boldsymbol{\alpha}_1$,$m\boldsymbol{\alpha}_3-\boldsymbol{\alpha}_2$,$\boldsymbol{\alpha}_1-\boldsymbol{\alpha}_3$ 也线性无关.

8. 设向量组 $\boldsymbol{\alpha}_1,\boldsymbol{\alpha}_2,\cdots,\boldsymbol{\alpha}_r$ 线性无关,作以下线性组合

$$\boldsymbol{\beta}_1=\boldsymbol{\alpha}_1+k_1\boldsymbol{\alpha}_r,\quad \boldsymbol{\beta}_2=\boldsymbol{\alpha}_2+k_2\boldsymbol{\alpha}_r,\quad \cdots,\quad \boldsymbol{\beta}_{r-1}=\boldsymbol{\alpha}_{r-1}+k_{r-1}\boldsymbol{\alpha}_r,$$

证明 $\boldsymbol{\beta}_1,\boldsymbol{\beta}_2,\cdots,\boldsymbol{\beta}_{r-1}$ 也线性无关.

9. 已知向量组 $\boldsymbol{\alpha}_1,\boldsymbol{\alpha}_2,\cdots,\boldsymbol{\alpha}_s(s\geqslant 2)$ 线性无关,设

$$\boldsymbol{\beta}_1=\boldsymbol{\alpha}_1+\boldsymbol{\alpha}_2,\quad \boldsymbol{\beta}_2=\boldsymbol{\alpha}_2+\boldsymbol{\alpha}_3,\quad \cdots,\quad \boldsymbol{\beta}_{s-1}=\boldsymbol{\alpha}_{s-1}+\boldsymbol{\alpha}_s,\quad \boldsymbol{\beta}_s=\boldsymbol{\alpha}_s+\boldsymbol{\alpha}_1.$$

试讨论向量组 $\boldsymbol{\beta}_1,\boldsymbol{\beta}_2,\cdots,\boldsymbol{\beta}_s$ 的线性相关性.

10. 设 $\boldsymbol{\alpha}_1,\boldsymbol{\alpha}_2,\boldsymbol{\alpha}_3$ 是齐次线性方程组 $\boldsymbol{Ax}=\boldsymbol{0}$ 的一个基础解系,证明 $\boldsymbol{\alpha}_1+\boldsymbol{\alpha}_2$,$\boldsymbol{\alpha}_2+\boldsymbol{\alpha}_3$,$\boldsymbol{\alpha}_3+\boldsymbol{\alpha}_1$ 也是该方程组的一个基础解系.

11. 设 $\boldsymbol{A}$ 是 n 阶矩阵,若存在正整数 k,使线性方程组 $\boldsymbol{A}^k\boldsymbol{x}=\boldsymbol{0}$ 有解向量 $\boldsymbol{\alpha}$,$\boldsymbol{A}^{k-1}\boldsymbol{\alpha}\neq\boldsymbol{0}$,证明:向量组 $\boldsymbol{\alpha},\boldsymbol{A\alpha},\cdots,\boldsymbol{A}^{k-1}\boldsymbol{\alpha}$ 是线性无关的.

12. 选择题.

(1) 要使 $\boldsymbol{\xi}_1=\begin{pmatrix}1\\0\\2\end{pmatrix}$,$\boldsymbol{\xi}_2=\begin{pmatrix}0\\1\\-1\end{pmatrix}$都是线性方程组 $\boldsymbol{Ax}=\boldsymbol{0}$ 的解,只要系数矩阵 $\boldsymbol{A}$ 为(　　).

(A) $(-2\quad 1\quad 1)$　(B) $\begin{pmatrix}2 & 0 & -1\\0 & 1 & 1\end{pmatrix}$

(C) $\begin{pmatrix}-1 & 0 & 2\\0 & 1 & -1\end{pmatrix}$　(D) $\begin{pmatrix}0 & 1 & -1\\4 & -2 & -2\\0 & 1 & 1\end{pmatrix}$

(2) 已知 $\boldsymbol{Q}=\begin{pmatrix}1 & 2 & 3\\2 & 4 & t\\3 & 6 & 9\end{pmatrix}$，$\boldsymbol{P}$ 为 3 阶非零矩阵，且满足 $\boldsymbol{PQ}=\boldsymbol{O}$，则(　　).

(A) $t=6$ 时 $\boldsymbol{P}$ 的秩必为 1　(B) $t=6$ 时 $\boldsymbol{P}$ 的秩必为 2

(C) $t\neq 6$ 时 $\boldsymbol{P}$ 的秩必为 1　(D) $t\neq 6$ 时 $\boldsymbol{P}$ 的秩必为 2

(3) 已知向量组 $\boldsymbol{\alpha}_1,\boldsymbol{\alpha}_2,\boldsymbol{\alpha}_3,\boldsymbol{\alpha}_4$ 线性无关，则向量组(　　).

(A) $\boldsymbol{\alpha}_1+\boldsymbol{\alpha}_2,\boldsymbol{\alpha}_2+\boldsymbol{\alpha}_3,\boldsymbol{\alpha}_3+\boldsymbol{\alpha}_4,\boldsymbol{\alpha}_4+\boldsymbol{\alpha}_1$ 线性无关

(B) $\boldsymbol{\alpha}_1-\boldsymbol{\alpha}_2,\boldsymbol{\alpha}_2-\boldsymbol{\alpha}_3,\boldsymbol{\alpha}_3-\boldsymbol{\alpha}_4,\boldsymbol{\alpha}_4-\boldsymbol{\alpha}_1$ 线性无关

(C) $\boldsymbol{\alpha}_1+\boldsymbol{\alpha}_2,\boldsymbol{\alpha}_2+\boldsymbol{\alpha}_3,\boldsymbol{\alpha}_3+\boldsymbol{\alpha}_4,\boldsymbol{\alpha}_4-\boldsymbol{\alpha}_1$ 线性无关

(D) $\boldsymbol{\alpha}_1+\boldsymbol{\alpha}_2,\boldsymbol{\alpha}_2+\boldsymbol{\alpha}_3,\boldsymbol{\alpha}_3-\boldsymbol{\alpha}_4,\boldsymbol{\alpha}_4-\boldsymbol{\alpha}_1$ 线性无关

(4) 设 $\boldsymbol{A},\boldsymbol{B}$ 为 n 阶方阵，满足等式 $\boldsymbol{AB}=\boldsymbol{O}$，则必有(　　).

(A) $\boldsymbol{A}=\boldsymbol{O}$ 或 $\boldsymbol{B}=\boldsymbol{O}$　(B) $\boldsymbol{A}+\boldsymbol{B}=\boldsymbol{O}$

(C) $|\boldsymbol{A}|=0$ 或 $|\boldsymbol{B}|=0$　(D) $|\boldsymbol{A}|+|\boldsymbol{B}|=0$

(5) 齐次线性方程组

$$\begin{cases}\lambda x_1+x_2+\lambda^2 x_3=0,\\x_1+\lambda x_2+x_3=0,\\x_1+x_2+\lambda x_3=0\end{cases}$$

的系数矩阵记为 $\boldsymbol{A}$，若存在三阶矩阵 $\boldsymbol{B}\neq\boldsymbol{O}$ 使得 $\boldsymbol{AB}=\boldsymbol{O}$，则(　　).

(A) $\lambda=-2$ 且 $|\boldsymbol{B}|=0$　(B) $\lambda=-3$ 且 $|\boldsymbol{B}|\neq 0$

(C) $\lambda=1$ 且 $|\boldsymbol{B}|=0$　(D) $\lambda=1$ 且 $|\boldsymbol{B}|\neq 0$

第四节　非齐次线性方程组

非齐次线性方程组(4.1)

$$\begin{cases}a_{11}x_1+a_{12}x_2+\cdots+a_{1n}x_n=b_1,\\a_{21}x_1+a_{22}x_2+\cdots+a_{2n}x_n=b_2,\\\cdots\cdots\cdots\cdots\\a_{m1}x_1+a_{m2}x_2+\cdots+a_{mn}x_n=b_m,\end{cases}$$

可表示成

$$\boldsymbol{Ax}=\boldsymbol{b}.$$

其中，$\boldsymbol{A}=\boldsymbol{A}_{m\times n}$是方程组(4.1)的系数矩阵，$\boldsymbol{x}$是(4.1)的$n$个未知数构成的向量，$\boldsymbol{b}=(b_1\ \ b_2\ \ \cdots\ \ b_m)^{\mathrm{T}}\neq\boldsymbol{0}$是方程组(4.1)的常数项向量．

1．非齐次线性方程组 $Ax=b$ 的解的结构

把齐次线性方程组$\boldsymbol{Ax}=\boldsymbol{0}$称为非齐次线性方程组(4.1)的导出方程组，或称为与方程组(4.1)对应的齐次方程组．

非齐次线性方程组$\boldsymbol{Ax}=\boldsymbol{b}$的解与它的导出方程组$\boldsymbol{Ax}=\boldsymbol{0}$的解之间有着密切的联系．

定理 4.7 非齐次线性方程组$\boldsymbol{Ax}=\boldsymbol{b}$的解与它的导出方程组$\boldsymbol{Ax}=\boldsymbol{0}$的解之间有如下关系：

(1) 设$\boldsymbol{\eta}_1,\boldsymbol{\eta}_2$是$\boldsymbol{Ax}=\boldsymbol{b}$的解，则$\boldsymbol{\eta}_1-\boldsymbol{\eta}_2$是$\boldsymbol{Ax}=\boldsymbol{0}$的解；

(2) $\boldsymbol{\eta}$是$\boldsymbol{Ax}=\boldsymbol{b}$的解，$\boldsymbol{\xi}$是$\boldsymbol{Ax}=\boldsymbol{0}$的解，则$\boldsymbol{\xi}+\boldsymbol{\eta}$是$\boldsymbol{Ax}=\boldsymbol{b}$的解．

证明 设导出方程组$\boldsymbol{Ax}=\boldsymbol{0}$的解空间为$S$.

(1) 因$\boldsymbol{\eta}_1,\boldsymbol{\eta}_2$是$\boldsymbol{Ax}=\boldsymbol{b}$的解，则$\boldsymbol{A\eta}_1=\boldsymbol{b},\boldsymbol{A\eta}_2=\boldsymbol{b}$. 所以

$$\boldsymbol{A}(\boldsymbol{\eta}_1-\boldsymbol{\eta}_2)=\boldsymbol{A\eta}_1-\boldsymbol{A\eta}_2=\boldsymbol{b}-\boldsymbol{b}=\boldsymbol{0}.$$

所以$\boldsymbol{\eta}_1-\boldsymbol{\eta}_2\in S$，即$\boldsymbol{\eta}_1-\boldsymbol{\eta}_2$是$\boldsymbol{Ax}=\boldsymbol{0}$的解．

(2) 因$\boldsymbol{\xi}\in S,\boldsymbol{\eta}$是$\boldsymbol{Ax}=\boldsymbol{b}$的解，则$\boldsymbol{A\xi}=\boldsymbol{0},\boldsymbol{A\eta}=\boldsymbol{b}$. 所以

$$\boldsymbol{A}(\boldsymbol{\xi}+\boldsymbol{\eta})=\boldsymbol{A\xi}+\boldsymbol{A\eta}=\boldsymbol{0}+\boldsymbol{b}=\boldsymbol{b}.$$

所以$\boldsymbol{\xi}+\boldsymbol{\eta}$是$\boldsymbol{Ax}=\boldsymbol{b}$的解．

定理 4.8 设$\boldsymbol{\eta}_0$是非齐次线性方程组$\boldsymbol{Ax}=\boldsymbol{b}$的一个特解，则$\boldsymbol{Ax}=\boldsymbol{b}$的任一个解$\boldsymbol{\eta}$都可表示为

$$\boldsymbol{\eta}=\boldsymbol{\xi}+\boldsymbol{\eta}_0,\tag{4.17}$$

其中，$\boldsymbol{\xi}$是导出方程组$\boldsymbol{Ax}=\boldsymbol{0}$的解．

若$\boldsymbol{\xi}_1,\boldsymbol{\xi}_2,\cdots,\boldsymbol{\xi}_{n-r}$是导出方程组$\boldsymbol{Ax}=\boldsymbol{0}$的一个基础解系，那么非齐次线性方程组$\boldsymbol{Ax}=\boldsymbol{b}$的通解为

$$\boldsymbol{\eta}=k_1\boldsymbol{\xi}_1+k_2\boldsymbol{\xi}_2+\cdots+k_{n-r}\boldsymbol{\xi}_{n-r}+\boldsymbol{\eta}_0.\tag{4.18}$$

证明 因为

$$\boldsymbol{\eta}=(\boldsymbol{\eta}-\boldsymbol{\eta}_0)+\boldsymbol{\eta}_0,$$

据定理 4.7，$\boldsymbol{\eta}-\boldsymbol{\eta}_0$是导出方程组$\boldsymbol{Ax}=\boldsymbol{0}$的一个解．记$\boldsymbol{\xi}=\boldsymbol{\eta}-\boldsymbol{\eta}_0$就得到式(4.17). 由齐次线性方程组中的定理 4.6，

$$\boldsymbol{\xi}=k_1\boldsymbol{\xi}_1+k_2\boldsymbol{\xi}_2+\cdots+k_{n-r}\boldsymbol{\xi}_{n-r},$$

将此式代入(4.17)即得(4.18).

由此可知，非齐次线性方程组$\boldsymbol{Ax}=\boldsymbol{b}$的通解等于导出方程组$\boldsymbol{Ax}=\boldsymbol{0}$的通解与方程组$\boldsymbol{Ax}=\boldsymbol{b}$的一个特解之和．

2．利用矩阵的初等行变换求解非齐次线性方程组

求解非齐次线性方程组 $\boldsymbol{Ax}=\boldsymbol{b}$ 的过程可分为以下几个步骤：

(1) 判断系数矩阵的秩 $R(\boldsymbol{A})$是否等于增广矩阵的秩 $R(\overline{\boldsymbol{A}})$，由此检验非齐次线性方程组是否有解；

(2) 如果 $R(\boldsymbol{A})=R(\overline{\boldsymbol{A}})$，应用齐次线性方程组的理论求出导出方程组$\boldsymbol{Ax}=\boldsymbol{0}$的通解；

(3) 求出 $\boldsymbol{Ax}=\boldsymbol{b}$ 的一个特解；

(4) 写出 $\boldsymbol{Ax}=\boldsymbol{b}$ 的通解．

利用矩阵的初等行变换，上述 4 个步骤可以一并解决．具体方法如下：

对增广矩阵 $\overline{\boldsymbol{A}}$ 施行矩阵的初等行变换得到简单阶梯形矩阵

$$\overline{\boldsymbol{A}}=(\boldsymbol{A} \mid \boldsymbol{b})\rightarrow\begin{pmatrix}1 & \cdots & 0 & b_{1,r+1} & \cdots & b_{1n} & d_1\\ \vdots & & \vdots & \vdots & & \vdots & \vdots\\ 0 & \cdots & 1 & b_{r,r+1} & \cdots & b_{rn} & d_r\\ 0 & \cdots & 0 & 0 & \cdots & 0 & d_{r+1}\\ 0 & \cdots & 0 & 0 & \cdots & 0 & 0\\ \vdots & & \vdots & \vdots & & \vdots & \vdots\\ 0 & \cdots & 0 & 0 & \cdots & 0 & 0\end{pmatrix},$$

其中，可能 $d_{r+1}=0$，也可能 $d_{r+1}\neq 0$. 可看出 $R(\boldsymbol{A})=R(\overline{\boldsymbol{A}})$ 等价于 $d_{r+1}=0$，即 $d_{r+1}=0$ 是 $\boldsymbol{Ax}=\boldsymbol{b}$ 有解的充分必要条件．$d_{r+1}\neq 0$ 时，方程组 $\boldsymbol{Ax}=\boldsymbol{b}$ 无解．

当 $d_{r+1}=0$ 时，方程组 $\boldsymbol{Ax}=\boldsymbol{b}$ 的一个同解方程组为

$$\begin{cases}x_1+b_{1,r+1}x_{r+1}+\cdots+b_{1n}x_n=d_1,\\ x_2+b_{2,r+1}x_{r+1}+\cdots+b_{2n}x_n=d_2,\\ \cdots\cdots\cdots\cdots\\ x_r+b_{r,r+1}x_{r+1}+\cdots+b_{rn}x_n=d_r.\end{cases}\tag{4.19}$$

当 $r=n$ 时，方程组有唯一的解；

当 $r<n$ 时，把(4.19)改写成

$$\begin{cases}x_1=-b_{1,r+1}x_{r+1}-b_{1,r+2}x_{r+2}-\cdots-b_{1n}x_n+d_1,\\ \cdots\cdots\cdots\cdots\\ x_r=-b_{r,r+1}x_{r+1}-b_{r,r+2}x_{r+2}-\cdots-b_{rn}x_n+d_r,\\ x_{r+1}=x_{r+1},\\ \cdots\cdots\cdots\cdots\\ x_n=x_n.\end{cases}\tag{4.20}$$

令 $x_{r+1}=k_1, x_{r+2}=k_2, \cdots, x_n=k_{n-r}$，式(4.19)写成向量的线性组合形式

$$\begin{pmatrix} x_1 \\ \vdots \\ x_r \\ x_{r+1} \\ x_{r+2} \\ \vdots \\ x_n \end{pmatrix}=k_1\begin{pmatrix} -b_{1,r+1} \\ \vdots \\ -b_{r,r+1} \\ 1 \\ 0 \\ \vdots \\ 0 \end{pmatrix}+k_2\begin{pmatrix} -b_{2,r+2} \\ \vdots \\ -b_{2,r+2} \\ 0 \\ 1 \\ \vdots \\ 0 \end{pmatrix}+\cdots+k_{n-r}\begin{pmatrix} -b_{1n} \\ \vdots \\ -b_{rn} \\ 0 \\ 0 \\ \vdots \\ 1 \end{pmatrix}+\begin{pmatrix} d_1 \\ \vdots \\ d_r \\ 0 \\ 0 \\ \vdots \\ 0 \end{pmatrix}. \tag{4.21}$$

(4.21)就是非齐次线性方程组 $\boldsymbol{A}\boldsymbol{x}=\boldsymbol{b}$ 的通解形式．$\boldsymbol{A}\boldsymbol{x}=\boldsymbol{b}$ 的一个特解为 $\boldsymbol{\eta}_0=(d_1 \ \cdots \ d_r \ 0 \ \cdots \ 0)^{\mathrm{T}}$，式(4.21)等号右边其他的 $n-r$ 个向量是导出方程组 $\boldsymbol{A}\boldsymbol{x}=\boldsymbol{0}$ 的一个基础解系．

3．举　例

例 11　求解非齐次线性方程组

$$\begin{cases} x_1-2x_2+3x_3-x_4=1, \\ 3x_1-x_2+5x_3-3x_4=4, \\ 2x_1+x_2+2x_3-2x_4=3. \end{cases}$$

解　对增广矩阵 $\overline{\boldsymbol{A}}$ 施行初等行变换化成简单阶梯形矩阵

$$\overline{\boldsymbol{A}}=\begin{pmatrix} 1 & -2 & 3 & -1 & 1 \\ 3 & -1 & 5 & -3 & 4 \\ 2 & 1 & 2 & -2 & 3 \end{pmatrix} \to \begin{pmatrix} 1 & -2 & 3 & -1 & 1 \\ 0 & 5 & -4 & 0 & 1 \\ 0 & 0 & 0 & 0 & 0 \end{pmatrix}$$

$$\to \begin{pmatrix} 1 & 0 & \frac{7}{5} & -1 & \frac{7}{5} \\ 0 & 1 & -\frac{4}{5} & 0 & \frac{1}{5} \\ 0 & 0 & 0 & 0 & 0 \end{pmatrix},$$

可见，$R(\boldsymbol{A})=R(\overline{\boldsymbol{A}})=2$，所以方程组有解．原方程组的同解方程组为

$$\begin{cases} x_1=-\frac{7}{5}x_3+x_4+\frac{7}{5}, \\ x_2=\frac{4}{5}x_3+\frac{1}{5}, \\ x_3=x_3, \\ x_4=x_4, \end{cases}$$

故方程组的通解为

$$\begin{pmatrix} x_1 \\ x_2 \\ x_3 \\ x_4 \end{pmatrix} = k_1 \begin{pmatrix} -\frac{7}{5} \\ \frac{4}{5} \\ 1 \\ 0 \end{pmatrix} + k_2 \begin{pmatrix} 1 \\ 0 \\ 0 \\ 1 \end{pmatrix} + \begin{pmatrix} \frac{7}{5} \\ \frac{1}{5} \\ 0 \\ 0 \end{pmatrix}, (k_1, k_2 \in \mathbf{R}).$$

例 12　a, b 为何值时，线性方程组

$$\begin{cases} x_1 + ax_2 + x_3 = 3, \\ x_1 + 2ax_2 + x_3 = 4, \\ x_1 + x_2 + bx_3 = 4 \end{cases}$$

有唯一解，无解或有无穷多解？在有无穷多解时，求其通解？

解

$$|\mathbf{A}| = \begin{vmatrix} 1 & a & 1 \\ 1 & 2a & 1 \\ 1 & 1 & b \end{vmatrix} = a(b-1),$$

(1) 当 $|\mathbf{A}| \neq 0$，即 $a \neq 0$ 且 $b \neq 1$ 时，由克莱姆法则可知方程组有唯一解；

(2) 当 $a = 0$ 时，

$$\overline{\mathbf{A}} = \begin{pmatrix} 1 & 0 & 1 & 3 \\ 1 & 0 & 1 & 4 \\ 1 & 1 & b & 4 \end{pmatrix} \to \begin{pmatrix} 1 & 0 & 1 & 3 \\ 0 & 0 & 0 & 1 \\ 0 & 1 & b-1 & 1 \end{pmatrix} \to \begin{pmatrix} 1 & 0 & 1 & 3 \\ 0 & 1 & b-1 & 1 \\ 0 & 0 & 0 & 1 \end{pmatrix},$$

可见，$R(\mathbf{A}) = 2$，$R(\overline{\mathbf{A}}) = 3$，此时方程组无解 .

(3) 当 $b = 1$ 时，

$$\overline{\mathbf{A}} = \begin{pmatrix} 1 & a & 1 & 3 \\ 1 & 2a & 1 & 4 \\ 1 & 1 & 1 & 4 \end{pmatrix} \to \begin{pmatrix} 1 & 0 & 1 & 2 \\ 0 & 1 & 0 & 2 \\ 0 & 0 & 0 & 1-2a \end{pmatrix},$$

当 $a \neq \frac{1}{2}$ 时，$R(\mathbf{A}) = 2 \neq R(\overline{\mathbf{A}}) = 3$，此时方程组无解；

当 $a = \frac{1}{2}$ 时，$R(\mathbf{A}) = R(\overline{\mathbf{A}}) = 2$，方程组有无穷多解 .

一个同解方程组为

$$\begin{cases} x_1 + x_3 = 2, \\ x_2 = 2, \\ x_3 = x_3, \end{cases}$$

通解为

$$\boldsymbol{x}=k\begin{pmatrix}-1\\0\\1\end{pmatrix}+\begin{pmatrix}2\\2\\0\end{pmatrix},(k\in\mathbf{R}).$$

例 13 已知四元线性方程组 $\boldsymbol{Ax}=\boldsymbol{b}$ 的三个解是 $\boldsymbol{\eta}_1,\boldsymbol{\eta}_2,\boldsymbol{\eta}_3$，且

$$\boldsymbol{\eta}_1=\begin{pmatrix}1\\2\\3\\4\end{pmatrix},\quad \boldsymbol{\eta}_2+\boldsymbol{\eta}_3=\begin{pmatrix}3\\5\\7\\9\end{pmatrix},\quad R(\boldsymbol{A})=3,$$

求方程组的通解．

解 $\boldsymbol{\xi}=\boldsymbol{\eta}_2+\boldsymbol{\eta}_3-2\boldsymbol{\eta}_1=(1\quad 1\quad 1\quad 1)^{\mathrm{T}}$ 是导出方程组 $\boldsymbol{Ax}=\boldsymbol{0}$ 的解．由于 $n=4,n-R(\boldsymbol{A})=1$，所以 $\boldsymbol{Ax}=\boldsymbol{0}$ 的基础解系由一个解向量构成．因此，

$$\boldsymbol{\xi}=(1\quad 1\quad 1\quad 1)^{\mathrm{T}}$$

就是 $\boldsymbol{Ax}=\boldsymbol{0}$ 的基础解系．方程组的通解是

$$\begin{pmatrix}x_1\\x_2\\x_3\\x_4\end{pmatrix}=k\begin{pmatrix}1\\1\\1\\1\end{pmatrix}+\begin{pmatrix}1\\2\\3\\4\end{pmatrix},\quad (k\in\mathbf{R}).$$

习 题 4.4

1. 判断下列非齐次线性方程组是否有解，有解时求其解．

(1) $\begin{cases}4x_1+2x_2-x_3=2,\\3x_1-x_2+2x_3=10,\\11x_1+3x_2=8;\end{cases}$ (2) $\begin{cases}2x_1+x_2+2x_3+x_4=1,\\x_1+2x_2+x_3-x_4=2,\\x_1+x_2+2x_3+x_4=3;\end{cases}$

(3) $\begin{cases}2x_1+x_2-x_3+x_4=1,\\4x_1+2x_2-2x_3+x_4=2,\\2x_1+x_2-x_3-x_4=1.\end{cases}$

2. 讨论 a,b 取何值时，方程组

$$\begin{cases}ax_1+x_2+x_3=4,\\x_1+bx_2+x_3=3,\\x_1+3bx_2+x_3=4\end{cases}$$

有唯一解？无解？有无穷多解？当方程组有解时，求它的全部解．

3. 设

$$\boldsymbol{A}=\begin{pmatrix}1&1&1&\cdots&1\\a_1&a_2&a_3&\cdots&a_n\\a_1^2&a_2^2&a_3^2&\cdots&a_n^2\\\vdots&\vdots&\vdots&&\vdots\\a_1^{n-1}&a_2^{n-1}&a_3^{n-1}&\cdots&a_n^{n-1}\end{pmatrix},\quad \boldsymbol{x}=\begin{pmatrix}x_1\\x_2\\x_3\\\vdots\\x_n\end{pmatrix},\quad \boldsymbol{b}=\begin{pmatrix}1\\1\\1\\\vdots\\1\end{pmatrix},$$

其中$a_i\neq a_j(i\neq j;i,j=1,2,\cdots,n)$，求线性方程组$\boldsymbol{A}^{\mathrm{T}}\boldsymbol{x}=\boldsymbol{b}$的解．

4. 设四元非齐次线性方程组的系数矩阵的秩为3，已知$\boldsymbol{\eta}_1,\boldsymbol{\eta}_2,\boldsymbol{\eta}_3$是它的三个解向量，其中

$$\boldsymbol{\eta}_1=\begin{pmatrix}2\\0\\5\\-1\end{pmatrix},\quad \boldsymbol{\eta}_2+\boldsymbol{\eta}_3=\begin{pmatrix}1\\9\\8\\8\end{pmatrix},$$

求该方程组的通解．

5. 设$\boldsymbol{\eta}$是非齐次线性方程组$\boldsymbol{Ax}=\boldsymbol{b}$的一个解，$\boldsymbol{\xi}_1,\boldsymbol{\xi}_2,\cdots,\boldsymbol{\xi}_{n-r}$是对应齐次线性方程组$\boldsymbol{Ax}=\boldsymbol{0}$的基础解系，证明

(1) $\boldsymbol{\eta},\boldsymbol{\xi}_1,\boldsymbol{\xi}_2,\cdots,\boldsymbol{\xi}_{n-r}$线性无关；

(2) $\boldsymbol{\eta},\boldsymbol{\eta}+\boldsymbol{\xi}_1,\boldsymbol{\eta}+\boldsymbol{\xi}_2,\cdots,\boldsymbol{\eta}+\boldsymbol{\xi}_{n-r}$线性无关．

6. 选择题.

(1) 已知$\boldsymbol{\beta}_1,\boldsymbol{\beta}_2$是非齐次线性方程组$\boldsymbol{Ax}=\boldsymbol{b}$的两个不同的解，$\boldsymbol{\alpha}_1,\boldsymbol{\alpha}_2$是对应齐次线性方程组$\boldsymbol{Ax}=\boldsymbol{0}$的基础解系，$k_1,k_2$为任意常数，则方程组$\boldsymbol{Ax}=\boldsymbol{b}$的通解必是(　　).

(A) $k_1\boldsymbol{\alpha}_1+k_2(\boldsymbol{\alpha}_1+\boldsymbol{\alpha}_2)+\dfrac{\boldsymbol{\beta}_1-\boldsymbol{\beta}_2}{2}$

(B) $k_1\boldsymbol{\alpha}_1+k_2(\boldsymbol{\alpha}_1-\boldsymbol{\alpha}_2)+\dfrac{\boldsymbol{\beta}_1+\boldsymbol{\beta}_2}{2}$

(C) $k_1\boldsymbol{\alpha}_1+k_2(\boldsymbol{\beta}_1+\boldsymbol{\beta}_2)+\dfrac{\boldsymbol{\beta}_1-\boldsymbol{\beta}_2}{2}$

(D) $k_1\boldsymbol{\alpha}_1+k_2(\boldsymbol{\beta}_1-\boldsymbol{\beta}_2)+\dfrac{\boldsymbol{\beta}_1+\boldsymbol{\beta}_2}{2}$

(2) 设$\boldsymbol{A}$是$m\times n$矩阵，则下列结论正确的是(　　).

(A) 若$\boldsymbol{Ax}=\boldsymbol{0}$仅有零解，则$\boldsymbol{Ax}=\boldsymbol{b}$有唯一解

(B) 若$\boldsymbol{Ax}=\boldsymbol{0}$有非零解，则$\boldsymbol{Ax}=\boldsymbol{b}$有无穷多个解

(C) 若$\boldsymbol{Ax}=\boldsymbol{b}$有无穷多个解，则$\boldsymbol{Ax}=\boldsymbol{0}$仅有零解

(D) 若$\boldsymbol{Ax}=\boldsymbol{b}$有无穷多个解，则$\boldsymbol{Ax}=\boldsymbol{0}$有非零解

第五章 特征值与特征向量

数学和工程技术中的许多问题(如解线性微分方程组、简化矩阵的计算、振动和稳定问题等)的数量关系,常常可归结为求矩阵的特征值与特征向量的问题.本章将介绍特征值与特征向量、矩阵的相似对角化.

第一节 内积与正交向量组

1. 向量的内积

定义 5.1 设 $\boldsymbol{\alpha}=(a_1,a_2,a_3,\cdots,a_n)^{\mathrm{T}}$,$\boldsymbol{\beta}=(b_1,b_2,b_3,\cdots,b_n)^{\mathrm{T}}$ 是 R^n 中两个向量,令

$$\langle\boldsymbol{\alpha},\boldsymbol{\beta}\rangle=a_1b_1+a_2b_2+\cdots+a_nb_n,$$

称$\langle\boldsymbol{\alpha},\boldsymbol{\beta}\rangle$为向量 $\boldsymbol{\alpha},\boldsymbol{\beta}$ 的内积.

显然,内积是 R^3 中向量的数量积概念的推广.利用矩阵的乘法,向量 $\boldsymbol{\alpha},\boldsymbol{\beta}$ 的内积可表示为$\langle\boldsymbol{\alpha},\boldsymbol{\beta}\rangle=\boldsymbol{\alpha}^{\mathrm{T}}\boldsymbol{\beta}$.

内积是向量的一种运算,它具有下列性质($\boldsymbol{\alpha},\boldsymbol{\beta},\boldsymbol{\gamma}\in R^n$,$k$ 为实数):

(1) 对称性:$\langle\boldsymbol{\alpha},\boldsymbol{\beta}\rangle=\langle\boldsymbol{\beta},\boldsymbol{\alpha}\rangle$

(2) 可加性:$\langle\boldsymbol{\alpha}+\boldsymbol{\beta},\boldsymbol{\gamma}\rangle=\langle\boldsymbol{\alpha},\boldsymbol{\gamma}\rangle+\langle\boldsymbol{\beta},\boldsymbol{\gamma}\rangle$

(3) 齐次性:$\langle k\boldsymbol{\alpha},\boldsymbol{\beta}\rangle=\langle\boldsymbol{\alpha},k\boldsymbol{\beta}\rangle=k\langle\boldsymbol{\alpha},\boldsymbol{\beta}\rangle$

(4) 非负性:$\langle\boldsymbol{\alpha},\boldsymbol{\alpha}\rangle\geqslant 0$,当且仅当 $\boldsymbol{\alpha}=\mathbf{0}$ 时,$\langle\boldsymbol{\alpha},\boldsymbol{\alpha}\rangle=0$.

在三维空间 R^3 中,向量 $\boldsymbol{\alpha},\boldsymbol{\beta}$ 的内积$\langle\boldsymbol{\alpha},\boldsymbol{\beta}\rangle=|\boldsymbol{\alpha}|\cdot|\boldsymbol{\beta}|\cos\theta$,其中 θ 是两向量 $\boldsymbol{\alpha},\boldsymbol{\beta}$ 之间的夹角.$\langle\boldsymbol{\alpha},\boldsymbol{\alpha}\rangle=|\boldsymbol{\alpha}|^2=a_1^2+a_2^2+a_3^2$ 表示向量 $\boldsymbol{\alpha}$ 长度的平方.下面将 R^3 中向量长度和夹角的概念推广到 R^n 中的向量.

定义 5.2 设 $\boldsymbol{\alpha}\in R^n$,定义

$$\|\boldsymbol{\alpha}\|=\sqrt{\langle\boldsymbol{\alpha},\boldsymbol{\alpha}\rangle}=\sqrt{a_1^2+a_2^2+\cdots+a_n^2},$$

称 $\|\boldsymbol{\alpha}\|$ 为向量 $\boldsymbol{\alpha}$ 的长度(模或范数).当 $\|\boldsymbol{\alpha}\|=1$ 时,则称 $\boldsymbol{\alpha}$ 为单位向量.

显然，当 $\boldsymbol{\alpha}=\mathbf{0}$ 时，$\|\boldsymbol{\alpha}\|=0$. 当 $\boldsymbol{\alpha}\neq\mathbf{0}$ 时，则 $\|\boldsymbol{\alpha}\|>0$，$\dfrac{\boldsymbol{\alpha}}{\|\boldsymbol{\alpha}\|}$ 是与 $\boldsymbol{\alpha}$ 方向相同的单位向量．由 $\boldsymbol{\alpha}(\neq\mathbf{0})$ 求出单位向量 $\dfrac{\boldsymbol{\alpha}}{\|\boldsymbol{\alpha}\|}$，叫做把向量 $\boldsymbol{\alpha}$ 单位化．

定理 5.1 若 $\boldsymbol{\alpha},\boldsymbol{\beta}\in R^n$，则 $|\langle\boldsymbol{\alpha},\boldsymbol{\beta}\rangle|\leqslant\|\boldsymbol{\alpha}\|\cdot\|\boldsymbol{\beta}\|$，且等号成立的充分必要条件是向量 $\boldsymbol{\alpha}$ 与 $\boldsymbol{\beta}$ 线性相关．

证明 令 $\varphi(\lambda)=\|\boldsymbol{\alpha}+\lambda\boldsymbol{\beta}\|^2$，则

$$\varphi(\lambda)=\langle\boldsymbol{\alpha}+\lambda\boldsymbol{\beta},\boldsymbol{\alpha}+\lambda\boldsymbol{\beta}\rangle=\langle\boldsymbol{\alpha},\boldsymbol{\alpha}\rangle+2\lambda\langle\boldsymbol{\alpha},\boldsymbol{\beta}\rangle+\lambda^2\langle\boldsymbol{\beta},\boldsymbol{\beta}\rangle$$

是一元二次函数．由于 $\varphi\geqslant0$，所以 $\Delta=4\langle\boldsymbol{\alpha},\boldsymbol{\beta}\rangle^2-4\langle\boldsymbol{\alpha},\boldsymbol{\alpha}\rangle\langle\boldsymbol{\beta},\boldsymbol{\beta}\rangle\leqslant0$，即

$$|\langle\boldsymbol{\alpha},\boldsymbol{\beta}\rangle|\leqslant\sqrt{\langle\boldsymbol{\alpha},\boldsymbol{\alpha}\rangle\langle\boldsymbol{\beta},\boldsymbol{\beta}\rangle}=\|\boldsymbol{\alpha}\|\cdot\|\boldsymbol{\beta}\|.$$

若等号成立，则 $\Delta=0$，此时 $\varphi(\lambda)=0$ 有根 λ_0，$\varphi(\lambda_0)=\|\boldsymbol{\alpha}+\lambda_0\boldsymbol{\beta}\|^2=0$. 故 $\boldsymbol{\alpha}+\lambda_0\boldsymbol{\beta}=\mathbf{0}$，亦即向量 $\boldsymbol{\alpha}$ 与 $\boldsymbol{\beta}$ 线性相关．

定义 5.3 设 $\boldsymbol{\alpha},\boldsymbol{\beta}\in R^n$，$\boldsymbol{\alpha}\neq\mathbf{0}$，$\boldsymbol{\beta}\neq\mathbf{0}$，规定两向量 $\boldsymbol{\alpha}$ 与 $\boldsymbol{\beta}$ 的夹角由式

$$\cos\theta=\frac{\langle\boldsymbol{\alpha},\boldsymbol{\beta}\rangle}{\|\boldsymbol{\alpha}\|\cdot\|\boldsymbol{\beta}\|},\quad(0\leqslant\theta\leqslant\pi)$$

所确定．当 $\langle\boldsymbol{\alpha},\boldsymbol{\beta}\rangle=0$ 时，则称 $\boldsymbol{\alpha}$ 与 $\boldsymbol{\beta}$ 正交，记为 $\boldsymbol{\alpha}\perp\boldsymbol{\beta}$.

显然，零向量与任何向量正交．

例 1 R^n 中向量组

$$\boldsymbol{e}_1=(1,0,0,\cdots,0)^{\mathrm{T}},\quad \boldsymbol{e}_2=(0,1,0,\cdots,0)^{\mathrm{T}},\quad \cdots,\quad \boldsymbol{e}_n=(0,0,\cdots,0,1)^{\mathrm{T}}$$

中的向量都是单位向量，且它们两两正交．

定理 5.2 设 $\boldsymbol{A}$ 为 $m\times n$ 矩阵，$\boldsymbol{x}$ 为 n 维列向量，$\boldsymbol{y}$ 为 m 维列向量，则有

$$\langle\boldsymbol{Ax},\boldsymbol{y}\rangle=\langle\boldsymbol{x},\boldsymbol{A}^{\mathrm{T}}\boldsymbol{y}\rangle.$$

证明 由于

$$\boldsymbol{Ax}=\begin{pmatrix}a_{11}&a_{12}&\cdots&a_{1n}\\a_{21}&a_{22}&\cdots&a_{2n}\\\vdots&\vdots&&\vdots\\a_{m1}&a_{m2}&\cdots&a_{mn}\end{pmatrix}\begin{pmatrix}x_1\\x_2\\\vdots\\x_n\end{pmatrix}=\begin{pmatrix}a_{11}x_1+a_{12}x_2+\cdots+a_{1n}x_n\\a_{21}x_1+a_{22}x_2+\cdots+a_{2n}x_n\\\vdots\\a_{m1}x_1+a_{m2}x_2+\cdots+a_{mn}x_n\end{pmatrix},$$

所以

$$\langle\boldsymbol{Ax},\boldsymbol{y}\rangle=y_1\sum_{k=1}^{n}a_{1k}x_k+y_2\sum_{k=1}^{n}a_{2k}x_k+\cdots+y_m\sum_{k=1}^{n}a_{mk}x_k.$$

又因为

$$\boldsymbol{A}^{\mathrm{T}}\boldsymbol{y}=\begin{pmatrix}a_{11}&a_{21}&\cdots&a_{m1}\\a_{12}&a_{22}&\cdots&a_{m2}\\\vdots&\vdots&&\vdots\\a_{1n}&a_{2n}&\cdots&a_{mn}\end{pmatrix}\begin{pmatrix}y_1\\y_2\\\vdots\\y_m\end{pmatrix}=\begin{pmatrix}a_{11}x_1+a_{21}y_2+\cdots+a_{m1}y_m\\a_{12}x_1+a_{22}y_2+\cdots+a_{m2}y_m\\\vdots\\a_{1n}x_1+a_{2n}y_2+\cdots+a_{mn}y_m\end{pmatrix},$$

所以

$$\langle \boldsymbol{x},\boldsymbol{A}^{\mathrm{T}}\boldsymbol{y}\rangle = x_1\sum_{i=1}^{m}a_{i1}y_i + x_2\sum_{i=1}^{m}a_{i2}y_i+\cdots+x_n\sum_{i=1}^{m}a_{in}y_i.$$

重新合并同类项,得

$$\langle \boldsymbol{x},\boldsymbol{A}^{\mathrm{T}}\boldsymbol{y}\rangle = y_1\sum_{k=1}^{n}a_{1k}x_k + y_2\sum_{k=1}^{n}a_{2k}x_k+\cdots+y_m\sum_{k=1}^{n}a_{mk}x_k=\langle \boldsymbol{Ax},\boldsymbol{y}\rangle.$$

2. 正交向量组

由两两正交的非零向量构成的向量组称为正交向量组,例 1 中的向量组就是一个正交向量组.正交向量组有如下性质:

定理 5.3　若 $\boldsymbol{\alpha}_1,\boldsymbol{\alpha}_2,\cdots,\boldsymbol{\alpha}_r$ 是一个非零正交向量组,则 $\boldsymbol{\alpha}_1,\boldsymbol{\alpha}_2,\cdots,\boldsymbol{\alpha}_r$ 线性无关.

证明　设有数 $k_1,k_2,\cdots,k_r$ 使 $k_1\boldsymbol{\alpha}_1+k_2\boldsymbol{\alpha}_2+\cdots+k_r\boldsymbol{\alpha}_r=\boldsymbol{0}$,那么,

$$\begin{aligned}0&=\langle \boldsymbol{0},\boldsymbol{\alpha}_1\rangle=\langle k_1\boldsymbol{\alpha}_1+k_2\boldsymbol{\alpha}_2+\cdots+k_r\boldsymbol{\alpha}_r,\boldsymbol{\alpha}_1\rangle\\&=k_1\langle\boldsymbol{\alpha}_1,\boldsymbol{\alpha}_1\rangle+k_2\langle\boldsymbol{\alpha}_2,\boldsymbol{\alpha}_1\rangle+\cdots+k_r\langle\boldsymbol{\alpha}_r,\boldsymbol{\alpha}_1\rangle\\&=k_1\langle\boldsymbol{\alpha}_1,\boldsymbol{\alpha}_1\rangle.\end{aligned}$$

由于正交向量组中的向量都是非零向量,故 $\langle\boldsymbol{\alpha}_1,\boldsymbol{\alpha}_1\rangle\neq0$,从而必有 $k_1=0$.类似可证 $k_2=k_3=\cdots=k_r=0$,于是向量组 $\boldsymbol{\alpha}_1,\boldsymbol{\alpha}_2,\cdots,\boldsymbol{\alpha}_r$ 线性无关.

例 2　设 $\boldsymbol{\alpha}_1=(1,1,1)^{\mathrm{T}},\boldsymbol{\alpha}_2=(1,t,1)^{\mathrm{T}},\boldsymbol{\alpha}_3=(-1,u,v)^{\mathrm{T}}$,问:$t,u,v$ 为何值时 $\{\boldsymbol{\alpha}_1,\boldsymbol{\alpha}_2,\boldsymbol{\alpha}_3\}$ 是正交向量组?

解　若 $\boldsymbol{\alpha}_1,\boldsymbol{\alpha}_2$ 正交,则 $\langle\boldsymbol{\alpha}_1,\boldsymbol{\alpha}_2\rangle=0$,即 $1+t+1=0,t=-2$.

设 $\{\boldsymbol{\alpha}_1,\boldsymbol{\alpha}_2,\boldsymbol{\alpha}_3\}$ 是正交向量组,则 $\langle\boldsymbol{\alpha}_1,\boldsymbol{\alpha}_3\rangle=\langle\boldsymbol{\alpha}_2,\boldsymbol{\alpha}_3\rangle=0$.即

$$\begin{cases}-1+u+v=0,\\-1-2u+v=0,\end{cases}$$

解得 $u=0,v=1$.

3. 正交规范基

定义 5.4　设 $\boldsymbol{\varepsilon}_1,\boldsymbol{\varepsilon}_2,\cdots,\boldsymbol{\varepsilon}_r$ 是 n 维空间 R^n 中 r 个向量构成的正交向量组,若它们都是单位向量,则称 $\boldsymbol{\varepsilon}_1,\boldsymbol{\varepsilon}_2,\cdots,\boldsymbol{\varepsilon}_r$ 为 R^n 的一个正交规范向量组.当 $r=n$ 时,又称 $\boldsymbol{\varepsilon}_1,\boldsymbol{\varepsilon}_2,\cdots,\boldsymbol{\varepsilon}_n$ 为 R^n 的一个正交规范基.

例 1 中的向量组 $\{\boldsymbol{e}_1,\boldsymbol{e}_2,\cdots,\boldsymbol{e}_n\}$ 是 R^n 的一个正交规范基.

例 3　把例 2 中得出的正交向量组 $\{\boldsymbol{\alpha}_1,\boldsymbol{\alpha}_2,\boldsymbol{\alpha}_3\}$ 单位化得

$$\boldsymbol{\varepsilon}_1=\frac{\boldsymbol{\alpha}_1}{\|\boldsymbol{\alpha}_1\|}=\frac{1}{\sqrt{3}}\begin{pmatrix}1\\1\\1\end{pmatrix},\quad \boldsymbol{\varepsilon}_2=\frac{\boldsymbol{\alpha}_2}{\|\boldsymbol{\alpha}_2\|}=\frac{1}{\sqrt{6}}\begin{pmatrix}1\\-2\\1\end{pmatrix},$$

$$\boldsymbol{\varepsilon}_3=\frac{\boldsymbol{\alpha}_3}{\|\boldsymbol{\alpha}_3\|}=\frac{1}{\sqrt{2}}\begin{pmatrix}-1\\0\\1\end{pmatrix},$$

$\boldsymbol{\varepsilon}_1,\boldsymbol{\varepsilon}_2,\boldsymbol{\varepsilon}_3$ 是 R^3 的一个正交规范基．

定理 5.4　设 $\boldsymbol{\varepsilon}_1,\boldsymbol{\varepsilon}_2,\cdots,\boldsymbol{\varepsilon}_n$ 是 R^n 的一个正交规范基，则对任意向量 $\boldsymbol{\alpha}\in R^n$，$\boldsymbol{\alpha}$ 在基 $\boldsymbol{\varepsilon}_1,\boldsymbol{\varepsilon}_2,\cdots,\boldsymbol{\varepsilon}_n$ 下的坐标为 $x_i=\langle\boldsymbol{\alpha},\boldsymbol{\varepsilon}_i\rangle(i=1,2,\cdots,n)$，即

$$\boldsymbol{\alpha}=\langle\boldsymbol{\alpha},\boldsymbol{\varepsilon}_1\rangle\boldsymbol{\varepsilon}_1+\langle\boldsymbol{\alpha},\boldsymbol{\varepsilon}_2\rangle\boldsymbol{\varepsilon}_2+\cdots+\langle\boldsymbol{\alpha},\boldsymbol{\varepsilon}_n\rangle\boldsymbol{\varepsilon}_n.$$

证明　设 $\boldsymbol{\alpha}=x_1\boldsymbol{\varepsilon}_1+x_2\boldsymbol{\varepsilon}_2+\cdots+x_n\boldsymbol{\varepsilon}_n$，利用 $\langle\boldsymbol{\varepsilon}_i,\boldsymbol{\varepsilon}_j\rangle=\delta_{ij}$，在等式两边用 $\boldsymbol{\varepsilon}_i$ 作内积得

$$\langle\boldsymbol{\alpha},\boldsymbol{\varepsilon}_i\rangle=\langle x_1\boldsymbol{\varepsilon}_1+x_2\boldsymbol{\varepsilon}_2+\cdots+x_n\boldsymbol{\varepsilon}_n,\boldsymbol{\varepsilon}_i\rangle=x_i\langle\boldsymbol{\varepsilon}_i,\boldsymbol{\varepsilon}_i\rangle=x_i.$$

4．施密特正交化方法

设 $\boldsymbol{\alpha}_1,\boldsymbol{\alpha}_2,\cdots,\boldsymbol{\alpha}_r$ 是 R^n 中的线性无关向量组，一般说来，这个向量组不一定是正交向量组，下面介绍由向量组 $\boldsymbol{\alpha}_1,\boldsymbol{\alpha}_2,\cdots,\boldsymbol{\alpha}_r$ 的线性组合构造正交向量组 $\boldsymbol{\beta}_1,\boldsymbol{\beta}_2,\cdots,\boldsymbol{\beta}_r$ 的方法．此方法称作施密特(Schmidt)正交化方法．

设 $\boldsymbol{\alpha}_1,\boldsymbol{\alpha}_2,\cdots,\boldsymbol{\alpha}_r$ 是线性无关向量组，取 $\boldsymbol{\beta}_1=\boldsymbol{\alpha}_1$，令

$$\boldsymbol{\beta}_2=k_1\boldsymbol{\alpha}_1+\boldsymbol{\alpha}_2=k_1\boldsymbol{\beta}_1+\boldsymbol{\alpha}_2,$$

选取适当的 k_1，使 $\langle\boldsymbol{\beta}_1,\boldsymbol{\beta}_2\rangle=0$. 由于

$$\langle\boldsymbol{\beta}_1,\boldsymbol{\beta}_2\rangle=\langle\boldsymbol{\beta}_2,\boldsymbol{\beta}_1\rangle=k_1\langle\boldsymbol{\beta}_1,\boldsymbol{\beta}_1\rangle+\langle\boldsymbol{\alpha}_2,\boldsymbol{\beta}_1\rangle=0,$$

所以当 $k_1=\dfrac{-\langle\boldsymbol{\alpha}_2,\boldsymbol{\beta}_1\rangle}{\langle\boldsymbol{\beta}_1,\boldsymbol{\beta}_1\rangle}$ 时，$\langle\boldsymbol{\beta}_1,\boldsymbol{\beta}_2\rangle=0$，从而

$$\boldsymbol{\beta}_2=\boldsymbol{\alpha}_2-\frac{\langle\boldsymbol{\alpha}_2,\boldsymbol{\beta}_1\rangle}{\langle\boldsymbol{\beta}_1,\boldsymbol{\beta}_1\rangle}\boldsymbol{\beta}_1,$$

再令 $\boldsymbol{\beta}_3=\boldsymbol{\alpha}_3+k_1\boldsymbol{\beta}_1+k_2\boldsymbol{\beta}_2$，选取适当的 k_1、k_2，使 $\langle\boldsymbol{\beta}_1,\boldsymbol{\beta}_3\rangle=0$，$\langle\boldsymbol{\beta}_2,\boldsymbol{\beta}_3\rangle=0$.

由 $\langle\boldsymbol{\beta}_3,\boldsymbol{\beta}_1\rangle=\langle\boldsymbol{\alpha}_3,\boldsymbol{\beta}_1\rangle+k_1\langle\boldsymbol{\beta}_1,\boldsymbol{\beta}_1\rangle+k_2\langle\boldsymbol{\beta}_2,\boldsymbol{\beta}_1\rangle=0$，$\langle\boldsymbol{\beta}_1,\boldsymbol{\beta}_2\rangle=0$，得

$$\langle\boldsymbol{\alpha}_3,\boldsymbol{\beta}_1\rangle+k_1\langle\boldsymbol{\beta}_1,\boldsymbol{\beta}_1\rangle=0,\ k_1=-\frac{\langle\boldsymbol{\alpha}_3,\boldsymbol{\beta}_1\rangle}{\langle\boldsymbol{\beta}_1,\boldsymbol{\beta}_1\rangle},$$

同理，由 $\langle\boldsymbol{\beta}_2,\boldsymbol{\beta}_3\rangle=0$，得 $k_2=-\dfrac{\langle\boldsymbol{\alpha}_3,\boldsymbol{\beta}_2\rangle}{\langle\boldsymbol{\beta}_2,\boldsymbol{\beta}_2\rangle}$，所以

$$\boldsymbol{\beta}_3=\boldsymbol{\alpha}_3-\frac{\langle\boldsymbol{\alpha}_3,\boldsymbol{\beta}_1\rangle}{\langle\boldsymbol{\beta}_1,\boldsymbol{\beta}_1\rangle}\boldsymbol{\beta}_1-\frac{\langle\boldsymbol{\alpha}_3,\boldsymbol{\beta}_2\rangle}{\langle\boldsymbol{\beta}_2,\boldsymbol{\beta}_2\rangle}\boldsymbol{\beta}_2.$$

一般有

$$\boldsymbol{\beta}_l=\boldsymbol{\alpha}_l-\frac{\langle\boldsymbol{\alpha}_l,\boldsymbol{\beta}_1\rangle}{\langle\boldsymbol{\beta}_1,\boldsymbol{\beta}_1\rangle}\boldsymbol{\beta}_1-\frac{\langle\boldsymbol{\alpha}_l,\boldsymbol{\beta}_2\rangle}{\langle\boldsymbol{\beta}_2,\boldsymbol{\beta}_2\rangle}\boldsymbol{\beta}_2-\cdots-\frac{\langle\boldsymbol{\alpha}_l,\boldsymbol{\beta}_{l-1}\rangle}{\langle\boldsymbol{\beta}_{l-1},\boldsymbol{\beta}_{l-1}\rangle}\boldsymbol{\beta}_{l-1},\quad (l\leqslant r).$$

如上所作，我们得出了一个由 $\boldsymbol{\alpha}_1,\boldsymbol{\alpha}_2,\cdots,\boldsymbol{\alpha}_r$ 线性组合表示的正交向量组 $\boldsymbol{\beta}_1,\boldsymbol{\beta}_2,\cdots,\boldsymbol{\beta}_r$. 不难证明，向量组 $\boldsymbol{\alpha}_1,\boldsymbol{\alpha}_2,\cdots,\boldsymbol{\alpha}_r$ 与 $\boldsymbol{\beta}_1,\boldsymbol{\beta}_2,\cdots,\boldsymbol{\beta}_r$ 是等价向量组. 上述过程也称作把向量组 $\boldsymbol{\alpha}_1,\boldsymbol{\alpha}_2,\cdots,\boldsymbol{\alpha}_r$ 正交化.

把上面得到的正交向量组 $\boldsymbol{\beta}_1,\boldsymbol{\beta}_2,\cdots,\boldsymbol{\beta}_r$ 单位化得

$$\boldsymbol{\varepsilon}_1=\frac{\boldsymbol{\beta}_1}{\|\boldsymbol{\beta}_1\|},\quad \boldsymbol{\varepsilon}_2=\frac{\boldsymbol{\beta}_2}{\|\boldsymbol{\beta}_2\|},\quad \cdots,\quad \boldsymbol{\varepsilon}_r=\frac{\boldsymbol{\beta}_r}{\|\boldsymbol{\beta}_r\|}.$$

这样，由线性无关向量组 $\boldsymbol{\alpha}_1,\boldsymbol{\alpha}_2,\cdots,\boldsymbol{\alpha}_r$ 得到了一个正交规范向量组 $\boldsymbol{\varepsilon}_1,\boldsymbol{\varepsilon}_2,\cdots,\boldsymbol{\varepsilon}_r$.

例 4 把向量组

$$\boldsymbol{\alpha}_1=\begin{pmatrix}1\\1\\0\end{pmatrix},\quad \boldsymbol{\alpha}_2=\begin{pmatrix}1\\0\\1\end{pmatrix},\quad \boldsymbol{\alpha}_3=\begin{pmatrix}-1\\0\\0\end{pmatrix}$$

化为正交规范向量组.

解 先得出正交向量组 $\boldsymbol{\beta}_1,\boldsymbol{\beta}_2,\boldsymbol{\beta}_3$，再将 $\boldsymbol{\beta}_1,\boldsymbol{\beta}_2,\boldsymbol{\beta}_3$ 单位化.

$$\boldsymbol{\beta}_1=\boldsymbol{\alpha}_1=\begin{pmatrix}1\\1\\0\end{pmatrix},$$

$$\boldsymbol{\beta}_2=\boldsymbol{\alpha}_2-\frac{\langle\boldsymbol{\alpha}_2,\boldsymbol{\beta}_1\rangle}{\langle\boldsymbol{\beta}_1,\boldsymbol{\beta}_1\rangle}\boldsymbol{\beta}_1=\begin{pmatrix}1\\0\\1\end{pmatrix}-\frac{1}{2}\begin{pmatrix}1\\1\\0\end{pmatrix}=\frac{1}{2}\begin{pmatrix}1\\-1\\2\end{pmatrix},$$

$$\boldsymbol{\beta}_3=\boldsymbol{\alpha}_3-\frac{\langle\boldsymbol{\alpha}_3,\boldsymbol{\beta}_1\rangle}{\langle\boldsymbol{\beta}_1,\boldsymbol{\beta}_1\rangle}\boldsymbol{\beta}_1-\frac{\langle\boldsymbol{\alpha}_3,\boldsymbol{\beta}_2\rangle}{\langle\boldsymbol{\beta}_2,\boldsymbol{\beta}_2\rangle}\boldsymbol{\beta}_2=\begin{pmatrix}-1\\0\\0\end{pmatrix}+\frac{1}{2}\begin{pmatrix}1\\1\\0\end{pmatrix}+\frac{1}{6}\begin{pmatrix}1\\-1\\2\end{pmatrix}=\frac{1}{3}\begin{pmatrix}-1\\1\\1\end{pmatrix}.$$

所以，$\boldsymbol{\beta}_1=(1\quad 1\quad 0)^{\mathrm{T}}$，$\boldsymbol{\beta}_2=\frac{1}{2}(1\quad -1\quad 2)^{\mathrm{T}}$，$\boldsymbol{\beta}_3=\frac{1}{3}(-1\quad 1\quad 1)^{\mathrm{T}}$ 是正交向量组.

计算可得 $\|\boldsymbol{\beta}_1\|=\sqrt{\langle\boldsymbol{\beta}_1,\boldsymbol{\beta}_1\rangle}=\sqrt{2}$，$\|\boldsymbol{\beta}_2\|=\frac{3}{\sqrt{6}}$，$\boldsymbol{\beta}_3=\frac{1}{\sqrt{3}}$，把 $\boldsymbol{\beta}_1,\boldsymbol{\beta}_2,\boldsymbol{\beta}_3$ 单位化得正交规范向量组

$$\boldsymbol{\varepsilon}_1=\frac{\boldsymbol{\beta}_1}{\|\boldsymbol{\beta}_1\|}=\left(\frac{1}{\sqrt{2}}\ \ \frac{1}{\sqrt{2}}\quad 0\right)^{\mathrm{T}},$$

$$\boldsymbol{\varepsilon}_2=\left(\frac{1}{\sqrt{6}}\ \ \frac{-1}{\sqrt{6}}\quad \frac{2}{\sqrt{6}}\right)^{\mathrm{T}},$$

$$\boldsymbol{\varepsilon}_3=\left(\frac{-1}{\sqrt{3}}\ \frac{1}{\sqrt{3}}\ \frac{1}{\sqrt{3}}\right)^{\mathrm{T}}.$$

用正交化方法,我们可以从 n 维空间 R^n 中的一个基,得到 R^n 的一个正交规范基.

习　题　5.1

1. 设 $\boldsymbol{\alpha}_1=(1,2,-1,1)^{\mathrm{T}},\boldsymbol{\alpha}_2=(2,3,1,-1)^{\mathrm{T}},\boldsymbol{\alpha}_3=(-1,-1,-2,2)^{\mathrm{T}}$,求

(1) $\boldsymbol{\alpha}_1,\boldsymbol{\alpha}_2,\boldsymbol{\alpha}_3$ 的长度和彼此之间夹角的余弦;

(2) 与 $\boldsymbol{\alpha}_1,\boldsymbol{\alpha}_2,\boldsymbol{\alpha}_3$ 都正交的向量.

2. 用施密特方法把向量组 $\boldsymbol{\alpha}_1=(1,1,0)^{\mathrm{T}},\boldsymbol{\alpha}_2=(1,1,1)^{\mathrm{T}},\boldsymbol{\alpha}_3=(0,1,1)^{\mathrm{T}}$ 正交化、单位化.

3. 设 $\boldsymbol{\alpha},\boldsymbol{\beta}$ 是 n 维向量,且 $\boldsymbol{\alpha}\perp\boldsymbol{\beta}$,试证: $\|\boldsymbol{\alpha}+\boldsymbol{\beta}\|^2=\|\boldsymbol{\alpha}\|^2+\|\boldsymbol{\beta}\|^2$.

4. 证明 $\boldsymbol{\alpha}\perp\boldsymbol{\beta}\Leftrightarrow\forall\lambda\in\mathbf{R},\|\boldsymbol{\alpha}+\lambda\boldsymbol{\beta}\|=\|\boldsymbol{\alpha}-\lambda\boldsymbol{\beta}\|$.

5. 设 $\boldsymbol{\alpha}_1=(1,1,1)^{\mathrm{T}},\boldsymbol{\alpha}_2=(1,t,1)^{\mathrm{T}}$,问 t 为何值时,$\{\boldsymbol{\alpha}_1,\boldsymbol{\alpha}_2\}$是正交向量组?求一个以$\{\boldsymbol{\alpha}_1,\boldsymbol{\alpha}_2\}$为真子集的正交向量组.

6. 已知 $\boldsymbol{\alpha}_1=(1,1,1)^{\mathrm{T}}$,求 R^3 中的包含向量 $\boldsymbol{\varepsilon}_1=\dfrac{\boldsymbol{\alpha}_1}{\|\boldsymbol{\alpha}_1\|}$ 的一个正交规范基.

第二节　特征值与特征向量

在应用问题中,一个非常重要的问题是:对于给定的 n 阶方阵 $\boldsymbol{A}$,是否存在 R^n 中的非零向量 $\boldsymbol{x}$,使得 $\boldsymbol{Ax}$ 与 $\boldsymbol{x}$ 平行?如果存在,怎样找这个 $\boldsymbol{x}$?

定义 5.5　设 $\boldsymbol{A}$ 是 n 阶方阵,如果存在数 λ 和非零向量 $\boldsymbol{x}$,使

$$\boldsymbol{Ax}=\lambda\boldsymbol{x},\tag{5.1}$$

则称 λ 为矩阵 $\boldsymbol{A}$ 的特征值,非零向量 $\boldsymbol{x}$ 称为 $\boldsymbol{A}$ 的对应于特征值 λ 的特征向量. $\boldsymbol{A}$ 的所有特征值的集合称为矩阵 $\boldsymbol{A}$ 的谱,记为 $\sigma(\boldsymbol{A})$.

1. 特征值的求法

式(5.1)可以改写为

$$(\boldsymbol{A}-\lambda\boldsymbol{E})\boldsymbol{x}=\mathbf{0}\quad 或\quad (\lambda\boldsymbol{E}-\boldsymbol{A})\boldsymbol{x}=\mathbf{0}.\tag{5.2}$$

方程组(5.2)是齐次线性方程组

$$\begin{cases}(a_{11}-\lambda)x_1+a_{12}x_2+\cdots+a_{1n}x_n=0,\\ a_{21}x_1+(a_{22}-\lambda)x_2+\cdots+a_{2n}x_n=0,\\ \cdots\cdots\cdots\cdots\\ a_{n1}x_1+a_{n2}x_2+\cdots+(a_{nn}-\lambda)x_n=0,\end{cases} \tag{5.3}$$

由于 $\boldsymbol{x}=(x_1,x_2,\cdots,x_n)^{\mathrm{T}}$ 是特征向量，$\boldsymbol{x}\neq\boldsymbol{0}$，所以齐次线性方程组(5.3)有非零解．由齐次方程组理论知，(5.3)有非零解的充分必要条件是系数行列式

$$|\boldsymbol{A}-\lambda\boldsymbol{E}|=0 \quad 或 \quad |\lambda\boldsymbol{E}-\boldsymbol{A}|=0, \tag{5.4}$$

即

$$\begin{vmatrix}a_{11}-\lambda & a_{12} & \cdots & a_{1n}\\ a_{21} & a_{22}-\lambda & \cdots & a_{2n}\\ \vdots & \vdots & & \vdots\\ a_{n1} & a_{n2} & \cdots & a_{nn}-\lambda\end{vmatrix}=0. \tag{5.5}$$

式(5.5)是以 λ 为未知数的 n 次多项式方程，称此多项式方程为方阵 $\boldsymbol{A}$ 的特征方程，记作 $f(\lambda)=0$，并称 $f(\lambda)=|\boldsymbol{A}-\lambda\boldsymbol{E}|$ 为方阵 $\boldsymbol{A}$ 的特征多项式．求给定方阵 $\boldsymbol{A}$ 的特征值就是求特征多项式 $f(\lambda)=|\boldsymbol{A}-\lambda\boldsymbol{E}|=0$ 的根．由于 n 次特征方程 $f(\lambda)=0$ 在复数范围内有 n 个根(重根按重数计算)，所以 n 阶方阵 $\boldsymbol{A}$ 有 n 个特征值．

例 5　设

$$\boldsymbol{A}=\begin{pmatrix}2 & -2 & 3\\ 1 & 1 & 1\\ 1 & 3 & -1\end{pmatrix},$$

求 $\boldsymbol{A}$ 的特征值．

解

$$f(\lambda)=|\boldsymbol{A}-\lambda\boldsymbol{E}|=\begin{vmatrix}2-\lambda & -2 & 3\\ 1 & 1-\lambda & 1\\ 1 & 3 & -1-\lambda\end{vmatrix}=-(\lambda+2)(\lambda-1)(\lambda-3),$$

由 $f(\lambda)=0$ 得 $\boldsymbol{A}$ 的特征值为 $\lambda_1=-2,\lambda_2=1,\lambda_3=3$，即 $\sigma(\boldsymbol{A})=\{-2,1,3\}$.

设 n 阶方阵 $\boldsymbol{A}$ 的特征值为 $\lambda_1,\lambda_2,\cdots,\lambda_n$，则矩阵 $\boldsymbol{A}$ 的特征多项式为

$$f(\lambda)=|\boldsymbol{A}-\lambda\boldsymbol{E}|=(\lambda_1-\lambda)(\lambda_2-\lambda)\cdots(\lambda_n-\lambda),$$

由多项式的根与系数之间的关系可得：

(1) $\lambda_1+\lambda_2+\cdots+\lambda_n=a_{11}+a_{22}+\cdots+a_{nn}$；　　(5.6)

(2) $\lambda_1\lambda_2\cdots\lambda_n=|\boldsymbol{A}|$.　　(5.7)

因此，方阵 $\boldsymbol{A}$ 可逆的充分必要条件是 $\boldsymbol{A}$ 的特征值均不为 0.

2．特征向量的求法

由特征向量的定义，$\boldsymbol{A}$ 的对应于特征值 λ 的特征向量 $\boldsymbol{x}$ 为齐次方程组(5.3)的非零解向量．

例 5 中，矩阵 $\boldsymbol{A}$ 对应于特征值 -2 的特征向量 $\boldsymbol{x}=(x_1,x_2,x_3)^{\mathrm{T}}$ 是齐次方程组 $(\boldsymbol{A}-(-2)\boldsymbol{E})\boldsymbol{x}=\boldsymbol{0}$ 的非零解，即齐次方程组

$$\begin{pmatrix}2-(-2) & -2 & 3\\ 1 & 1-(-2) & 1\\ 1 & 3 & -1-(-2)\end{pmatrix}\begin{pmatrix}x_1\\x_2\\x_3\end{pmatrix}=\begin{pmatrix}4 & -2 & 3\\ 1 & 3 & 1\\ 1 & 3 & 1\end{pmatrix}\begin{pmatrix}x_1\\x_2\\x_3\end{pmatrix}=\begin{pmatrix}0\\0\\0\end{pmatrix}$$

的非零解．此方程组的通解为

$$\begin{pmatrix}x_1\\x_2\\x_3\end{pmatrix}=k\begin{pmatrix}11\\1\\-14\end{pmatrix},$$

所以

$$\boldsymbol{p}_1=\begin{pmatrix}11\\1\\-14\end{pmatrix}$$

是 $\boldsymbol{A}$ 的对应于特征值 -2 的一个特征向量，$\boldsymbol{A}$ 的对应于特征值 -2 的特征向量全体为 $\{k\boldsymbol{p}_1 \mid k\neq 0\}$．

$\boldsymbol{A}$ 对应于特征值 1 的特征向量 $\boldsymbol{x}=(x_1\quad x_2\quad x_3)^{\mathrm{T}}$ 是齐次方程组

$$\begin{pmatrix}2-1 & -2 & 3\\ 1 & 1-1 & 1\\ 1 & 3 & -1-1\end{pmatrix}\begin{pmatrix}x_1\\x_2\\x_3\end{pmatrix}=\begin{pmatrix}0\\0\\0\end{pmatrix}$$

的非零解．此方程组的通解为

$$\begin{pmatrix}x_1\\x_2\\x_3\end{pmatrix}=k\begin{pmatrix}-1\\1\\1\end{pmatrix},$$

所以

$$\boldsymbol{p}_2=\begin{pmatrix}-1\\1\\1\end{pmatrix}$$

是 $\boldsymbol{A}$ 的对应于特征值 1 的一个特征向量，$\boldsymbol{A}$ 的对应于特征值 1 的特征向量全体为 $\{k\boldsymbol{p}_2 \mid k\neq 0\}$．

同样可得,$\boldsymbol{A}$ 的对应于特征值 3 的一个特征向量是

$$\boldsymbol{p}_3=\begin{pmatrix}1\\1\\1\end{pmatrix},$$

$\boldsymbol{A}$ 的对应于特征值 3 的特征向量全体为$\{k\boldsymbol{p}_3\mid k\neq 0\}$.

由齐次线方程组解的结构可知:$\boldsymbol{A}$ 的对应于特征值λ_0 的全部特征向量和零向量一起构成 n 维空间的一个向量子空间,称为特征子空间.可见,齐次线性方程组$(\boldsymbol{A}-\lambda_0\boldsymbol{E})\boldsymbol{x}=\boldsymbol{0}$ 的基础解系,是此特征子空间的一个基;对应于特征值 λ_0 的全部特征向量,就是由其基础解系通过线性组合得出的全体非零向量.

例 6　设

$$\boldsymbol{A}=\begin{pmatrix}-1&1&0\\-4&3&0\\1&0&2\end{pmatrix},$$

求 $\boldsymbol{A}$ 的特征值和特征向量.

解

$$f(\lambda)=|\boldsymbol{A}-\lambda\boldsymbol{E}|=\begin{vmatrix}-1-\lambda&1&0\\-4&3-\lambda&0\\1&0&2-\lambda\end{vmatrix}=(2-\lambda)(1-\lambda)^2,$$

由 $f(\lambda)=0$ 得 $\boldsymbol{A}$ 的特征值为$\lambda_1=2,\lambda_2=\lambda_3=1$,即 $\sigma(\boldsymbol{A})=\{2,1,1\}$.其中 1 是 $\boldsymbol{A}$ 的二重特征值($f(\lambda)=0$ 的二重根).

当 $\lambda_1=2$ 时,解齐次方程组$(\boldsymbol{A}-2\boldsymbol{E})\boldsymbol{x}=\boldsymbol{0}$,又

$$(\boldsymbol{A}-2\boldsymbol{E})=\begin{pmatrix}-3&1&0\\-4&1&0\\1&0&0\end{pmatrix}\xrightarrow{\text{初等行变换}}\begin{pmatrix}1&0&0\\0&1&0\\0&0&0\end{pmatrix},$$

得基础解系

$$\boldsymbol{p}_1=(0\quad 0\quad 1)^{\mathrm{T}},$$

对应于特征值 $\lambda_1=2$ 的特征向量全体为$\{k\boldsymbol{p}_1\mid k\neq 0\}$.

当 $\lambda_2=\lambda_3=1$ 时,解齐次方程组$(\boldsymbol{A}-\boldsymbol{E})\boldsymbol{x}=\boldsymbol{0}$,又

$$(\boldsymbol{A}-\boldsymbol{E})=\begin{pmatrix}-2&1&0\\-4&2&0\\1&0&1\end{pmatrix}\xrightarrow{\text{初等行变换}}\begin{pmatrix}-2&1&0\\1&0&1\\0&0&0\end{pmatrix},$$

得基础解系

$$\boldsymbol{p}_2=(1\quad 2\quad -1)^{\mathrm{T}},$$

对应于特征值 1 的特征向量全体为$\{k\boldsymbol{p}_2 \mid k\neq 0\}$.

例 7　设

$$\boldsymbol{A}=\begin{pmatrix} 4 & 6 & 0 \\ -3 & -5 & 0 \\ -3 & -6 & 1 \end{pmatrix},$$

求 $\boldsymbol{A}$ 的特征值和特征向量.

解

$$f(\lambda)=|\boldsymbol{A}-\lambda\boldsymbol{E}|=\begin{vmatrix} 4-\lambda & 6 & 0 \\ -3 & -5-\lambda & 0 \\ -3 & -6 & 1-\lambda \end{vmatrix}=-(2+\lambda)(1-\lambda)^2,$$

由 $f(\lambda)=0$ 得 $\sigma(\boldsymbol{A})=\{-2,1,1\}$. 其中 1 是 $\boldsymbol{A}$ 的二重特征值.

当 $\lambda_1=-2$ 时,解齐次方程组$(\boldsymbol{A}+2\boldsymbol{E})\boldsymbol{x}=\boldsymbol{0}$,又

$$(\boldsymbol{A}+2\boldsymbol{E})=\begin{pmatrix} 6 & 6 & 0 \\ -3 & -3 & 0 \\ -3 & -6 & 3 \end{pmatrix}\xrightarrow{\text{初等行变换}}\begin{pmatrix} 1 & 2 & -1 \\ 1 & 1 & 0 \\ 0 & 0 & 0 \end{pmatrix},$$

得基础解系

$$\boldsymbol{p}_1=(-1 \quad 1 \quad 1)^{\mathrm{T}},$$

对应于特征值-2 的特征向量全体为$\{k\boldsymbol{p}_1 \mid k\neq 0\}$.

当 $\lambda_2=\lambda_3=1$ 时,解齐次方程组$(\boldsymbol{A}-\boldsymbol{E})\boldsymbol{x}=\boldsymbol{0}$,又

$$(\boldsymbol{A}-\boldsymbol{E})=\begin{pmatrix} 3 & 6 & 0 \\ -3 & -6 & 0 \\ -3 & -6 & 0 \end{pmatrix}\xrightarrow{\text{初等行变换}}\begin{pmatrix} 1 & 2 & 0 \\ 0 & 0 & 0 \\ 0 & 0 & 0 \end{pmatrix},$$

得基础解系

$$\boldsymbol{p}_2=(0 \quad 0 \quad 1)^{\mathrm{T}}, \quad \boldsymbol{p}_3=(-2 \quad 1 \quad 0)^{\mathrm{T}},$$

特征向量为$\{k_1\boldsymbol{p}_2+k_2\boldsymbol{p}_3 \mid k_1^2+k_2^2\neq 0\}$.

从例 6、例 7 两个例子可以看到,同样是二重特征值,与其对应的线性无关特征向量的个数可能是不同的.

例 8　设 λ_0 是 $\boldsymbol{A}$ 的特征值,证明 $a\lambda_0$ 是 $a\boldsymbol{A}$ 的特征值;λ_0^2 是 $\boldsymbol{A}^2$ 的特征值.

证明　因为 λ_0 是方阵 $\boldsymbol{A}$ 的特征值,所以有 $\boldsymbol{x}\neq\boldsymbol{0}$,使得 $\boldsymbol{A}\boldsymbol{x}=\lambda_0\boldsymbol{x}$. 于是

$$a\boldsymbol{A}\boldsymbol{x}=a(\boldsymbol{A}\boldsymbol{x})=a(\lambda_0\boldsymbol{x})=a\lambda_0\boldsymbol{x},$$

$$\boldsymbol{A}^2\boldsymbol{x}=\boldsymbol{A}(\boldsymbol{A}\boldsymbol{x})=\boldsymbol{A}(\lambda_0\boldsymbol{x})=\lambda_0(\boldsymbol{A}\boldsymbol{x})=\lambda_0^2\boldsymbol{x},$$

故 $a\lambda_0$ 是 $a\boldsymbol{A}$ 的特征值,λ_0^2 是 $\boldsymbol{A}^2$ 的特征值.

类似可证：λ_0^m 是 $\boldsymbol{A}^m$ 的特征值($m\in\mathbf{N}$)．一般地，若 λ_0 是 $\boldsymbol{A}$ 的特征值，则 $a_0+a_1\lambda_0+\cdots+a_k\lambda_0^k$ 是 $a_0\boldsymbol{E}+a_1\boldsymbol{A}+\cdots+a_k\boldsymbol{A}^k$ 的特征值．

例 9　设 n 阶方阵 $\boldsymbol{A}$ 的特征值是 $\lambda_1=0,\lambda_2=1,\lambda_3=2,\cdots,\lambda_n=n-1$，问：$\boldsymbol{A}$ 是否是可逆矩阵？$\left(\frac{1}{2}\boldsymbol{E}-\boldsymbol{A}\right)$是否是可逆矩阵？求$\left|\frac{1}{2}\boldsymbol{E}-\boldsymbol{A}\right|$．

解　由式(5.7)知，$|\boldsymbol{A}|=\lambda_1\lambda_2\cdots\lambda_n=0$，因此 $\boldsymbol{A}$ 是不可逆的矩阵．$\left(\frac{1}{2}\boldsymbol{E}-\boldsymbol{A}\right)$的特征值是 $\frac{1}{2}-\lambda_1,\frac{1}{2}-\lambda_2,\cdots,\frac{1}{2}-\lambda_n$，即 $\frac{1}{2},-\frac{1}{2},-\frac{3}{2},\cdots,-\frac{2n-3}{2}$．$\left(\frac{1}{2}\boldsymbol{E}-\boldsymbol{A}\right)$的特征值都不为零，所以$\left(\frac{1}{2}\boldsymbol{E}-\boldsymbol{A}\right)$是可逆矩阵，且

$$\left|\frac{1}{2}\boldsymbol{E}-\boldsymbol{A}\right|=(-1)^{n-1}\frac{(2n-3)!!}{2^n}.$$

本节结束之前，给出特征向量之间线性相关性的一个结果．

定理 5.5　矩阵 $\boldsymbol{A}$ 的对应于不同特征值的特征向量是线性无关的．

证明　设 $\lambda_1,\lambda_2,\cdots,\lambda_m$ 是 $\boldsymbol{A}$ 的 m 个互不相同的特征值，$\boldsymbol{x}_1,\boldsymbol{x}_2,\cdots,\boldsymbol{x}_m$ 是相应的特征向量，即 $\boldsymbol{A}\boldsymbol{x}_i=\lambda_i\boldsymbol{x}_i(i=1,2,\cdots,m)$．设有常数 $k_1,k_2,\cdots,k_m$ 使

$$k_1\boldsymbol{x}_1+k_2\boldsymbol{x}_2+\cdots+k_m\boldsymbol{x}_m=\boldsymbol{0},$$

依次左乘矩阵 $\boldsymbol{A},\boldsymbol{A}^2,\cdots,\boldsymbol{A}^{m-1}$ 得

$$\boldsymbol{A}(k_1\boldsymbol{x}_1+k_2\boldsymbol{x}_2+\cdots+k_m\boldsymbol{x}_m)=\boldsymbol{0},$$

即

$$\lambda_1k_1\boldsymbol{x}_1+\lambda_2k_2\boldsymbol{x}_2+\cdots+\lambda_mk_m\boldsymbol{x}_m=\boldsymbol{0},$$

类推之，有

$$\lambda_1^2k_1\boldsymbol{x}_1+\lambda_2^2k_2\boldsymbol{x}_2+\cdots+\lambda_m^2k_m\boldsymbol{x}_m=\boldsymbol{0},$$

$$\cdots\cdots\cdots\cdots$$

$$\lambda_1^{m-1}k_1\boldsymbol{x}_1+\lambda_2^{m-1}k_2\boldsymbol{x}_2+\cdots+\lambda_m^{m-1}k_m\boldsymbol{x}_m=\boldsymbol{0},$$

把上面右边各式和写成矩阵形式，得

$$(k_1\boldsymbol{x}_1,k_2\boldsymbol{x}_2,\cdots,k_m\boldsymbol{x}_m)\begin{pmatrix}1&\lambda_1&\cdots&\lambda_1^{m-1}\\1&\lambda_2&\cdots&\lambda_2^{m-1}\\\vdots&\vdots&&\vdots\\1&\lambda_m&\cdots&\lambda_m^{m-1}\end{pmatrix}=(\boldsymbol{0},\boldsymbol{0},\cdots,\boldsymbol{0}),$$

上式等号左边第二个矩阵的行列式为范德蒙行列式，由于 $\lambda_1,\lambda_2,\cdots,\lambda_m$ 互不相同，所以此行列式不等于 0，从而该矩阵是可逆的．在等式两边右乘该矩阵的逆矩阵得

$$(k_1\boldsymbol{x}_1,k_2\boldsymbol{x}_2,\cdots,k_m\boldsymbol{x}_m)=(\boldsymbol{0},\boldsymbol{0},\cdots,\boldsymbol{0}),$$

即 $k_i\boldsymbol{x}_i=\boldsymbol{0}(i=1,2,\cdots,m)$．因为 $\boldsymbol{x}_i\neq\boldsymbol{0}$，故 $k_i=0,(i=1,2,\cdots,m)$．所以，向量组 $\boldsymbol{x}_1,\boldsymbol{x}_2,\cdots,\boldsymbol{x}_m$ 是线性无关的．

习　题　5.2

1. 求下列方阵的特征值与特征向量：

(1) $\begin{pmatrix} 0 & 0 & 1 \\ 0 & 1 & 0 \\ 1 & 0 & 0 \end{pmatrix}$；　　(2) $\begin{pmatrix} 3 & 1 & 0 \\ -4 & -1 & 0 \\ 4 & -8 & -2 \end{pmatrix}$；

2. 已知

$$A=\begin{pmatrix} 7 & 4 & -1 \\ 4 & 7 & -1 \\ -4 & -4 & a \end{pmatrix}$$

的特征值 $\lambda_1=\lambda_2=3,\lambda_3=12$，求：

(1) 数 a；(2) A 的特征向量；(3) 矩阵 A 的行列式 $|A|$；

(4) A 的逆矩阵 A^{-1} 的特征值；(5) A 的伴随矩阵 A^* 的特征值.

3. 设 $\sigma(A)=\left\{1,\sqrt{2},\frac{3}{2},2\right\}$，求 A^2-2A+E 的特征值.

4. 设矩阵

$$A=\begin{pmatrix} 1 & 1 & 1 \\ a & b & c \\ d & e & f \end{pmatrix},$$

已知向量 $(1\quad 1\quad 1)^{T}$，$(1\quad 0\quad -1)^{T}$，$(1\quad -1\quad 0)^{T}$ 是 A 的特征向量，求 a,b,c,d,e,f.

5. 证明：若 $A^2=E$，则 A 的特征值只能是 1 或 -1.

6. 设 α 是 A 的对应于特征值 λ_0 的特征向量，求证：

(1) 对正整数 m，α 是 A^m 的对应于特征值 λ_0^m 的特征向量；

(2) 如果 A 可逆，则 $\lambda_0\neq 0$，且 α 是 A^{-1} 的对应于特征值 λ_0^{-1} 的特征向量.

7. 设 p_1、p_2 是方阵 A 的对应于两个不同的非零特征值 λ_1、λ_2 的特征向量，试讨论 $\lambda_1 p_1+\lambda_2 p_2$ 是否为 A 的特征向量？

第三节　相似矩阵

定义 5.6　设 A,B 是两个 n 阶方阵，如果存在 n 阶可逆矩阵 P，使得

$$P^{-1}AP=B,$$

则称 $\boldsymbol{B}$ 相似于 $\boldsymbol{A}$，记为 $\boldsymbol{A}\sim\boldsymbol{B}$. 可逆矩阵 $\boldsymbol{P}$ 称为将 $\boldsymbol{A}$ 变成 $\boldsymbol{B}$ 的相似变换矩阵．

相似作为矩阵之间的一种关系，具有以下三条性质：

(1) 自反性：$\boldsymbol{A}\sim\boldsymbol{A}$；

(2) 对称性：$\boldsymbol{A}\sim\boldsymbol{B}$，则 $\boldsymbol{B}\sim\boldsymbol{A}$；

(3) 传递性：$\boldsymbol{A}\sim\boldsymbol{B}$，$\boldsymbol{B}\sim\boldsymbol{C}$，则 $\boldsymbol{A}\sim\boldsymbol{C}$.

由于性质(2)，矩阵 $\boldsymbol{B}$ 相似于矩阵 $\boldsymbol{A}$ 简称作 $\boldsymbol{A}$ 与 $\boldsymbol{B}$ 相似或 $\boldsymbol{A}$、$\boldsymbol{B}$ 是相似矩阵．

定理 5.6 相似矩阵的特征多项式相同，从而相似矩阵有相同的特征值．

证明 设 $\boldsymbol{A}\sim\boldsymbol{B}$，则存在可逆矩阵 $\boldsymbol{P}$，使 $\boldsymbol{P}^{-1}\boldsymbol{A}\boldsymbol{P}=\boldsymbol{B}$. 则

$$\begin{aligned}|\boldsymbol{B}-\lambda\boldsymbol{E}|&=|\boldsymbol{P}^{-1}\boldsymbol{A}\boldsymbol{P}-\lambda\boldsymbol{P}^{-1}\boldsymbol{P}|=|\boldsymbol{P}^{-1}(\boldsymbol{A}-\lambda\boldsymbol{E})\boldsymbol{P}|\\&=|\boldsymbol{P}^{-1}||\boldsymbol{A}-\lambda\boldsymbol{E}||\boldsymbol{P}|=|\boldsymbol{A}-\lambda\boldsymbol{E}|,\end{aligned}$$

所以 $\boldsymbol{A}$ 与 $\boldsymbol{B}$ 有相同的特征多项式，从而有相同的特征值．

由定理 5.6 和式(5.7)可得，相似矩阵也有相同的行列式．

例 10 设

$$\boldsymbol{A}=\begin{pmatrix}1&3&-3\\15&-5&21\\3&-3&7\end{pmatrix},\quad \boldsymbol{P}=\begin{pmatrix}-1&-2&-1\\1&-1&2\\1&1&1\end{pmatrix},$$

求 $\boldsymbol{P}^{-1}\boldsymbol{A}\boldsymbol{P}$ 和 $\boldsymbol{A}^{20}$.

解 计算得

$$\boldsymbol{P}^{-1}=\begin{pmatrix}3&-1&5\\-1&0&-1\\-2&1&-3\end{pmatrix},$$

$$\begin{aligned}\boldsymbol{P}^{-1}\boldsymbol{A}\boldsymbol{P}&=\begin{pmatrix}3&-1&5\\-1&0&-1\\-2&1&-3\end{pmatrix}\begin{pmatrix}1&3&-3\\15&-5&21\\3&-3&7\end{pmatrix}\begin{pmatrix}-1&-2&-1\\1&-1&2\\1&1&1\end{pmatrix}\\&=\begin{pmatrix}1&0&0\\0&4&0\\0&0&-2\end{pmatrix}=\boldsymbol{\Lambda}.\end{aligned}$$

所以，$\boldsymbol{A}$ 与 $\boldsymbol{\Lambda}$ 是相似的矩阵．

直接计算 $\boldsymbol{A}^{20}$ 比较困难，由于

$$\boldsymbol{\Lambda}^{20}=\begin{pmatrix}1&0&0\\0&4^{20}&0\\0&0&(-2)^{20}\end{pmatrix},$$

且 $\boldsymbol{A}=\boldsymbol{P\Lambda P}^{-1}$，故

$$\begin{aligned}\boldsymbol{A}^{20}&=(\boldsymbol{P\Lambda P}^{-1})(\boldsymbol{P\Lambda P}^{-1})\cdots(\boldsymbol{P\Lambda P}^{-1})\\&=\boldsymbol{P\Lambda}(\boldsymbol{P}^{-1}\boldsymbol{P})\boldsymbol{\Lambda}(\boldsymbol{P}^{-1}\cdots\boldsymbol{P})\boldsymbol{\Lambda P}^{-1}=\boldsymbol{P\Lambda}^{20}\boldsymbol{P}^{-1}\\&=\begin{pmatrix}-1&-2&-1\\1&-1&2\\1&1&1\end{pmatrix}\begin{pmatrix}1&0&0\\0&4^{20}&0\\0&0&(-2)^{20}\end{pmatrix}\begin{pmatrix}3&-1&5\\-1&0&-1\\-2&1&-3\end{pmatrix}\\&=\begin{pmatrix}-3+2\times4^{20}+2\times2^{20}&1-3\times2^{20}&-5+2\times4^{20}+3\times2^{20}\\3+4^{20}-4\times2^{20}&-1+6\times2^{20}&5+4^{20}-6\times2^{20}\\3-4^{20}-2\times2^{20}&-1+3\times2^{20}&5-4^{20}-3\times2^{20}\end{pmatrix}.\end{aligned}$$

由例 10 可看到，如果矩阵 $\boldsymbol{A}$ 相似于一个对角矩阵 $\boldsymbol{\Lambda}$，利用对角矩阵 $\boldsymbol{\Lambda}$ 可以简化矩阵 $\boldsymbol{A}$ 的计算. 矩阵是否一定与对角矩阵相似？如果一个矩阵相似于对角矩阵，怎样求这个对角矩阵呢？怎样求相似变换矩阵 $\boldsymbol{P}$ 呢？下面讨论这个问题.

求与方阵 $\boldsymbol{A}$ 相似的对角矩阵 $\boldsymbol{\Lambda}$，称为矩阵 $\boldsymbol{A}$ 的相似对角化问题，简称矩阵 $\boldsymbol{A}$ 的对角化问题. 可以证明，有些方阵不能与对角矩阵相似. 一个矩阵如果与对角矩阵相似，则称这个矩阵可对角化. 以下讨论矩阵可对角化的条件，并给出将可对角化矩阵对角化的方法.

设 n 阶方阵 $\boldsymbol{A}$ 可对角化，于是存在一个可逆方阵 $\boldsymbol{P}$，使得

$$\boldsymbol{P}^{-1}\boldsymbol{AP}=\boldsymbol{\Lambda}\quad 或\quad \boldsymbol{AP}=\boldsymbol{P\Lambda},\tag{5.8}$$

其中

$$\boldsymbol{\Lambda}=\mathrm{diag}(\lambda_1,\lambda_2,\cdots,\lambda_n)=\begin{pmatrix}\lambda_1&&&\\&\lambda_2&&\\&&\ddots&\\&&&\lambda_n\end{pmatrix}$$

是对角矩阵.

将矩阵 $\boldsymbol{P}$ 用其列向量表示为 $\boldsymbol{P}=(\boldsymbol{p}_1\quad \boldsymbol{p}_2\quad\cdots\quad \boldsymbol{p}_n)$，则

$$\boldsymbol{AP}=(\boldsymbol{Ap}_1\quad \boldsymbol{Ap}_2\quad\cdots\quad \boldsymbol{Ap}_n),\quad \boldsymbol{P\Lambda}=(\lambda_1\boldsymbol{p}_1\quad \lambda_2\boldsymbol{p}_2\quad\cdots\quad \lambda_n\boldsymbol{p}_n),$$

代入式(5.8)第二式得

$$(\boldsymbol{Ap}_1\quad \boldsymbol{Ap}_2\quad\cdots\quad \boldsymbol{Ap}_n)=(\lambda_1\boldsymbol{p}_1\quad \lambda_2\boldsymbol{p}_2\quad\cdots\quad \lambda_n\boldsymbol{p}_n),$$

因而有

$$\boldsymbol{Ap}_i=\lambda_i\boldsymbol{p}_i,\quad (i=1,2,\cdots,n).$$

由于 $\boldsymbol{P}$ 是可逆矩阵，$\boldsymbol{p}_i\neq\boldsymbol{0}$，从而 $\lambda_1,\lambda_2,\cdots,\lambda_n$ 是 $\boldsymbol{A}$ 的特征值，$\boldsymbol{p}_1,\boldsymbol{p}_2,\cdots,\boldsymbol{p}_n$ 就是 $\boldsymbol{A}$ 的与特征值对应的 n 个线性无关的特征向量.

反之，如果 $\boldsymbol{A}$ 有 n 个线性无关的特征向量 $\boldsymbol{p}_1,\boldsymbol{p}_2,\cdots,\boldsymbol{p}_n$，满足

$$Ap_i=\lambda_i p_i, \quad (i=1,2,\cdots,n),$$

令 $P=(p_1 \quad p_2 \quad \cdots \quad p_n)$，则 P 是可逆矩阵，并且

$$P^{-1}AP=\Lambda=\text{diag}(\lambda_1,\lambda_2,\cdots,\lambda_n).$$

于是得到下面定理．

定理 5.7 n 阶方阵 A 可对角化的充要条件是 A 有 n 个线性无关的特征向量．

定理 5.8 若 n 阶方阵 A 有 n 个互不相同的特征值 $\lambda_1,\lambda_2,\cdots,\lambda_n$，则 A 可对角化，且 $A\sim\text{diag}(\lambda_1,\lambda_2,\cdots,\lambda_n)$．相似变换矩阵 P 是由对应的特征向量作为列向量构成的矩阵．

综上所述，若 n 阶方阵 A 可对角化，把 A 相似对角化的步骤如下：

(1) 求出 A 的 n 个特征值，设互不相同的特征值为 $\lambda_1,\lambda_2,\cdots,\lambda_s$；

(2) 对每个特征值 $\lambda_i(1\leqslant i\leqslant s)$，求齐次方程组 $(A-\lambda_i E)x=0$ 的基础解系，得到对应于 λ_i 的线性无关特征向量组 $\{p_{i_1},p_{i_2},\cdots,p_{i_k}\}$；

(3) 将对应于互不相同的特征值 $\lambda_1,\lambda_2,\cdots,\lambda_s$ 的特征向量全体，作为 n 个列向量构成方阵 $P=(p_1,p_2,\cdots,p_n)$，则 $P^{-1}AP=\Lambda$ 为对角矩阵，其对角线上元素为 A 的特征值，方阵 P 的列向量的顺序与对角矩阵 Λ 的对角线上元素顺序相对应.

例 11 判断上节例 6 和例 7 中的矩阵能否对角化？若可以，求相似变换矩阵 P 和对角矩阵 Λ．

解 由于上节例 6 中的矩阵 A 只有两个线性无关的特征向量，由定理 5.7 知，例 6 中的矩阵 A 不能对角化．

例 7 中的矩阵 A 有三个线性无关的特征向量 $p_1=(-1 \quad 1 \quad 1)^T$，$p_2=(0 \quad 0 \quad 1)^T$，$p_3=(-2 \quad 1 \quad 0)^T$，它们分别对应于特征值 $\lambda_1=-2$，$\lambda_2=\lambda_3=1$. 故相似变换矩阵可选取为

$$P=(p_1 \quad p_2 \quad p_3)=\begin{pmatrix}-1 & 0 & -2\\ 1 & 0 & 1\\ 1 & 1 & 0\end{pmatrix},$$

这时

$$P^{-1}AP=\Lambda=\begin{pmatrix}-2 & 0 & 0\\ 0 & 1 & 0\\ 0 & 0 & 1\end{pmatrix}.$$

习 题 5.3

1. 习题 5.2 题 1 中，哪些矩阵可对角化？哪些矩阵不可对角化？

2. 设矩阵

$$A=\begin{pmatrix}1 & -2 & -4\\ -2 & x & -2\\ -4 & -2 & 1\end{pmatrix} \quad 与 \quad B=\begin{pmatrix}5 & & \\ & y & \\ & & -4\end{pmatrix}$$

相似，求 x, y.

3. 设 $\boldsymbol{A}, \boldsymbol{B}$ 都是 n 阶矩阵且 $|\boldsymbol{A}| \neq 0$，证明 $\boldsymbol{AB}$ 与 $\boldsymbol{BA}$ 相似．

4. 设 3 阶矩阵 $\boldsymbol{A}$ 的特征值为 $\lambda_1=1, \lambda_2=0, \lambda_3=-1$，对应的特征向量依次为

$$\boldsymbol{p}_1=\begin{pmatrix}1\\2\\2\end{pmatrix}, \quad \boldsymbol{p}_2=\begin{pmatrix}2\\-2\\1\end{pmatrix}, \quad \boldsymbol{p}_3=\begin{pmatrix}-2\\-1\\2\end{pmatrix},$$

求 $\boldsymbol{A}$.

5. 设

$$\boldsymbol{A}=\begin{pmatrix}1 & x & 1\\ x & 1 & y\\ 1 & y & 1\end{pmatrix}, \quad \boldsymbol{B}=\begin{pmatrix}0 & & \\ & 1 & \\ & & 2\end{pmatrix},$$

当 x, y 满足什么条件时，$\boldsymbol{A}$ 与 $\boldsymbol{B}$ 相似．

6. 设 n 阶方阵 $\boldsymbol{A}$ 的特征值为 $0, 1, 2, \cdots, n-1$，方阵 $\boldsymbol{B}$ 与 $\boldsymbol{A}$ 相似，求 $|\boldsymbol{E}+\boldsymbol{B}|$.

7. 设三阶矩阵 $\boldsymbol{A}$ 有三个特征值 1，2，3，且 $\boldsymbol{\alpha}_i$ 为 $\lambda_i=i$ 的特征向量，$i=1,2,3$，

$$\boldsymbol{\alpha}_1=\begin{pmatrix}1\\-1\\0\end{pmatrix}, \quad \boldsymbol{\alpha}_2=\begin{pmatrix}-1\\1\\1\end{pmatrix}, \quad \boldsymbol{\alpha}_3=\begin{pmatrix}1\\1\\1\end{pmatrix}, \quad \boldsymbol{\beta}=\begin{pmatrix}x_1\\x_2\\x_3\end{pmatrix},$$

(1) 试将 $\boldsymbol{\beta}$ 通过 $\boldsymbol{\alpha}_1, \boldsymbol{\alpha}_2, \boldsymbol{\alpha}_3$ 线性表出；

(2) 求 $\boldsymbol{A}^m\boldsymbol{\beta}$.

8. 设 $\boldsymbol{A} \sim \boldsymbol{B}$，证明 $\boldsymbol{A}^{\mathrm{T}} \sim \boldsymbol{B}^{\mathrm{T}}$.

第四节　实对称矩阵的对角化

元素都为实数的对称矩阵称为实对称矩阵．本节讨论实对称矩阵的对角化问题．

1. 正交矩阵与正交变换

定义 5.7 若 n 阶方阵 $\boldsymbol{A}$ 满足 $\boldsymbol{A}^{\mathrm{T}}\boldsymbol{A}=\boldsymbol{A}\boldsymbol{A}^{\mathrm{T}}=\boldsymbol{E}$,则称 $\boldsymbol{A}$ 为正交矩阵.

例如,矩阵

$$\boldsymbol{A}=\begin{pmatrix}\cos\theta & \sin\theta\\ \sin\theta & -\cos\theta\end{pmatrix},\quad \boldsymbol{B}=\begin{pmatrix}0 & 1\\ 1 & 0\end{pmatrix}$$

都是正交阵.

由定义可知

$$\boldsymbol{A}\text{ 是正交矩阵}\Leftrightarrow\boldsymbol{A}^{\mathrm{T}}\text{ 是正交矩阵}\Leftrightarrow\boldsymbol{A}^{\mathrm{T}}=\boldsymbol{A}^{-1}.$$

定理 5.9 方阵 $\boldsymbol{A}$ 为正交矩阵的充分必要条件是 $\boldsymbol{A}$ 的行(列)向量都是两两正交的单位向量.

证明 设矩阵 $\boldsymbol{A}=(\boldsymbol{\alpha}_1,\boldsymbol{\alpha}_2,\cdots,\boldsymbol{\alpha}_n)$,$\boldsymbol{\alpha}_j=(a_{1j}\quad a_{2j}\quad\cdots\quad a_{nj})^{\mathrm{T}}$ 是 $\boldsymbol{A}$ 的列向量,则

$$\boldsymbol{A}^{\mathrm{T}}\boldsymbol{A}=\begin{pmatrix}\boldsymbol{\alpha}_1^{\mathrm{T}}\\ \boldsymbol{\alpha}_2^{\mathrm{T}}\\ \vdots\\ \boldsymbol{\alpha}_n^{\mathrm{T}}\end{pmatrix}(\boldsymbol{\alpha}_1,\boldsymbol{\alpha}_2,\cdots,\boldsymbol{\alpha}_n)=\begin{pmatrix}\boldsymbol{\alpha}_1^{\mathrm{T}}\boldsymbol{\alpha}_1 & \boldsymbol{\alpha}_1^{\mathrm{T}}\boldsymbol{\alpha}_2 & \cdots & \boldsymbol{\alpha}_1^{\mathrm{T}}\boldsymbol{\alpha}_n\\ \boldsymbol{\alpha}_2^{\mathrm{T}}\boldsymbol{\alpha}_1 & \boldsymbol{\alpha}_2^{\mathrm{T}}\boldsymbol{\alpha}_2 & \cdots & \boldsymbol{\alpha}_2^{\mathrm{T}}\boldsymbol{\alpha}_n\\ \vdots & \vdots & & \vdots\\ \boldsymbol{\alpha}_n^{\mathrm{T}}\boldsymbol{\alpha}_1 & \boldsymbol{\alpha}_n^{\mathrm{T}}\boldsymbol{\alpha}_2 & \cdots & \boldsymbol{\alpha}_n^{\mathrm{T}}\boldsymbol{\alpha}_n\end{pmatrix},$$

其中,$\boldsymbol{\alpha}_i^{\mathrm{T}}\boldsymbol{\alpha}_j=\langle\boldsymbol{\alpha}_i,\boldsymbol{\alpha}_j\rangle$是 $\boldsymbol{\alpha}_i$ 与 $\boldsymbol{\alpha}_j$ 的内积.

若 $\boldsymbol{A}$ 为正交矩阵,则 $\boldsymbol{A}^{\mathrm{T}}\boldsymbol{A}=\boldsymbol{E}$,所以

$$\boldsymbol{\alpha}_i^{\mathrm{T}}\boldsymbol{\alpha}_j=\langle\boldsymbol{\alpha}_i,\boldsymbol{\alpha}_j\rangle=\delta_{ij}=\begin{cases}1, & i=j,\\ 0, & i\neq j.\end{cases}$$

故 $\boldsymbol{A}$ 的列向量 $\boldsymbol{\alpha}_1,\boldsymbol{\alpha}_2,\cdots,\boldsymbol{\alpha}_n$ 是两两正交的单位向量.

反之,若 $\boldsymbol{A}$ 的列向量 $\boldsymbol{\alpha}_1,\boldsymbol{\alpha}_2,\cdots,\boldsymbol{\alpha}_n$ 是两两正交的单位向量,则

$$\langle\boldsymbol{\alpha}_i,\boldsymbol{\alpha}_j\rangle=\delta_{ij}=\begin{cases}1, & i=j,\\ 0, & i\neq j.\end{cases}$$

所以 $\boldsymbol{A}^{\mathrm{T}}\boldsymbol{A}=\boldsymbol{E}$,故 $\boldsymbol{A}$ 是正交矩阵.

类似地可得: $\boldsymbol{A}$ 的行向量 $\boldsymbol{\alpha}_1^{\mathrm{T}},\boldsymbol{\alpha}_2^{\mathrm{T}},\cdots,\boldsymbol{\alpha}_n^{\mathrm{T}}$ 是两两正交的单位向量.

定义 5.8 若方阵 $\boldsymbol{A}$ 是正交矩阵,则称线性变换 $\boldsymbol{y}=\boldsymbol{A}\boldsymbol{x}$ 为正交变换.

定理 5.10 正交变换 $\boldsymbol{y}=\boldsymbol{A}\boldsymbol{x}$ 有如下性质:

(1) 保持内积不变,即$\langle\boldsymbol{A}\boldsymbol{x}_1,\boldsymbol{A}\boldsymbol{x}_2\rangle=\langle\boldsymbol{x}_1,\boldsymbol{x}_2\rangle$;

(2) 保持长度不变,即 $\|\boldsymbol{A}\boldsymbol{x}\|=\|\boldsymbol{x}\|$;

(3) 保持夹角不变,即 $\cos(\boldsymbol{A}\boldsymbol{x}_1\overset{\wedge}{,}\boldsymbol{A}\boldsymbol{x}_2)=\cos(\boldsymbol{x}_1\overset{\wedge}{,}\boldsymbol{x}_2)$.

证明 (1) $\langle\boldsymbol{A}\boldsymbol{x}_1,\boldsymbol{A}\boldsymbol{x}_2\rangle=\langle\boldsymbol{x}_1,\boldsymbol{A}^{\mathrm{T}}\boldsymbol{A}\boldsymbol{x}_2\rangle=\langle\boldsymbol{x}_1,\boldsymbol{x}_2\rangle$;

(2) 在(1)中，取 $\boldsymbol{x}_1=\boldsymbol{x}_2=\boldsymbol{x}$ 即得.

(3) $\cos(\boldsymbol{Ax}_1\widehat{,}\boldsymbol{Ax}_2)=\dfrac{\langle\boldsymbol{Ax}_1,\boldsymbol{Ax}_2\rangle}{\|\boldsymbol{Ax}_1\|\cdot\|\boldsymbol{Ax}_2\|}=\dfrac{\langle\boldsymbol{x}_1,\boldsymbol{x}_2\rangle}{\|\boldsymbol{x}_1\|\cdot\|\boldsymbol{x}_2\|}=\cos(\boldsymbol{x}_1\widehat{,}\boldsymbol{x}_2)$.

由这些性质可看出，正交变换就是坐标旋转变换.

2. 实对称矩阵的对角化问题

定理 5.11　实对称矩阵 $\boldsymbol{A}$ 的特征值都是实数.

证明　设复数 λ 是实对称矩阵 $\boldsymbol{A}$ 的特征值，那么有复向量 $\boldsymbol{x}\neq\boldsymbol{0}$，使得 $\boldsymbol{Ax}=\lambda\boldsymbol{x}$. 等式两边取共轭得 $\overline{\boldsymbol{Ax}}=\bar{\lambda}\bar{\boldsymbol{x}}$. 由于 $\boldsymbol{A}$ 是实对称矩阵 $\bar{\boldsymbol{A}}=\boldsymbol{A}$，因而 $\boldsymbol{A}\bar{\boldsymbol{x}}=\bar{\lambda}\bar{\boldsymbol{x}}$. 由于 $\boldsymbol{A}$ 是实对称矩阵 $\bar{\boldsymbol{A}}=\boldsymbol{A}$，因而 $\boldsymbol{A}\bar{\boldsymbol{x}}=\overline{\lambda\boldsymbol{x}}$. 于是有

$$\begin{aligned}\bar{\lambda}(\boldsymbol{x}^{\mathrm{T}}\bar{\boldsymbol{x}})&=\boldsymbol{x}^{\mathrm{T}}(\overline{\lambda\boldsymbol{x}})=\boldsymbol{x}^{\mathrm{T}}(\overline{\boldsymbol{Ax}})=\boldsymbol{x}^{\mathrm{T}}\boldsymbol{A}\bar{\boldsymbol{x}}=\boldsymbol{x}^{\mathrm{T}}\boldsymbol{A}^{\mathrm{T}}\bar{\boldsymbol{x}}\\&=(\boldsymbol{Ax})^{\mathrm{T}}\bar{\boldsymbol{x}}=(\lambda\boldsymbol{x})^{\mathrm{T}}\bar{\boldsymbol{x}}=\lambda(\boldsymbol{x}^{\mathrm{T}}\bar{\boldsymbol{x}}),\end{aligned}$$

上式得出

$$(\lambda-\bar{\lambda})(\boldsymbol{x}^{\mathrm{T}}\bar{\boldsymbol{x}})=0.$$

由于 $\boldsymbol{x}\neq\boldsymbol{0}$，所以

$$\boldsymbol{x}^{\mathrm{T}}\bar{\boldsymbol{x}}=\sum_{k=1}^{n}x_k\bar{x}_k=\sum_{k=1}^{n}|x_k|^2$$

是非零的数，所以 $\lambda-\bar{\lambda}=0$，故 λ 是实数.

定理 5.12　设 $\boldsymbol{A}$ 是实对称矩阵，则 $\boldsymbol{A}$ 的对应于不同特征值的特征向量是相互正交的.

证明　设 λ_1,λ_2 是 $\boldsymbol{A}$ 的两个不同特征值，$\boldsymbol{x}_1,\boldsymbol{x}_2$ 是对应的特征向量，即 $\boldsymbol{Ax}_1=\lambda_1\boldsymbol{x}_1,\boldsymbol{Ax}_2=\lambda_2\boldsymbol{x}_2$，只需证明 $\boldsymbol{x}_1^{\mathrm{T}}\boldsymbol{x}_2=\boldsymbol{0}$. 由于

$$\begin{aligned}\lambda_1\boldsymbol{x}_1^{\mathrm{T}}\boldsymbol{x}_2&=(\lambda_1\boldsymbol{x}_1)^{\mathrm{T}}\boldsymbol{x}_2=(\boldsymbol{Ax}_1)^{\mathrm{T}}\boldsymbol{x}_2=(\boldsymbol{x}_1^{\mathrm{T}}\boldsymbol{A}^{\mathrm{T}})\boldsymbol{x}_2\\&=\boldsymbol{x}_1^{\mathrm{T}}(\boldsymbol{Ax}_2)=\boldsymbol{x}_1^{\mathrm{T}}(\lambda_2\boldsymbol{x}_2)=\lambda_2(\boldsymbol{x}_1^{\mathrm{T}}\boldsymbol{x}_2),\end{aligned}$$

因而有

$$(\lambda_1-\lambda_2)\boldsymbol{x}_1^{\mathrm{T}}\boldsymbol{x}_2=0,$$

由于 $\lambda_1\neq\lambda_2$，所以 $\boldsymbol{x}_1^{\mathrm{T}}\boldsymbol{x}_2=0$，即 $\boldsymbol{x}_1$ 与 $\boldsymbol{x}_2$ 正交.

定理 5.13　设 $\boldsymbol{A}$ 是 n 阶实对称矩阵，λ 是 $\boldsymbol{A}$ 的特征方程的 r 重根，则矩阵 $\boldsymbol{A}-\lambda\boldsymbol{E}$ 的秩 $R(\boldsymbol{A}-\lambda\boldsymbol{E})=n-r$，所以齐次方程组 $(\boldsymbol{A}-\lambda\boldsymbol{E})\boldsymbol{x}=0$ 的基础解系中有 r 个向量，从而对应于特征值 λ 恰有 r 个线性无关的特征向量.

此定理不予证明.

定理 5.13 表明，把 n 阶实对称矩阵 $\boldsymbol{A}$ 的对应于不同特征值的线性无关的特征向量合在一起，构成一个秩为 n 的线性无关的特征向量组，所以实对称矩阵一定可以对角化. 如果将 $\boldsymbol{A}$ 的每一个对应于 r 重特征值的线性无关的特征向量选取为正交规范向量组，结合定理 5.12 可知：n 阶实对称矩阵 $\boldsymbol{A}$ 有秩为 n 的正

交规范特征向量组．以它们作为列构成的矩阵是一个正交矩阵$\boldsymbol{P}$，因此，用正交矩阵$\boldsymbol{P}$作为相似变换矩阵可以将$\boldsymbol{A}$化为对角矩阵．

定理 5.14 设$\boldsymbol{A}$为实对称矩阵，则存在正交矩阵$\boldsymbol{P}$，使得$\boldsymbol{P}^{-1}\boldsymbol{AP}=\boldsymbol{\Lambda}$．

3．举 例

由上面可知，任意实对称矩阵$\boldsymbol{A}$都可对角化，并且一定能找到一个正交矩阵$\boldsymbol{P}$，使得$\boldsymbol{P}^{-1}\boldsymbol{AP}=\boldsymbol{P}^{\mathrm{T}}\boldsymbol{AP}$为对角阵．

求正交矩阵$\boldsymbol{P}$，把实对称矩阵$\boldsymbol{A}$化为对角阵的计算步骤为：

(1) 求矩阵$\boldsymbol{A}$的特征值．$\boldsymbol{A}$的特征多项式为

$$f(\lambda)=|\boldsymbol{A}-\lambda\boldsymbol{E}|=(\lambda_1-\lambda)^{r_1}(\lambda_2-\lambda)^{r_2}\cdots(\lambda_n-\lambda)^{r_k},$$

这里$\lambda_i\neq\lambda_j,(i\neq j)$，$\sum\limits_{i=1}^{k}r_i=n$.

(2) 对每个特征值λ_i，求与之对应的特征向量，即求解齐次方程组$(\boldsymbol{A}-\lambda_i\boldsymbol{E})\boldsymbol{x}=\boldsymbol{0}$，得基础解系$\xi_{i1},\xi_{i2},\cdots,\xi_{ir_i}$．

(3) 用正交化方法把$\xi_{i1},\xi_{i2},\cdots,\xi_{ir_i}$化成正交规范向量组$\boldsymbol{p}_{i1},\boldsymbol{p}_{i2},\cdots,\boldsymbol{p}_{ir_i}$．

(4) 将对应于每个特征值的正交规范向量组合并成一个向量组$\boldsymbol{p}_1,\boldsymbol{p}_2,\cdots,\boldsymbol{p}_n$，令$\boldsymbol{P}=(\boldsymbol{p}_1,\boldsymbol{p}_2,\cdots,\boldsymbol{p}_n)$，则$\boldsymbol{P}$是一个$n$阶正交矩阵，且

$$\boldsymbol{P}^{-1}\boldsymbol{AP}=\boldsymbol{P}^{\mathrm{T}}\boldsymbol{AP}=\boldsymbol{\Lambda}=\mathrm{diag}(\lambda_1,\cdots,\lambda_1,\lambda_2,\cdots,\lambda_2,\cdots,\lambda_k,\cdots,\lambda_k),$$

其中λ_i有r_i个．

例 12 设

$$\boldsymbol{A}=\begin{pmatrix}5&-1&3\\-1&5&-3\\3&-3&3\end{pmatrix},$$

求一个正交矩阵$\boldsymbol{P}$，使$\boldsymbol{P}^{-1}\boldsymbol{AP}$为对角矩阵．

解 $f(\lambda)=|\boldsymbol{A}-\lambda\boldsymbol{E}|=-\lambda(\lambda-4)(\lambda-9)$，$\boldsymbol{A}$的特征值为$\lambda_1=0,\lambda_2=4$，$\lambda_3=9$.

对特征值$\lambda_1=0$，解齐次方程组$(\boldsymbol{A}-0\boldsymbol{E})\boldsymbol{x}=\boldsymbol{0}$，得基础解系

$$\boldsymbol{\xi}_1=(-1\quad 1\quad 2)^{\mathrm{T}};$$

对特征值$\lambda_2=4$，解齐次方程组$(\boldsymbol{A}-4\boldsymbol{E})\boldsymbol{x}=\boldsymbol{0}$，得基础解系

$$\boldsymbol{\xi}_2=(1\quad 1\quad 0)^{\mathrm{T}};$$

对特征值$\lambda_3=9$，解齐次方程组$(\boldsymbol{A}-9\boldsymbol{E})\boldsymbol{x}=\boldsymbol{0}$，得基础解系

$$\boldsymbol{\xi}_3=(1\quad -1\quad 1)^{\mathrm{T}};$$

由定理 5.12 知$\{\boldsymbol{\xi}_1,\boldsymbol{\xi}_2,\boldsymbol{\xi}_3\}$是正交向量组，将其单位化得

$$\boldsymbol{p}_1=\frac{\boldsymbol{\xi}_1}{\|\boldsymbol{\xi}_1\|}=\frac{1}{\sqrt{6}}\begin{pmatrix}-1\\1\\2\end{pmatrix},\boldsymbol{p}_2=\frac{\boldsymbol{\xi}_2}{\|\boldsymbol{\xi}_2\|}=\frac{1}{\sqrt{2}}\begin{pmatrix}1\\1\\0\end{pmatrix},\boldsymbol{p}_3=\frac{\boldsymbol{\xi}_3}{\|\boldsymbol{\xi}_3\|}=\frac{1}{\sqrt{3}}\begin{pmatrix}1\\-1\\1\end{pmatrix}.$$

以 $\boldsymbol{p}_1,\boldsymbol{p}_2,\boldsymbol{p}_3$ 作为列向量构成正交矩阵

$$\boldsymbol{P}=\begin{pmatrix}-\frac{1}{\sqrt{6}} & \frac{1}{\sqrt{2}} & \frac{1}{\sqrt{3}}\\ \frac{1}{\sqrt{6}} & \frac{1}{\sqrt{2}} & -\frac{1}{\sqrt{3}}\\ \frac{2}{\sqrt{6}} & 0 & \frac{1}{\sqrt{3}}\end{pmatrix},$$

可验证

$$\boldsymbol{P}^{-1}\boldsymbol{A}\boldsymbol{P}=\boldsymbol{P}^{\mathrm{T}}\boldsymbol{A}\boldsymbol{P}=\begin{pmatrix}0 & & \\ & 4 & \\ & & 9\end{pmatrix}.$$

例 13　求一个正交矩阵 $\boldsymbol{P}$,将对称矩阵

$$\boldsymbol{A}=\begin{pmatrix}0 & 1 & 1 & -1\\ 1 & 0 & -1 & 1\\ 1 & -1 & 0 & 1\\ -1 & 1 & 1 & 0\end{pmatrix}$$

化为对角矩阵.

解　$f(\lambda)=|\boldsymbol{A}-\lambda\boldsymbol{E}|=(\lambda-1)^3(\lambda+3)$,$\boldsymbol{A}$ 的特征值为 $\lambda_1=\lambda_2=\lambda_3=1$,$\lambda_4=-3$.

对特征值 $\lambda_1=\lambda_2=\lambda_3=1$,解齐次方程组 $(\boldsymbol{A}-\boldsymbol{E})\boldsymbol{x}=\boldsymbol{0}$ 得基础解系

$$\boldsymbol{\xi}_1=(1\quad 1\quad 0\quad 0)^{\mathrm{T}},\quad \boldsymbol{\xi}_2=(1\quad 0\quad 1\quad 0)^{\mathrm{T}},\quad \boldsymbol{\xi}_3=(-1\quad 0\quad 0\quad 1)^{\mathrm{T}}.$$

用施密特正交化方法把 $\{\boldsymbol{\xi}_1,\boldsymbol{\xi}_2,\boldsymbol{\xi}_3\}$ 正交化:

$$\boldsymbol{\beta}_1=\boldsymbol{\xi}_1=(1\quad 1\quad 0\quad 0)^{\mathrm{T}},$$

$$\boldsymbol{\beta}_2=\boldsymbol{\xi}_2-\frac{\langle\boldsymbol{\beta}_1,\boldsymbol{\xi}_2\rangle}{\langle\boldsymbol{\beta}_1,\boldsymbol{\beta}_1\rangle}\boldsymbol{\beta}_1=\frac{1}{2}(1\quad -1\quad 2\quad 0)^{\mathrm{T}},$$

$$\boldsymbol{\beta}_3=\boldsymbol{\xi}_3-\frac{\langle\boldsymbol{\beta}_1,\boldsymbol{\xi}_3\rangle}{\langle\boldsymbol{\beta}_1,\boldsymbol{\beta}_1\rangle}\boldsymbol{\beta}_1-\frac{\langle\boldsymbol{\beta}_2,\boldsymbol{\xi}_3\rangle}{\langle\boldsymbol{\beta}_2,\boldsymbol{\beta}_3\rangle}\boldsymbol{\beta}_2=\frac{1}{3}(-1\quad 1\quad 1\quad 3)^{\mathrm{T}}.$$

将 $\boldsymbol{\beta}_1,\boldsymbol{\beta}_2,\boldsymbol{\beta}_3$ 单位化得正交规范向量组

$$\boldsymbol{p}_1=\frac{\sqrt{2}}{2}\begin{pmatrix}1\\1\\0\\0\end{pmatrix},\quad \boldsymbol{p}_2=\frac{\sqrt{6}}{6}\begin{pmatrix}1\\-1\\2\\0\end{pmatrix},\quad \boldsymbol{p}_3=\frac{\sqrt{3}}{6}\begin{pmatrix}-1\\1\\1\\3\end{pmatrix}.$$

对应于 $\lambda_4=-3$ 的特征向量

$$\boldsymbol{\xi}_4=(1,-1,-1,1)^{\mathrm{T}}.$$

将 $\boldsymbol{\xi}_4$ 单位化得

$$\boldsymbol{p}_4=\frac{1}{2}(1\quad -1\quad -1\quad 1)^{\mathrm{T}}.$$

$\{\boldsymbol{p}_1,\boldsymbol{p}_2,\boldsymbol{p}_3,\boldsymbol{p}_4\}$是 R^4 的一个正交规范基，以$\{\boldsymbol{p}_1,\boldsymbol{p}_2,\boldsymbol{p}_3,\boldsymbol{p}_4\}$为列向量构成的矩阵 $\boldsymbol{P}$ 就是所要的正交矩阵，

$$\boldsymbol{P}=\begin{pmatrix} \frac{\sqrt{2}}{2} & \frac{\sqrt{6}}{6} & -\frac{\sqrt{3}}{6} & \frac{1}{2} \\ \frac{\sqrt{2}}{2} & -\frac{\sqrt{6}}{6} & \frac{\sqrt{3}}{6} & -\frac{1}{2} \\ 0 & \frac{\sqrt{6}}{3} & \frac{\sqrt{3}}{6} & -\frac{1}{2} \\ 0 & 0 & \frac{\sqrt{3}}{2} & \frac{1}{2} \end{pmatrix},$$

且

$$\boldsymbol{P}^{-1}\boldsymbol{A}\boldsymbol{P}=\begin{pmatrix} 1 & 0 & 0 & 0 \\ 0 & 1 & 0 & 0 \\ 0 & 0 & 1 & 0 \\ 0 & 0 & 0 & -3 \end{pmatrix}.$$

习　题　5.4

1. 已知

$$\boldsymbol{P}=\begin{pmatrix} a & -\frac{3}{7} & \frac{2}{7} \\ b & c & d \\ -\frac{3}{7} & \frac{2}{7} & e \end{pmatrix}$$

为正交矩阵，求 a,b,c,d,e 的值 .

2. 设 $\boldsymbol{x}$ 是 n 维列向量且 $\|\boldsymbol{x}\|=1$，$\boldsymbol{E}$ 是单位矩阵，证明：$\boldsymbol{H}=\boldsymbol{E}-2\boldsymbol{x}\boldsymbol{x}^{\mathrm{T}}$ 是对称的正交矩阵 . 当 $\boldsymbol{x}=\left(\frac{1}{\sqrt{3}}\ \ \frac{1}{\sqrt{3}}\ \ \frac{1}{\sqrt{3}}\right)^{\mathrm{T}}$ 时，具体求出矩阵 $\boldsymbol{H}$.

3. 设 $\boldsymbol{A},\boldsymbol{B}$ 是正交阵，试证：

(1) $\boldsymbol{A}^{\mathrm{T}},\boldsymbol{AB},\boldsymbol{A}^*$ 都是正交阵；

(2) $|\boldsymbol{A}|=\pm 1$.

4. 试求正交阵 $\boldsymbol{P}$，将下列实对称阵对角化 .

(1) $\begin{pmatrix} 2 & 2 & -2 \\ 2 & 5 & -4 \\ -2 & -4 & 5 \end{pmatrix}$；　　(2) $\begin{pmatrix} 2 & -2 & 0 \\ -2 & 1 & -2 \\ 0 & -2 & 0 \end{pmatrix}$.

5. 证明：若 $\boldsymbol{A}$ 和 $\boldsymbol{B}$ 都是 n 阶实对称阵，且它们有相同的特征多项式，则 $\boldsymbol{A}$ 与 $\boldsymbol{B}$ 相似．

6. 设三阶实对称矩阵 $\boldsymbol{A}$ 的特征值为 6,3,3，对应于特征值 6 的特征向量为 $\boldsymbol{p}_1=(1\quad 1\quad 1)^{\mathrm{T}}$，求矩阵 $\boldsymbol{A}$.

第六章　二　次　型

二次型问题起源于化二次曲线或二次曲面为标准形的问题．对于二次曲线的一般方程

$$ax^2+2bxy+cy^2=1,$$

为了判断曲线的类型，研究曲线的几何性质，可以通过坐标旋转

$$\begin{cases} x=\tilde{x}\cos\theta-\tilde{y}\sin\theta, \\ y=\tilde{x}\sin\theta+\tilde{y}\cos\theta, \end{cases}$$

即

$$\begin{pmatrix} x \\ y \end{pmatrix}=\begin{pmatrix} \cos\theta & -\sin\theta \\ \sin\theta & \cos\theta \end{pmatrix}\begin{pmatrix} \tilde{x} \\ \tilde{y} \end{pmatrix},$$

消除混合项 xy，得到二次曲线的标准形式

$$\lambda\tilde{x}^2+\mu\tilde{y}^2=1.$$

上面二次曲线一般方程的左边是一个二次齐次多项式，简称为二次型，坐标旋转是两组变量 x,y 与 $\tilde{x},\tilde{y}$ 之间的线性变换．从代数学的观点看，在二次型中讨论的问题就是研究如何通过变量的线性变换，将二次齐次多项式化简为只含有平方项的标准形．二次型在物理、力学等学科中都有重要的应用．本章将讨论有关二次型的理论、化二次型为标准形的方法等内容．

第一节　二次型及其矩阵

定义 6.1　n 个变量 $x_1,x_2,\cdots,x_n$ 的二次齐次多项式

$$\begin{aligned} f(x_1,x_2,\cdots,x_n)=&a_{11}x_1^2+2a_{12}x_1x_2+\cdots+2a_{1n}x_1x_n \\ &+a_{22}x_2^2+\cdots+2a_{2n}x_2x_n+\cdots+a_{nn}x_n^2 \end{aligned} \tag{6.1}$$

称为 n 元二次型，简称为二次型．

研究二次型时，矩阵是一个有力的工具．下面先讨论用矩阵来表示二次型．

令 $a_{ij}=a_{ji}$，则 $2a_{ij}x_ix_j=a_{ij}x_ix_j+a_{ji}x_jx_i$，二次型(6.1)可以写成

$$
\begin{aligned}
f(x_1,x_2,\cdots,x_n)&=a_{11}x_1^2+a_{12}x_1x_2+\cdots+a_{1n}x_1x_n\\
&\quad+a_{21}x_2x_1+a_{22}x_2^2+\cdots+a_{2n}x_2x_n\\
&\quad+\cdots+a_{n1}x_nx_1+a_{n2}x_nx_2+\cdots+a_{nn}x_n^2\\
&=\sum_{i,j=1}^{n}a_{ij}x_ix_j,
\end{aligned}
\tag{6.2}
$$

令 $\boldsymbol{x}=(x_1\quad x_2\quad\cdots\quad x_n)^{\mathrm{T}}$，$\boldsymbol{A}$ 表示(6.2)中系数排成的矩阵

$$
\boldsymbol{A}=\begin{pmatrix}a_{11}&a_{12}&\cdots&a_{1n}\\a_{21}&a_{22}&\cdots&a_{2n}\\\vdots&\vdots&&\vdots\\a_{n1}&a_{n2}&\cdots&a_{nn}\end{pmatrix},
$$

则式(6.2)可表示成

$$
\begin{aligned}
f&=x_1(a_{11}x_1+a_{12}x_2+\cdots+a_{1n}x_n)+x_2(a_{21}x_1+a_{22}x_2+\cdots+a_{2n}x_n)\\
&\quad+\cdots+x_n(a_{n1}x_1+a_{n2}x_2+\cdots+a_{nn}x_n)\\
&=(x_1\quad x_2\quad\cdots\quad x_n)\begin{pmatrix}a_{11}x_1+a_{12}x_2+\cdots+a_{1n}x_n\\a_{21}x_1+a_{22}x_2+\cdots+a_{2n}x_n\\\vdots\\a_{n1}x_1+a_{n2}x_2+\cdots+a_{nn}x_n\end{pmatrix}\\
&=(x_1\quad x_2\quad\cdots\quad x_n)\begin{pmatrix}a_{11}&a_{12}&\cdots&a_{1n}\\a_{21}&a_{22}&\cdots&a_{2n}\\\vdots&\vdots&&\vdots\\a_{n1}&a_{n2}&\cdots&a_{nn}\end{pmatrix}\begin{pmatrix}x_1\\x_2\\\vdots\\x_n\end{pmatrix}\\
&=\boldsymbol{x}^{\mathrm{T}}\boldsymbol{A}\boldsymbol{x},
\end{aligned}
\tag{6.3}
$$

称 $\boldsymbol{A}$ 为二次型 f 的矩阵．由于 $a_{ij}=a_{ji}$，所以 $\boldsymbol{A}$ 是一个对称矩阵．矩阵 $\boldsymbol{A}$ 的对角线上元素 $a_{11},a_{22},\cdots,a_{nn}$ 是(6.1)中平方项 $x_1^2,x_2^2,\cdots,x_n^2$ 的系数，其他元素 $a_{ij}=a_{ji}(i\neq j)$ 恰好是(6.1)中混合项 x_ix_j 的系数的一半，所以，二次型的矩阵是对称矩阵．易见，二次型与对称矩阵是一一对应的，因此也把 f 称为对称矩阵 $\boldsymbol{A}$ 的二次型．当 a_{ij} 为复数时，f 称为复二次型；当 a_{ij} 为实数时，f 称为实二次型．下面仅讨论实二次型．

考虑线性变换

$$
\begin{cases}x_1=c_{11}y_1+c_{12}y_2+\cdots+c_{1n}y_n,\\x_2=c_{21}y_1+c_{22}y_2+\cdots+c_{2n}y_n,\\\cdots\cdots\cdots\cdots\\x_n=c_{n1}y_1+c_{n2}y_2+\cdots+c_{nn}y_n,\end{cases}
\tag{6.4}
$$

它可简记为

$$x=Cy \tag{6.4'}$$

其中 C 是线性变换(6.4)′的矩阵．不难验证，把(6.4)′代入(6.1)得到的关于 $y_1,y_2,\cdots,y_n$ 的多项式仍然是二次齐次的，也就是说，二次型经过线性变换后还是二次型．

对于二次型，讨论的主要问题是：寻求可逆的矩阵 C，使经过线性变换后的二次型只含有平方项，即经过线性变换 $x=Cy$，二次型(6.1)化为

$$f=k_1y_1^2+k_2y_2^2+\cdots+k_ny_n^2,$$

这种只含有平方项的二次型，称为二次型的标准形(或法式)．

显然，二次型的标准形的矩阵是对角矩阵．

例1 设二次型

$$f(x_1,x_2,x_3)=2x_1^2+5x_2^2+5x_3^2+4x_1x_2-4x_1x_3-8x_2x_3,$$

又设

$$P=\begin{pmatrix} -\frac{2}{\sqrt{5}} & \frac{2}{3\sqrt{5}} & -\frac{1}{3} \\ \frac{1}{\sqrt{5}} & \frac{4}{3\sqrt{5}} & -\frac{2}{3} \\ 0 & \frac{5}{3\sqrt{5}} & \frac{2}{3} \end{pmatrix},\quad C=\begin{pmatrix} 1 & -1 & \frac{1}{3} \\ 0 & 1 & \frac{2}{3} \\ 0 & 0 & 1 \end{pmatrix},$$

(1) 用矩阵记号表示这个二次型；

(2) 证明线性变换 $x=Py$ 和 $x=Cz$ 可把给定的二次型化成标准形．

解 (1) 二次型的矩阵

$$A=\begin{pmatrix} 2 & 2 & -2 \\ 2 & 5 & -4 \\ -2 & -4 & 5 \end{pmatrix},$$

所以

$$f=x^TAx=(x_1\quad x_2\quad x_3)\begin{pmatrix} 2 & 2 & -2 \\ 2 & 5 & -4 \\ -2 & -4 & 5 \end{pmatrix}\begin{pmatrix} x_1 \\ x_2 \\ x_3 \end{pmatrix}.$$

(2) 验证可知，P 是正交矩阵，因而 P 是可逆的矩阵. 在线性变换 $x=Py$ 下，

$$f=x^TAx=(Py)^TA(Py)=y^T(P^TAP)y=y_1^2+y_2^2+10y_3^2,$$

因此，线性变换 $x=Py$ 把二次型变为标准形

$$f=y_1^2+y_2^2+10y_3^2.$$

因为$|C|=1$,所以C是可逆矩阵．在线性变换$x=Cz$下，

$$f=x^{T}Ax=(Cz)^{T}A(Cz)=z^{T}(C^{T}AC)z=2z_1^2+3z_2^2+\frac{5}{3}z_3^2,$$

因此,线性变换$x=Cz$把二次型变为标准形

$$f=2z_1^2+3z_2^2+\frac{5}{3}z_3^2.$$

可见,一个二次型的标准形是不唯一的,其标准形的形式与所选取的线性变换即矩阵C相关．那么:(1) 一个二次型的不同标准形之间有什么联系呢?(2)怎样求把二次型变换为标准形的矩阵C呢? 对于第一个问题给出如下定理．

定理 6.1(惯性定理)　设$f=x^{T}Ax$是n元实二次型,且矩阵A的秩为r. 若两个可逆变换$x=Py$与$x=Cz$把二次型化为标准形

$$f=x^{T}Ax=(Py)^{T}A(Py)=\lambda_1y_1^2+\lambda_2y_2^2+\cdots+\lambda_ny_n^2,$$

和

$$f=x^{T}Ax=(Cz)^{T}A(Cz)=k_1z_1^2+k_2z_2^2+\cdots+k_nz_n^2,$$

那么,这两个标准形的非零系数个数都等于r,且这r个非零数中正数的个数也相等(因而负数的个数也是相等的).

这个定理不予证明．

惯性定理说明,实二次型的标准形中,非零系数的个数r以及系数为正的平方项的个数p都由这个二次型唯一决定．称p为二次型的正惯性指数,$r-p$为负惯性指数,正、负惯性指数的差$p-(r-p)=2p-r$叫符号差．

对于第二个问题,将线性变换(6.4)′代入二次型(6.3),并记$B=C^{T}AC$,得

$$f=x^{T}Ax=(Cy)^{T}A(Cy)=y^{T}(C^{T}AC)y=y^{T}By.$$

容易看到,当B为对角矩阵时,二次型f成为变量$y_1,y_2,\cdots,y_n$的标准形．

定义 6.2　设A,B都是n阶方阵,若有可逆矩阵C,使

$$C^{T}AC=B,$$

则称A与B是合同的或称A与B合同,记为$A\simeq B$. 矩阵C称为把A变成B的合同矩阵．

可见,经过可逆的线性变换后,新、旧两个二次型的矩阵是合同的．把二次型化为标准形的问题,就是寻求可逆矩阵C,使得二次型的矩阵与对角矩阵合同．

定理 6.2　设矩阵A与B合同,则A与B:

(1) 秩相同;

(2) 正、负惯性指数相同．

证明　只证(1).

设 $\boldsymbol{A}\simeq\boldsymbol{B}$,则有可逆矩阵 $\boldsymbol{C}$,使 $\boldsymbol{C}^{\mathrm{T}}\boldsymbol{A}\boldsymbol{C}=\boldsymbol{B}$. 因为 $\boldsymbol{B}=\boldsymbol{C}^{\mathrm{T}}\boldsymbol{A}\boldsymbol{C}$,由第三章知,$R(\boldsymbol{B})\leqslant R(\boldsymbol{A}\boldsymbol{C})\leqslant R(\boldsymbol{A})$;又因为 $\boldsymbol{C}$ 可逆,$\boldsymbol{A}=(\boldsymbol{C}^{\mathrm{T}})^{-1}\boldsymbol{B}\boldsymbol{C}^{-1}$,所以,$R(\boldsymbol{A})\leqslant R(\boldsymbol{B}\boldsymbol{C}^{-1})\leqslant R(\boldsymbol{B})$,于是 $R(\boldsymbol{A})=R(\boldsymbol{B})$.

由定理 6.2 可知,如果 $\boldsymbol{A}$ 与 $\boldsymbol{B}$ 合同,则它们同时可逆或同时不可逆. 由于合同矩阵有相同的秩,我们把一个二次型的矩阵的秩称为这个二次型的秩.

习　题　6.1

1. 用矩阵记号表示下列二次型:

(1) $f=x_1^2+4x_2^2+x_3^2+4x_1x_2+2x_1x_3+4x_2x_3$;

(2) $f=8x_1x_4+2x_2x_3+8x_2x_4+2x_3x_4$;

(3) $f=x_1^2+x_2^2+x_3^2+x_1x_2+x_1x_3+x_2x_3$

(4) $f=x_1x_2-x_3x_4$.

2. 写出下列矩阵所对应的二次型:

(1) $\boldsymbol{A}=\begin{pmatrix}1&1&0\\1&2&2\\0&2&4\end{pmatrix}$;　　(2) $\boldsymbol{A}=\begin{pmatrix}1&-1&1\\-1&-3&-3\\1&-3&0\end{pmatrix}$.

第二节　用正交变换化二次型为标准形

对于二次型 $f=\boldsymbol{x}^{\mathrm{T}}\boldsymbol{A}\boldsymbol{x}$,由于 $\boldsymbol{A}$ 为实对称矩阵,因而二次型化为标准形的问题可以归结为:求可逆矩阵,使得对称矩阵与对角矩阵合同. 在第五章第四节对实对称矩阵的讨论中,证明了任意一个实对称矩阵 $\boldsymbol{A}$,都能找到一个正交矩阵 $\boldsymbol{P}$,使得 $\boldsymbol{P}^{-1}\boldsymbol{A}\boldsymbol{P}$ 为对角矩阵$\boldsymbol{\Lambda}$. 因为 $\boldsymbol{P}$ 为正交矩阵,那么 $\boldsymbol{P}^{\mathrm{T}}=\boldsymbol{P}^{-1}$,故

$$\boldsymbol{P}^{\mathrm{T}}\boldsymbol{A}\boldsymbol{P}=\boldsymbol{P}^{-1}\boldsymbol{A}\boldsymbol{P}=\boldsymbol{\Lambda}.$$

可见,如果 $\boldsymbol{P}$ 是把矩阵 $\boldsymbol{A}$ 变成对角矩阵$\boldsymbol{\Lambda}$ 的相似变换矩阵,则 $\boldsymbol{P}$ 也是使 $\boldsymbol{A}$ 与对角矩阵合同的可逆矩阵. 因此,可用正交矩阵(正交变换)把二次型化为标准形.

定理 6.3　任意一个二次型 $f=\boldsymbol{x}^{\mathrm{T}}\boldsymbol{A}\boldsymbol{x}$ 都可以经过正交变换 $\boldsymbol{x}=\boldsymbol{P}\boldsymbol{y}$ 化为标准形

$$f=\lambda_1y_1^2+\lambda_2y_2^2+\cdots+\lambda_ny_n^2,$$

其中 $\lambda_1,\lambda_2,\cdots,\lambda_n$ 是矩阵 $\boldsymbol{A}$ 的特征值,正交矩阵 $\boldsymbol{P}=(\boldsymbol{p}_1\quad\boldsymbol{p}_2\quad\cdots\quad\boldsymbol{p}_n)$,$\boldsymbol{p}_i$ 是矩阵

$\boldsymbol{A}$ 的对应于特征值 λ_i 的特征向量.

上述化二次型为标准形的方法称为正交变换法或主轴化方法. 此方法的主要步骤为:

(1) 写出二次型 f 的对称矩阵 $\boldsymbol{A}$;

(2) 求正交矩阵 $\boldsymbol{P}$,使得 $\boldsymbol{P}^{-1}\boldsymbol{A}\boldsymbol{P}=\boldsymbol{\Lambda}$ 为对角矩阵;

(3) 正交变换 $\boldsymbol{x}=\boldsymbol{P}\boldsymbol{y}$ 把二次型化为标准形 $f=\lambda_1 y_1^2+\lambda_2 y_2^2+\cdots+\lambda_n y_n^2$.

例 2　用正交变换把二次型

$$f=2x_1^2+5x_2^2+5x_3^2+4x_1x_2-4x_1x_3-8x_2x_3$$

化为标准型.

解　二次型的矩阵

$$\boldsymbol{A}=\begin{pmatrix} 2 & 2 & -2 \\ 2 & 5 & -4 \\ -2 & -4 & 5 \end{pmatrix},$$

$$f(\lambda)=|\boldsymbol{A}-\lambda\boldsymbol{E}|=-(\lambda-1)^2(\lambda-10),$$

所以 $\boldsymbol{A}$ 的特征值为 $\lambda_1=\lambda_2=1,\lambda_3=10$.

$\lambda_1=\lambda_2=1$ 时,对应的特征向量

$$\boldsymbol{\xi}_1=(-2,1,0)^{\mathrm{T}},\quad \boldsymbol{\xi}_2=(2,0,1)^{\mathrm{T}},$$

正交化得

$$\boldsymbol{\beta}_1=(-2,1,0)^{\mathrm{T}},\quad \boldsymbol{\beta}_2=\frac{1}{5}(2,4,5)^{\mathrm{T}},$$

当 $\lambda_3=10$ 时,对应的特征向量为

$$\boldsymbol{\beta}_3=(-1,-2,2)^{\mathrm{T}}.$$

将 $\boldsymbol{\beta}_1,\boldsymbol{\beta}_2,\boldsymbol{\beta}_3$ 单位化得

$$\boldsymbol{p}_1=\frac{1}{\sqrt{5}}(-2\quad 1\quad 0)^{\mathrm{T}},\boldsymbol{p}_2=\frac{1}{3\sqrt{5}}(2\quad 4\quad 5)^{\mathrm{T}},\boldsymbol{p}_3=\frac{1}{3}(-1\quad -2\quad 2)^{\mathrm{T}},$$

所求的正交矩阵为

$$\boldsymbol{P}=(\boldsymbol{p}_1,\boldsymbol{p}_2,\boldsymbol{p}_3)=\begin{pmatrix} -\frac{2}{\sqrt{5}} & \frac{2}{3\sqrt{5}} & -\frac{1}{3} \\ \frac{1}{\sqrt{5}} & \frac{4}{3\sqrt{5}} & -\frac{2}{3} \\ 0 & \frac{5}{3\sqrt{5}} & \frac{2}{3} \end{pmatrix}.$$

$\boldsymbol{P}$ 就是上节例 1 中的正交矩阵. 在正交变换 $\boldsymbol{x}=\boldsymbol{P}\boldsymbol{y}$ 下,二次型的标准型为

$$f=y_1^2+y_2^2+10y_3^2,$$

可见，这个二次型的正惯性指数是 3，负惯性指数是 0，符号差是3.

例 3 设二次型

$$f=x_1^2+x_2^2+x_3^2+2ax_1x_2+4x_1x_3+2bx_2x_3$$

经过正交变换化为

$$f=-y_1^2-y_2^2+5y_3^2,$$

求参数 a,b 及所用的正交变换矩阵.

解 变换前后的两个二次型的矩阵分别为

$$\boldsymbol{A}=\begin{pmatrix}1&a&2\\a&1&b\\2&b&1\end{pmatrix} \quad 和 \quad \boldsymbol{\Lambda}=\begin{pmatrix}-1&0&0\\0&-1&0\\0&0&5\end{pmatrix},$$

由于 $\boldsymbol{A}$ 与$\boldsymbol{\Lambda}$ 相似，所以它们的特征值相同，即

$$|\boldsymbol{A}-\lambda\boldsymbol{E}|=|\boldsymbol{\Lambda}-\lambda\boldsymbol{E}|$$

又 $$|\boldsymbol{A}-\lambda\boldsymbol{E}|=-\lambda^3+3\lambda^2+(a^2+b^2+1)\lambda+(4ab-a^2-b^2-3),$$

$$|\boldsymbol{\Lambda}-\lambda\boldsymbol{E}|=-\lambda^3+3\lambda^2+9\lambda+5,$$

比较 λ 同次幂的系数可解得 $a=b=\pm 2$.

以下对 $a=b=2$ 进行讨论 . 这时

$$\boldsymbol{A}=\begin{pmatrix}1&2&2\\2&1&2\\2&2&1\end{pmatrix},$$

可求得 $\boldsymbol{A}$ 的对应于特征值 $\lambda_1=\lambda_2=-1$ 的特征向量为

$$\boldsymbol{\xi}_1=(1\quad 0\quad -1)^{\mathrm{T}},\quad \boldsymbol{\xi}_2=(0\quad 1\quad -1)^{\mathrm{T}},$$

把 $\boldsymbol{\xi}_1$,$\boldsymbol{\xi}_2$ 实施正交化再把它们单位化得

$$\boldsymbol{p}_1=\frac{1}{\sqrt{2}}(1\quad 0\quad -1)^{\mathrm{T}},\quad \boldsymbol{p}_2=\frac{1}{\sqrt{6}}(1\quad -2\quad 1)^{\mathrm{T}}.$$

$\boldsymbol{A}$ 的对应于 $\lambda_3=5$ 的特征向量为

$$\boldsymbol{\xi}_3=(1\quad 1\quad 1),$$

把它单位化得

$$\boldsymbol{p}_3=\frac{1}{\sqrt{3}}(1\quad 1\quad 1)^{\mathrm{T}}.$$

因而所用的正交变换矩阵为

$$\boldsymbol{P}=\frac{1}{\sqrt{6}}\begin{pmatrix}\sqrt{3}&1&\sqrt{2}\\0&-2&\sqrt{2}\\-\sqrt{3}&1&\sqrt{2}\end{pmatrix}.$$

这个二次型的正惯性指数是1,负惯性指数是2,符号差是-1.

习 题 6.2

用正交变换把下列实二次型化为标准形,写出正交变换的矩阵和该二次型的正、负惯性指数及符号差:

(1) $f=2x_1^2+x_2^2-4x_1x_2-4x_2x_3$;

(2) $f=x_1^2+x_2^2+x_3^2+x_4^2+2x_1x_2-2x_1x_4-2x_2x_3+2x_3x_4$;

(3) $f=2x_1x_2-2x_3x_4$.

第三节 用配方法化二次型为标准形

把二次型化为标准形时,如果线性变换的矩阵不要求是正交矩阵,而是通常的可逆矩阵,那么可采用配方法实现对二次型的化简. 下面举例说明这种方法.

例 4 化二次型

$$f=2x_1^2+5x_2^2+5x_3^2+4x_1x_2-4x_1x_3-8x_2x_3$$

为标准型,并求所用的线性变换矩阵.

解 由于f中有x_1的平方项,可先把含x_1的项归并在一起,再逐步配方得

$$\begin{aligned}f&=2x_1^2+4x_1x_2-4x_1x_3+5x_2^2+5x_3^2-8x_2x_3\\&=2(x_1^2+2x_1x_2-2x_1x_3-2x_2x_3+x_2^2+x_3^2)+3x_2^2+3x_3^2-4x_2x_3\\&=2(x_1+x_2-x_3)^2+3\left(x_2^2-\frac{4}{3}x_2x_3+\frac{4}{9}x_3^2\right)+\frac{5}{3}x_3^2,\\&=2(x_1+x_2-x_3)^2+3\left(x_2-\frac{2}{3}x_3\right)^2+\frac{5}{3}x_3^2,\end{aligned}$$

令

$$\begin{cases}y_1=x_1+x_2-x_3,\\y_2=x_2-\dfrac{2}{3}x_3,\\y_3=x_3,\end{cases}$$

即

$$\begin{cases}x_1=y_1-y_2+\dfrac{1}{3}y_3,\\x_2=y_2+\dfrac{2}{3}y_3,\\x_3=y_3,\end{cases}$$

则二次型化为

$$f=2y_1^2+3y_2^2+\frac{5}{3}y_3^2,$$

所用的线性变换矩阵是

$$\boldsymbol{C}=\begin{pmatrix}1 & -1 & \frac{1}{3}\\ 0 & 1 & \frac{2}{3}\\ 0 & 0 & 1\end{pmatrix}.$$

这个矩阵就是第一节例 1 中的矩阵 $\boldsymbol{C}$. 由第一节例 1 可见,矩阵 $\boldsymbol{C}$ 是把二次型的矩阵 $\boldsymbol{A}$ 变成对角矩阵 $\boldsymbol{\Lambda}=\mathrm{diag}\left(2,3,\frac{5}{3}\right)$ 时所用的合同矩阵($\boldsymbol{C}$ 不是正交矩阵). 由第一节例 1 还可见,选用的线性变换不同,一个二次型化成的标准形也不同. 根据惯性定理可知,无论选取怎样的可逆线性变换,同一个二次型的不同标准形中平方项的个数总是相同的,正(负)惯性指数也是相同的.

例 5 化二次型

$$f=x_1x_2+x_1x_3-3x_2x_3$$

为标准型,并求所用的线性变换矩阵.

解 由于 f 中没有平方项,为了用配方法,可先“造出”平方项. 因为 f 中含有混合项 x_1x_2,所以令

$$\begin{cases}x_1=y_1-y_2,\\ x_2=y_1+y_2,\\ x_3=y_3,\end{cases}$$

记为

$$\boldsymbol{x}=\boldsymbol{C}_1\boldsymbol{y},$$

其中

$$\boldsymbol{C}_1=\begin{pmatrix}1 & -1 & 0\\ 1 & 1 & 0\\ 0 & 0 & 1\end{pmatrix}.$$

代入 f 得

$$\begin{aligned}f&=y_1^2-y_2^2-2y_1y_3-4y_2y_3=(y_1^2-2y_1y_3+y_3^2)-y_2^2-y_3^2-4y_2y_3\\ &=(y_1-y_3)^2-(y_2+2y_3)^2+3y_3^2,\end{aligned}$$

令

$$\begin{cases}z_1=y_1-y_3,\\ z_2=y_2+2y_3,\\ z_3=y_3,\end{cases}$$

即
$$\begin{cases} y_1 = z_1 + z_3, \\ y_2 = z_2 - 2z_3, \\ y_3 = z_3, \end{cases}$$

记
$$\boldsymbol{C}_2 = \begin{pmatrix} 1 & 0 & 1 \\ 0 & 1 & -2 \\ 0 & 0 & 1 \end{pmatrix}, \quad \boldsymbol{y} = \begin{pmatrix} y_1 \\ y_2 \\ y_3 \end{pmatrix}, \quad \boldsymbol{z} = \begin{pmatrix} z_1 \\ z_2 \\ z_3 \end{pmatrix},$$

则
$$\boldsymbol{y} = \boldsymbol{C}_2 \boldsymbol{z}.$$

代入 f 后把二次型化为
$$f = z_1^2 - z_2^2 + 3z_3^2,$$

所用的线性变换矩阵是
$$\boldsymbol{C} = \boldsymbol{C}_1 \boldsymbol{C}_2 = \begin{pmatrix} 1 & -1 & 3 \\ 1 & 1 & -1 \\ 0 & 0 & 1 \end{pmatrix},$$

$\boldsymbol{C}$ 是把二次型的矩阵 $\boldsymbol{A}$ 变成对角矩阵 $\boldsymbol{\Lambda} = \mathrm{diag}(1, -1, 3)$ 时所用的合同矩阵 .

习　题　6.3

用配方法化二次型为标准形,并写出所用的变换矩阵:

(1) $f = x_1^2 + 4x_2^2 + 2x_3^2 - 4x_1x_2 + 2x_1x_3$;

(2) $f = x_1^2 + 2x_2^2 + 4x_3^2 + 2x_1x_2 + 4x_2x_3$;

(3) $f = x_1x_2 + x_2x_3 + x_1x_3$.

第四节　正定二次型

本节将介绍一类非常重要的二次型——正定二次型及其判别条件 .

定义 6.3　设 $f = \boldsymbol{x}^{\mathrm{T}}\boldsymbol{A}\boldsymbol{x}$ 为实二次型,若对任何 $\boldsymbol{x} \neq \boldsymbol{0}$,都有 $f > 0$($f < 0$),则称二次型 f 是正定的(负定的),并称其对应的矩阵 $\boldsymbol{A}$ 为正定(负定)矩阵 .

定理 6.4　n 元实二次型 $f = \boldsymbol{x}^{\mathrm{T}}\boldsymbol{A}\boldsymbol{x}$ 为正定 $\Leftrightarrow f$ 的正惯性指数 $p = n$.

证明　设 f 经过正交变换 $\boldsymbol{x} = \boldsymbol{P}\boldsymbol{y}$ 化成的标准形为
$$f = \lambda_1 y_1^2 + \lambda_2 y_2^2 + \cdots + \lambda_n y_n^2 = \boldsymbol{y}^{\mathrm{T}}\boldsymbol{\Lambda}\boldsymbol{y},$$

其中 $\boldsymbol{\Lambda} = \mathrm{diag}(\lambda_1, \lambda_2, \cdots, \lambda_n)$.

因为 $\boldsymbol{P}$ 可逆，所以 $\boldsymbol{x}\neq\boldsymbol{0}\Leftrightarrow\boldsymbol{y}\neq\boldsymbol{0}$，故 f 为正定 $\Leftrightarrow\forall\,\boldsymbol{y}\neq\boldsymbol{0}$ 有 $f>0$. 将 R^n 中标准基向量 $\boldsymbol{e}_1,\boldsymbol{e}_2,\cdots,\boldsymbol{e}_n$ 分别代入 f 的标准形得

$$\lambda_1>0,\quad \lambda_2>0,\quad \cdots,\quad \lambda_n>0.$$

由惯性定理可知，f 的正惯性指数为n.

反之，若 f 的正惯性指数为 n，则 $\lambda_1>0,\lambda_2>0,\cdots,\lambda_n>0$. 对任意 $\boldsymbol{y}=(y_1\quad y_2\quad\cdots\quad y_n)^{\mathrm{T}}\neq\boldsymbol{0}$，有

$$f=\lambda_1y_1^2+\lambda_2y_2^2+\cdots+\lambda_ny_n^2>0,$$

故二次型 f 是正定的.

由于定理 6.4 中的 $\lambda_1,\lambda_2,\cdots,\lambda_n$ 是矩阵 $\boldsymbol{A}$ 的特征值，于是得下面推论.

推论 1　矩阵 $\boldsymbol{A}$ 是正定的 $\Leftrightarrow\boldsymbol{A}$ 的全部特征值均为正.

下面给出矩阵 $\boldsymbol{A}$ 为正定矩阵的另一个充分必要条件. 前面已知，$|\boldsymbol{A}|=\lambda_1\lambda_2\cdots\lambda_n$. 因此，若 $\boldsymbol{A}$ 为正定矩阵，则 $\boldsymbol{A}$ 的行列式大于零. 但是 $|\boldsymbol{A}|>0$ 只是 $\boldsymbol{A}$ 为正定矩阵的必要条件，不是充分条件. 那么还应增加什么条件，才能保证 $\boldsymbol{A}$ 为正定的呢？

定义 6.4　设 n 阶方阵

$$\boldsymbol{A}=\begin{pmatrix} a_{11} & a_{12} & \cdots & a_{1n}\\ a_{21} & a_{22} & \cdots & a_{2n}\\ \vdots & \vdots & & \vdots\\ a_{n1} & a_{n2} & \cdots & a_{nn}\end{pmatrix},$$

方阵 $\boldsymbol{A}$ 的前 k 行和前 k 列所成的子式

$$A_k=\begin{vmatrix} a_{11} & \cdots & a_{1k}\\ \vdots & & \vdots\\ a_{k1} & \cdots & a_{kk}\end{vmatrix},\qquad k=1,2,\cdots,n,$$

称为矩阵 $\boldsymbol{A}$ 的 k 阶主子式.

定理 6.5　n 元实二次型 $f=\boldsymbol{x}^{\mathrm{T}}\boldsymbol{A}\boldsymbol{x}$ 为正定 $\Leftrightarrow$ 对称矩阵 $\boldsymbol{A}$ 的各阶主子式都大于零，即

$$A_1=a_{11}>0,\quad A_2=\begin{vmatrix} a_{11} & a_{12}\\ a_{21} & a_{22}\end{vmatrix}>0,\quad \cdots,\quad A_k=\begin{vmatrix} a_{11} & \cdots & a_{1k}\\ \vdots & & \vdots\\ a_{k1} & \cdots & a_{kk}\end{vmatrix}>0,$$

$$\cdots,\quad A_n=|\boldsymbol{A}|>0.$$

这个定理不予证明.

因为 $f=\boldsymbol{x}^{\mathrm{T}}\boldsymbol{A}\boldsymbol{x}$ 为负定 $\Leftrightarrow -f=\boldsymbol{x}^{\mathrm{T}}(-\boldsymbol{A})\boldsymbol{x}$ 为正定，所以二次型 $f=\boldsymbol{x}^{\mathrm{T}}\boldsymbol{A}\boldsymbol{x}$ 为负定 $\Leftrightarrow$ 矩阵 $\boldsymbol{A}$ 的各阶主子式满足 $(-1)^kA_k>0,k=1,2,\cdots,n$.

例 6　已知二次型

$$f=tx_1^2+tx_2^2+tx_3^2+2x_1x_2+2x_1x_3-2x_2x_3,$$

问：t 满足什么条件时，二次型 f 是正定的？t 满足什么条件时，二次型 f 是负定的？

解　二次型 f 的矩阵为

$$\boldsymbol{A}=\begin{pmatrix} t & 1 & 1 \\ 1 & t & -1 \\ 1 & -1 & t \end{pmatrix},$$

计算 $\boldsymbol{A}$ 的各阶主子式得

$$A_1=t,\quad A_2=\begin{vmatrix} t & 1 \\ 1 & t \end{vmatrix}=t^2-1,$$

$$A_3=|\boldsymbol{A}|=\begin{vmatrix} t & 1 & 1 \\ 1 & t & -1 \\ 1 & -1 & t \end{vmatrix}=(t+1)^2(t-2),$$

当 $t>0, t^2-1>0, (t+1)^2(t-2)>0$ 得 $t>2$，故 $t>2$ 时 f 是正定二次型．

当 $(-1)^kA_k>0$，即 $-t>0, t^2-1>0, -(t+1)^2(t-2)>0$，由该不等式组推得 $t<-1$，故 $t<-1$ 时，f 是负定的．

例 7　判断二次型

$$f=\sum_{i=1}^{n}x_i^2+\sum_{i=1}^{n-1}x_ix_{i+1}$$

是否是正定的．

解　二次型 f 的矩阵为

$$\boldsymbol{A}=\begin{pmatrix} 1 & \frac{1}{2} & 0 & \cdots & 0 & 0 & 0 \\ \frac{1}{2} & 1 & \frac{1}{2} & \cdots & 0 & 0 & 0 \\ 0 & \frac{1}{2} & 1 & \cdots & 0 & 0 & 0 \\ \vdots & \vdots & \vdots & & \vdots & \vdots & \vdots \\ 0 & 0 & 0 & \cdots & 0 & 1 & \frac{1}{2} \\ 0 & 0 & 0 & \cdots & 0 & \frac{1}{2} & 1 \end{pmatrix}.$$

计算可得：$\boldsymbol{A}$ 的 k 阶主子式 $A_k=(k+1)\left(\frac{1}{2}\right)^k>0$，所以 f 为正定二次型．

例 8 设 n 阶方阵 $\boldsymbol{A}$ 是正定矩阵,证明:$\boldsymbol{A}^{-1},\boldsymbol{A}^*,\boldsymbol{A}^m$($m$ 为正整数)也为正定矩阵.

解 因为 $\boldsymbol{A}$ 是正定矩阵,所以 $\boldsymbol{A}$ 的特征值 $\lambda_1,\lambda_2,\cdots,\lambda_n$ 均为正,且 $|\boldsymbol{A}|>0$:

(1) $\boldsymbol{A}^{-1}$ 的特征值为 $\dfrac{1}{\lambda_1},\dfrac{1}{\lambda_2},\cdots,\dfrac{1}{\lambda_n}$ 均为正,故 $\boldsymbol{A}^{-1}$ 是正定矩阵;

(2) $\boldsymbol{A}^*$ 的特征值为 $\dfrac{|\boldsymbol{A}|}{\lambda_1},\dfrac{|\boldsymbol{A}|}{\lambda_2},\cdots,\dfrac{|\boldsymbol{A}|}{\lambda_n}$ 均为正,故 $\boldsymbol{A}^*$ 是正定矩阵;

(3) $\boldsymbol{A}^m$ 的特征值为 $\lambda_1^m,\lambda_2^m,\cdots,\lambda_n^m$ 均为正,故 $\boldsymbol{A}^m$ 是正定矩阵.

习 题 6.4

1. 判别下列二次型的正定性:

(1) $f=x_1^2+2x_2^2+6x_3^2+2x_1x_2+2x_1x_3+6x_2x_3$;

(2) $f=5x_1^2+x_2^2+5x_3^2+4x_1x_2-8x_1x_3-4x_2x_3$.

2. 求 t 的取值范围,使二次型 $f=t(x_1^2+x_2^2+x_3^2)+2x_1x_2$ 为

(1)正定的;(2) 负定的.

3. 已知 $\boldsymbol{A}$ 为 n 阶实对称阵,$\sigma(\boldsymbol{A})=\{\lambda_1,\lambda_2,\cdots,\lambda_n\}$. 若 $\boldsymbol{A}+t\boldsymbol{E}$ 是正定的,求 t 的取值范围;若 $\boldsymbol{A}+t\boldsymbol{E}$ 是负定的,求 t 的取值范围.

4. 设 $\boldsymbol{A}$ 是 n 阶正定矩阵,$\boldsymbol{E}$ 是 n 阶单位矩阵,证明 $\boldsymbol{A}+\boldsymbol{E}$ 的行列式大于1.

5. 设 $\boldsymbol{A}$ 是一个 n 阶对称矩阵,如果对任一个 n 维列向量 $\boldsymbol{x}$ 都有 $\boldsymbol{x}^{\mathrm{T}}\boldsymbol{A}\boldsymbol{x}=0$,则 $\boldsymbol{A}=\boldsymbol{O}$.

6. 设 $\boldsymbol{U}$ 为可逆矩阵,$\boldsymbol{A}=\boldsymbol{U}^{\mathrm{T}}\boldsymbol{U}$,证明 $f=\boldsymbol{x}^{\mathrm{T}}\boldsymbol{A}\boldsymbol{x}$ 为正定二次型.

7. 设对称矩阵 $\boldsymbol{A}$ 为正定矩阵,证明存在可逆矩阵 $\boldsymbol{U}$,使 $\boldsymbol{A}=\boldsymbol{U}^{\mathrm{T}}\boldsymbol{U}$.

8. 二次型

$$f=2x_1^2+3x_2^2+3x_3^2+2tx_2x_3,\quad (t>0)$$

通过正交变换化为

$$f=2y_1^2+y_2^2+5y_3^2,$$

(1) 求 t 及正交变换的矩阵 $\boldsymbol{P}$;

(2) 证明:在条件 $x_1^2+x_2^2+x_3^2=1$ 下,f 的最大值为 5.

9. 设 $\boldsymbol{A}$ 是一个实对称矩阵且 $\boldsymbol{A}^3-6\boldsymbol{A}^2+11\boldsymbol{A}-6\boldsymbol{E}=\boldsymbol{O}$,证明 $\boldsymbol{A}$ 为正定矩阵.

10. 设 $f=\boldsymbol{x}^{\mathrm{T}}\boldsymbol{A}\boldsymbol{x}$ 是一个实二次型,有实 n 维向量 $\boldsymbol{x}_1,\boldsymbol{x}_2,\boldsymbol{x}_1^{\mathrm{T}}\boldsymbol{A}\boldsymbol{x}_1>0,\boldsymbol{x}_2^{\mathrm{T}}\boldsymbol{A}\boldsymbol{x}_2<0$. 试证:必存在实 n 维向量 $\boldsymbol{x}_0\neq\boldsymbol{0}$,使 $\boldsymbol{x}_0^{\mathrm{T}}\boldsymbol{A}\boldsymbol{x}_0=0$.

第七章　三维空间中的向量　平面与直线

在日常生活和科学技术中，大量的问题都和三维向量有关，本章首先建立空间直角坐标系，强调三维向量的几何直观，然后介绍三维向量的一些运算，最后以向量为工具来讨论三维空间的平面和直线．

第一节　空间直角坐标系

1．空间直角坐标系

在平面解析几何中，我们曾经通过坐标法把平面上的点与一对有序数组对应起来，把平面上的曲线和方程对应起来，从而可以用代数方法来研究几何问题．把这种思路推广到三维空间，就很自然地引出空间直角坐标系的概念．

过空间一个定点 O，作三条相互垂直的数轴，它们都以 O 为坐标原点，依次称为 x 轴、y 轴和 z 轴，统称为坐标轴．通常把 x 轴和 y 轴配置在水平面上，z 轴则是铅垂线．而它们的正方向应符合右手法则，即以右手握住 z 轴，当右手的四个手指从正向 x 轴以 $\pi/2$ 角度转向正向 y 轴时，大拇指的指向就是 z 轴的正向，这样的三条坐标轴就组成了一个空间直角坐标系，点 O 叫做坐标原点．

设 M 为空间一定点，我们过 M 作三个平面分别垂直于 x 轴、y 轴和 z 轴，把它们与三个坐标轴的交点坐标依次记为 x_0,y_0,z_0，于是空间的一点 M 就唯一地确定了一个有序数组 (x_0,y_0,z_0)；反之，若给定一有序数组 (x_0,y_0,z_0)，把上面过程倒过来就可知，有序数组 (x_0,y_0,z_0) 唯一地确定空间一点 M. 这样就建立了空间的点 M 和三元有序数组 (x_0,y_0,z_0) 之间的一一对应关系，如图 7.1 所示．

在空间直角坐标系中，三元有序数组 (x_0,y_0,z_0) 就叫做点 M 的坐标，并依次称 x_0,y_0,z_0 为点 M 的横坐标、纵坐标和竖坐标，记 M 为 $M(x_0,y_0,z_0)$．

每两个坐标轴所确定的平面叫做坐标面，分别叫做 xy 平面、yz 平面和 zx

平面．立体空间被三个坐标面分为八个部分，xy 平面四个象限的上方部分(沿逆时针方向)依次被称为一、二、三、四卦限，而四个象限的下方部分依次被称为五、六、七、八卦限．

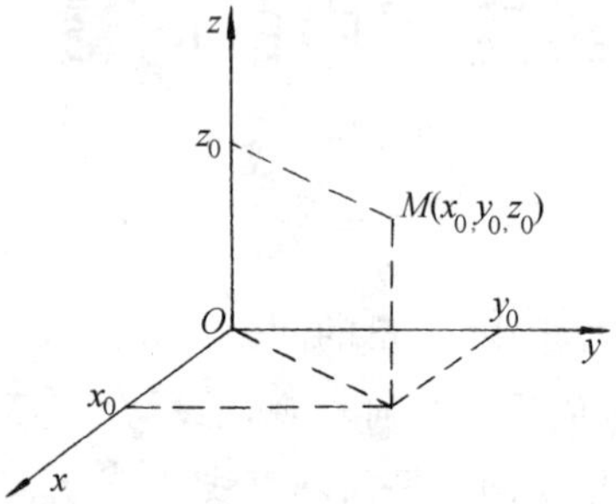

图 7.1

2．空间两点的距离公式

利用空间点的坐标，我们可以给出空间两点的距离公式．设 $M_1(x_1,y_1,z_1)$、$M_2(x_2,y_2,z_2)$是空间任意两点，过点 M_1，M_2 分别作 xy 坐标面的垂线 M_1P_1 和 M_2P_2，分别与 xy 坐标面交于 P_1 和 P_2，再过点 M_1 作与 xy 坐标面平行的平面，此平面与直线 M_2P_2 相交于点 M_3，如图 7.2 所示．

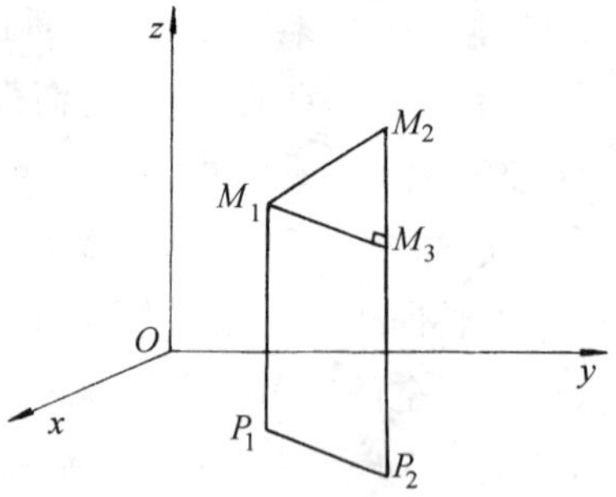

图 7.2

显然，P_1 坐标为$(x_1,y_1,0)$，P_2 坐标为$(x_2,y_2,0)$，M_3 坐标为(x_2,y_2,z_1)．由于$\triangle M_1M_2M_3$ 是直角三角形，且

$$|M_1M_3|^2=|P_1P_2|^2=(x_2-x_1)^2+(y_2-y_1)^2,$$
$$|M_2M_3|^2=(z_2-z_1)^2.$$

由勾股定理知 M_1、M_2 两点的距离为

$$d=|M_1M_2|=\sqrt{(x_2-x_1)^2+(y_2-y_1)^2+(z_2-z_1)^2}.$$

特别地，点 $M(x,y,z)$ 与坐标原点 $O(0,0,0)$ 的距离为

$$d=|OM|=\sqrt{x^2+y^2+z^2}.$$

3．曲面与方程

在三维空间中，我们通常把满足给定关系式

$$F(x,y,z)=0$$

的点的全体称为曲面，而把 $F(x,y,z)=0$ 称为该曲面的方程．用集合符号，曲面可表示为

$$\{(x,y,z)\,|\,F(x,y,z)=0\}.$$

一般情况下，我们把曲面与它的方程等同看待．

例 1　设曲面 S 上的点到定点 $M_0(x_0,y_0,z_0)$ 的距离恒等于 R，求该曲面的方程．

解　设 $M(x,y,z)$ 为曲面上任意一点．由题意及空间两点距离公式知

$$\sqrt{(x-x_0)^2+(y-y_0)^2+(z-z_0)^2}=R,$$

两边平方，得曲面方程

$$(x-x_0)^2+(y-y_0)^2+(z-z_0)^2=R^2,$$

也可写成

$$(x-x_0)^2+(y-y_0)^2+(z-z_0)^2-R^2=0.$$

我们称该曲面为球面．

例 2　下列方程在三维空间中表示什么曲面．

(1) $x^2+y^2=1$；

(2) $z=1$.

解　(1) $x^2+y^2=1$ 表示的是一个柱面．

(2) $z=1$ 表示的是一个平行于 xy 坐标面的平面，它在 z 轴上的截距为 1.

习　题　7.1

1. 在坐标面上和坐标轴上的点的坐标各有什么特征？指出下列点的位置：

   $A(1,3,0)$；　$B(0,2,3)$；　$C(4,0,0)$；　$D(0,1,0)$.

2. 求点 $P(x,y,z)$ 关于(1) 各坐标面；(2) 各坐标轴；(3) 坐标原点的对称点的坐标．

3. 求点 $P(1,2,2)$ 与坐标原点及各坐标轴间的距离．

4. 在 yz 平面上，求与三个点 $A(3,1,2)$，$B(4,-2,-2)$ 及 $C(0,5,1)$ 等距离的点．

5. 在 y 轴上求与点 $A(4,2,-1)$ 和点 $B(3,-5,1)$ 等距离的点.

第二节　三维空间中的向量

1. 三维向量的几何定义及坐标表示

在三维空间中,把既有大小,又有方向的量称为向量,又称为几何向量.从几何直观上看,三维向量可以形象地表示为有向线段,有向线段的方向就是向量的方向,而有向线段的长度表示向量的大小,把向量的大小称为向量的模.以 A 为起点、B 为终点的有向线段所表示的向量记为 $\overrightarrow{AB}$,有时也用一个字母 $\boldsymbol{\alpha},\boldsymbol{\beta},\boldsymbol{\gamma},\cdots$ 或 $\boldsymbol{a},\boldsymbol{b},\boldsymbol{c},\cdots$ 来表示向量.

观察图 7.3 中的两个向量.

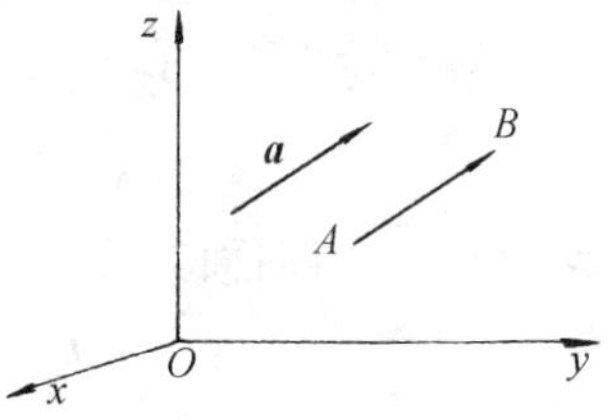

图　7.3

在图 7.3 中,向量 $\boldsymbol{a}$ 与向量 $\overrightarrow{AB}$ 的方向相同,大小也相等,所以它们表示的是同一个向量.从这一点讲,三维向量是自由向量,它只依赖于向量的大小和方向,而与向量的起点在什么位置无关.也就是说,三维向量可以自由平行移动而保持向量不变.一般来讲,对任意两点 $A(x_1,y_1,z_1)$ 和 $B(x_2,y_2,z_2)$ 所决定的向量 $\overrightarrow{AB}$,均有 $\overrightarrow{AB}=\overrightarrow{OM}$,其中 O 为坐标原点,M 点坐标为 $(x_2-x_1,y_2-y_1,z_2-z_1)$.实际上,平行移动向量 $\overrightarrow{AB}$,并把 A 点移到 O 点的坐标变换可表示为

$$\begin{cases} x'=x-x_1, \\ y'=y-y_1, \\ z'=z-z_1. \end{cases}$$

显然该变换把 B 点变为 $M(x_2-x_1,y_2-y_1,z_2-z_1)$.另一方面,由于任意三维向量 $\overrightarrow{AB}$ 均可表示为由坐标原点 O 指向空间某点 M 的向量,而向量 $\overrightarrow{OM}$ 由点 M 唯一确定,所以向量 $\overrightarrow{AB}$ 与点 M 一一对应,注意到空间点 M 的坐标表示 $M(x,y,z)$,故可以用 M 点的坐标 (x,y,z) 来表示向量 $\overrightarrow{AB}$,即

$$\overrightarrow{AB}=\overrightarrow{OM}=(x,y,z).$$

我们称此表达式为三维向量的坐标表示.向量的几何定义和向量的坐标表示是相互等价的,一般来说,向量的几何表示具有几何直观的长处,而向量的坐标

标表示有代数方法的优势，两者相得益彰．

另外，为了区别三维点和三维向量，我们通常用 $M(x,y,z)$ 来表示以 (x,y,z) 为坐标的点 M，而用 $\boldsymbol{a}=(x,y,z)$ 来表示向量 $\overrightarrow{OM}$.

2．三维向量的代数运算

定义 7.1　设 $\boldsymbol{a}=(x_1,y_1,z_1)$，$\boldsymbol{b}=(x_2,y_2,z_2)$ 是两个三维向量，λ 为任意实数．我们规定向量的代数运算如下：

(1) $\boldsymbol{a}$ 与 $\boldsymbol{b}$ 的和是一个三维向量，记为 $\boldsymbol{a}+\boldsymbol{b}$，定义为

$$\boldsymbol{a}+\boldsymbol{b}=(x_1+x_2,y_1+y_2,z_1+z_2);$$

(2) $\boldsymbol{a}$ 与 $\boldsymbol{b}$ 的差是一个三维向量，记为 $\boldsymbol{a}-\boldsymbol{b}$，定义为

$$\boldsymbol{a}-\boldsymbol{b}=(x_1-x_2,y_1-y_2,z_1-z_2);$$

(3) 任意实数 λ 与向量 $\boldsymbol{a}$ 的乘积是一个三维向量，记为 $\lambda\boldsymbol{a}$，定义为

$$\lambda\boldsymbol{a}=(\lambda x_1,\lambda y_1,\lambda z_1).$$

根据上述定义，容易验证，对任意的三维向量 $\boldsymbol{a},\boldsymbol{b},\boldsymbol{c}$ 及任意实数 λ,μ，向量的代数运算满足下列 8 条性质：

(1) $\boldsymbol{a}+\boldsymbol{b}=\boldsymbol{b}+\boldsymbol{a}$;

(2) $\boldsymbol{a}+(\boldsymbol{b}+\boldsymbol{c})=(\boldsymbol{a}+\boldsymbol{b})+\boldsymbol{c}$;

(3) $\boldsymbol{a}+\boldsymbol{0}=\boldsymbol{a}$;

(4) $\boldsymbol{a}+(-\boldsymbol{a})=\boldsymbol{0}$;

(5) $1\cdot\boldsymbol{a}=\boldsymbol{a}$;

(6) $\lambda(\mu\boldsymbol{a})=(\lambda\mu)\boldsymbol{a}$;

(7) $\lambda(\boldsymbol{a}+\boldsymbol{b})=\lambda\boldsymbol{a}+\lambda\boldsymbol{b}$;

(8) $(\lambda+\mu)\boldsymbol{a}=\lambda\boldsymbol{a}+\mu\boldsymbol{a}$.

借助于向量的几何表示，其代数运算也可表示如下．

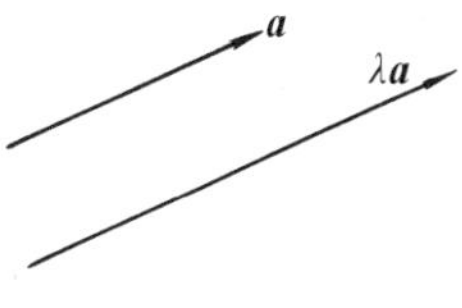

图　7.4

图 7.4 表明，$\lambda\boldsymbol{a}$ 与 $\boldsymbol{a}$ 总在一条直线上，当 $\lambda>0$ 时，它们指向相同；当 $\lambda<0$ 时，它们指向相反．

图 7.5 表示了两个向量相加减的结果，其左边图形所示称为"平行四边形法则"，所作平行四边形的两个对角线所表示的向量分别是 $\boldsymbol{a}+\boldsymbol{b}$ 和 $\boldsymbol{a}-\boldsymbol{b}$，而右边图形所示称为"三角形法则"，它表明把 $\boldsymbol{b}$ 的起点平行移动到 $\boldsymbol{a}$ 的终点，那么由 $\boldsymbol{a}$ 的起点到 $\boldsymbol{b}$ 的终点的有向线段就是 $\boldsymbol{a}+\boldsymbol{b}$.

一般 n 个三维向量的和 $\boldsymbol{\alpha}=\boldsymbol{\alpha}_1+\boldsymbol{\alpha}_2+\cdots+\boldsymbol{\alpha}_n$ 可用如下的"多边形法则"来表示，它是依次运用"三角形法则"的结果．即作 $\overrightarrow{OA_1}=\boldsymbol{\alpha}_1$，再由 A_1 点作向量 $\overrightarrow{A_1A_2}=\boldsymbol{\alpha}_2$，最

后从 $\boldsymbol{\alpha}_{n-1}$ 的终点 A_{n-1} 作向量 $\overrightarrow{A_{n-1}A_n}=\boldsymbol{\alpha}_n$，那么 $\overrightarrow{OA_n}=\boldsymbol{\alpha}_1+\boldsymbol{\alpha}_2+\cdots+\boldsymbol{\alpha}_n$(见图 7.6).

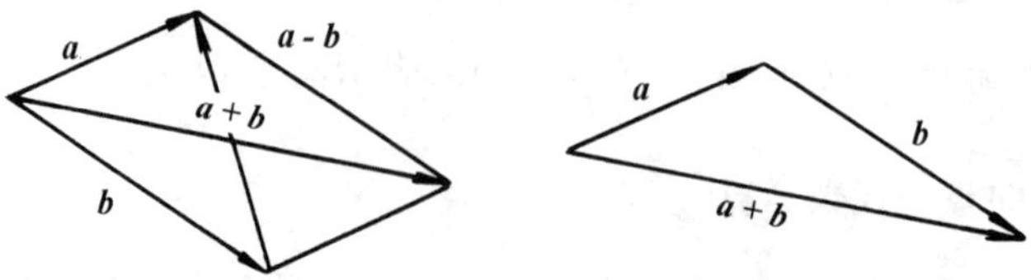

图　7.5

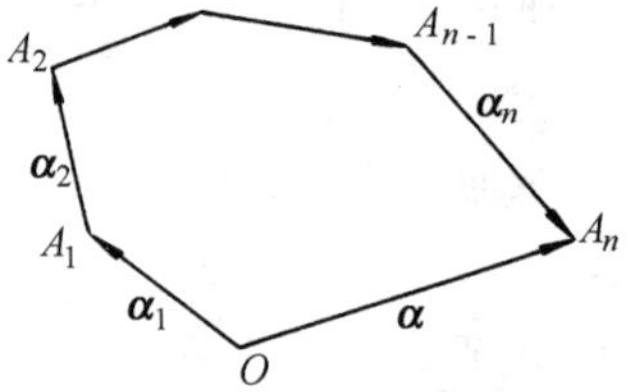

图　7.6

运用向量及其代数运算，可以表示和证明平面几何中的命题，下面通过例子说明它们是如何相互转化的.

例 3　$\triangle ABC$ 中，D 是 BC 边中点(见图 7.7)，证明：$\overrightarrow{AD}=\frac{1}{2}(\overrightarrow{AB}+\overrightarrow{AC})$.

证明　由三角形法则知

$$\overrightarrow{AD}=\overrightarrow{AB}+\overrightarrow{BD},\quad \overrightarrow{AD}=\overrightarrow{AC}+\overrightarrow{CD},$$

又因 D 是 BC 中点，故 $\overrightarrow{BD}=-\overrightarrow{CD}$，两式相加，得

$$2\overrightarrow{AD}=\overrightarrow{AB}+\overrightarrow{AC},$$

即

$$\overrightarrow{AD}=\frac{1}{2}(\overrightarrow{AB}+\overrightarrow{AC}).$$

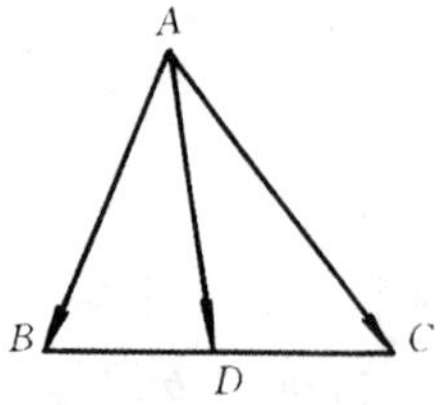

图　7.7

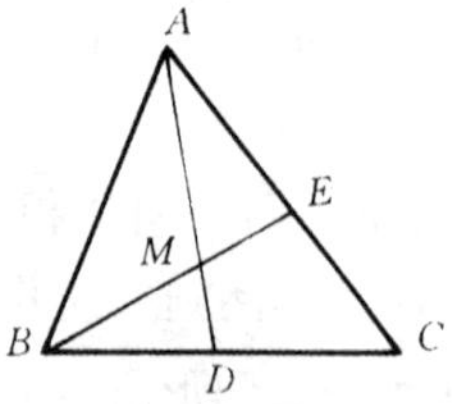

图　7.8

例 4　用向量证明：如点 M 是 $\triangle ABC$ 的重心，AD 是 BC 边上的中线(见图 7.8)，则 $AM=\frac{2}{3}AD$.

证明　由于 $\overrightarrow{AM}$,$\overrightarrow{AD}$在一条直线上,故可设 $\overrightarrow{AM}=\lambda\overrightarrow{AD}$,又因 D 是 BC 边的中点,所以有

$$\overrightarrow{AD}=\frac{1}{2}(\overrightarrow{AB}+\overrightarrow{AC}),$$

因此

$$\overrightarrow{AM}=\frac{\lambda}{2}(\overrightarrow{AB}+\overrightarrow{AC}).$$

又由于 BE 是 AC 边上的中线,设 $\overrightarrow{ME}=\mu\overrightarrow{BE}$,则有

$$\overrightarrow{BE}=\overrightarrow{BA}+\overrightarrow{AE}=-\overrightarrow{AB}+\frac{1}{2}\overrightarrow{AC},$$

所以

$$\overrightarrow{ME}=\mu\left(-\overrightarrow{AB}+\frac{1}{2}\overrightarrow{AC}\right).$$

在$\triangle AME$ 中,有

$$\overrightarrow{AM}+\overrightarrow{ME}+\overrightarrow{EA}=\vec{0},$$

即

$$\frac{\lambda}{2}(\overrightarrow{AB}+\overrightarrow{AC})+\mu\left(-\overrightarrow{AB}+\frac{1}{2}\overrightarrow{AC}\right)-\frac{1}{2}\overrightarrow{AC}=\vec{0},$$

也即

$$\left(\frac{\lambda}{2}-\mu\right)\overrightarrow{AB}+\left(\frac{\lambda}{2}+\frac{\mu}{2}-\frac{1}{2}\right)\overrightarrow{AC}=\vec{0}.$$

由于 $\overrightarrow{AB}$与 $\overrightarrow{AC}$不在一条直线上,所以不存在实数 s,t,使

$$\overrightarrow{AB}=s\overrightarrow{AC}\quad 或\quad \overrightarrow{AC}=t\overrightarrow{AB},$$

故

$$\begin{cases}\dfrac{\lambda}{2}-\mu=0,\\[2ex]\dfrac{\lambda}{2}+\dfrac{\mu}{2}-\dfrac{1}{2}=0.\end{cases}$$

解此方程组得 $\lambda=\frac{2}{3}$,即 $AM=\frac{2}{3}AD$.

3．向量的模与方向余弦

在三维空间中,一个向量既可以由坐标来表示,也可以由模(大小)和方向来确定,所以有必要弄清楚向量的模和方向与向量坐标之间的关系．

我们把向量的大小,也就是向量的长度称为向量的模,并记向量 $\overrightarrow{AB}$的模为 $|\overrightarrow{AB}|$. 若有两点 $A(a_1,a_2,a_3)$和 $B(b_1,b_2,b_3)$,由两点距离公式知

$$|\overrightarrow{AB}|=\sqrt{(b_1-a_1)^2+(b_2-a_2)^2+(b_3-a_3)^2}.$$

若向量 $\boldsymbol{a}=(x,y,z)$,由于 $\boldsymbol{a}=\overrightarrow{OM}$,其中 M 点坐标为(x,y,z),所以

$$|\boldsymbol{a}|=|\overrightarrow{OM}|=\sqrt{x^2+y^2+z^2}.$$

特别当$|\boldsymbol{a}|=1$ 时,称 $\boldsymbol{a}$ 为单位向量．当$|\boldsymbol{a}|=0$ 时,称 $\boldsymbol{a}$ 为零向量,零向量记为 $\mathbf{0}$.

考虑向量的方向,设非零向量 $\boldsymbol{a}=(x,y,z)$,且 $\boldsymbol{a}$ 与 x,y,z 轴正向的夹角分

别为 α,β,γ（见图 7.9），则显然有

$$x=|\boldsymbol{a}|\cos\alpha,\quad y=|\boldsymbol{a}|\cos\beta,\quad z=|\boldsymbol{a}|\cos\gamma.$$

所以

$$\cos\alpha=\frac{x}{\sqrt{x^2+y^2+z^2}},$$

$$\cos\beta=\frac{y}{\sqrt{x^2+y^2+z^2}},$$

$$\cos\gamma=\frac{z}{\sqrt{x^2+y^2+z^2}},$$

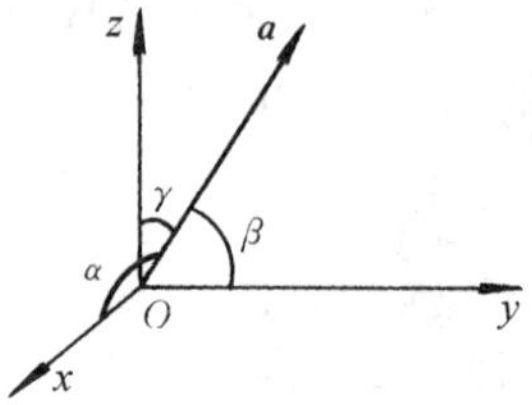

图　7.9

且

$$\cos^2\alpha+\cos^2\beta+\cos^2\gamma=1.$$

习惯上，把 α,β,γ 称为向量 $\boldsymbol{a}$ 的方向角，称 $\cos\alpha,\cos\beta,\cos\gamma$ 为向量 $\boldsymbol{a}$ 的方向余弦，通常用向量的方向余弦来表示向量的方向．

设 $\boldsymbol{a}$ 的单位向量为 $\boldsymbol{a}^0$，则

$$\boldsymbol{a}^0=\frac{\boldsymbol{a}}{|\boldsymbol{a}|}=\left(\frac{x}{\sqrt{x^2+y^2+z^2}},\frac{y}{\sqrt{x^2+y^2+z^2}},\frac{z}{\sqrt{x^2+y^2+z^2}}\right),$$

也就是说，$\boldsymbol{a}$ 的单位向量 $\boldsymbol{a}^0$ 的坐标就是 $\boldsymbol{a}$ 的方向余弦．

向量的方向余弦的坐标表达式给出了向量的方向与向量的坐标之间的关系．

我们把方向相同或相反的两个向量 $\boldsymbol{a},\boldsymbol{b}$ 称为共线向量或平行向量，记作 $\boldsymbol{a}/\!/\boldsymbol{b}$.

不妨设 $\boldsymbol{a},\boldsymbol{b}$ 都是非零向量，当 $\boldsymbol{a},\boldsymbol{b}$ 方向相同时，

$$\frac{\boldsymbol{a}}{|\boldsymbol{a}|}=\frac{\boldsymbol{b}}{|\boldsymbol{b}|},$$

则

$$\boldsymbol{a}=\frac{|\boldsymbol{a}|}{|\boldsymbol{b}|}\boldsymbol{b},$$

当 $\boldsymbol{a},\boldsymbol{b}$ 方向相反时，

$$\frac{\boldsymbol{a}}{|\boldsymbol{a}|}=-\frac{\boldsymbol{b}}{|\boldsymbol{b}|},$$

则

$$\boldsymbol{a}=-\frac{|\boldsymbol{a}|}{|\boldsymbol{b}|}\boldsymbol{b},$$

从而证明了如下定理．

定理 7.1　设 $\boldsymbol{a},\boldsymbol{b}$ 为两非零向量，则 $\boldsymbol{a}/\!/\boldsymbol{b}$ 的充分必要条件是存在数 λ，使 $\boldsymbol{a}=\lambda\boldsymbol{b}$.

例 5　设 $\boldsymbol{a}=(1,2,2)$，计算 $\boldsymbol{a}$ 的模、$\boldsymbol{a}$ 的方向余弦及单位向量 $\boldsymbol{a}^0$，并给出与 $\boldsymbol{a}$ 方向相反、长度为 5 的向量 $\boldsymbol{b}$.

解　$|\boldsymbol{a}|=\sqrt{1^2+2^2+2^2}=3$.

$$\cos\alpha=\frac{1}{3},\quad \cos\beta=\frac{2}{3},\quad \cos\gamma=\frac{2}{3}.$$

$$\boldsymbol{a}^0=\left(\frac{1}{3},\frac{2}{3},\frac{2}{3}\right).$$

$$\boldsymbol{b}=-5\boldsymbol{a}^0=\left(-\frac{5}{3},-\frac{10}{3},-\frac{10}{3}\right).$$

例 6(定比分点公式)　设有两点 $A(x_1,y_1,z_1)$，$B(x_2,y_2,z_2)$，求点 $C(x,y,z)$ 内分线段 AB 为定比 λ.

解　C 点内分线段 AB 为定比 λ 是指 C 在线段 AB 上，且 $|\overrightarrow{AC}|=\lambda|\overrightarrow{CB}|$，所以，

$$\overrightarrow{AC}/\!/\overrightarrow{CB}\quad 且\quad \overrightarrow{AC}=\lambda\overrightarrow{CB},$$

即

$$(x-x_1,y-y_1,z-z_1)=\lambda(x_2-x,y_2-y,z_2-z).$$

比较其坐标得

$$x-x_1=\lambda(x_2-x),\quad y-y_1=\lambda(y_2-y),\quad z-z_1=\lambda(z_2-z),$$

所以

$$x=\frac{x_1+\lambda x_2}{1+\lambda},\quad y=\frac{y_1+\lambda y_2}{1+\lambda},\quad z=\frac{z_1+\lambda z_2}{1+\lambda}.$$

特别地，$\lambda=1$ 时，即得 AB 的中点坐标

$$x=\frac{x_1+x_2}{2},\quad y=\frac{y_1+y_2}{2},\quad z=\frac{z_1+z_2}{2}.$$

习　题　7.2

1. 已知平行四边形 $ABCD$ 的对角线为 $\overrightarrow{AC}=\boldsymbol{\alpha}$，$\overrightarrow{BD}=\boldsymbol{\beta}$，求 $\overrightarrow{AB}$，$\overrightarrow{AD}$.
2. 已知两点 $A(4,\sqrt{2},1)$ 和 $B(3,0,2)$，求向量 $\overrightarrow{AB}$ 的坐标、模及方向余弦．
3. 向量 $\boldsymbol{a}$ 有什么几何特征?

   (1) $\cos\alpha=0$；　(2) $\cos\beta=0$；　(3) $\cos\alpha=\cos\beta=0$.
4. 已知 $|\boldsymbol{a}|=1$，$\boldsymbol{a}$ 的两个方向余弦 $\cos\alpha=\frac{1}{\sqrt{14}}$，$\cos\beta=\frac{2}{\sqrt{14}}$，求 $\boldsymbol{a}$ 的坐标．
5. 已知 $\boldsymbol{\alpha}=(3,5,-1)$，$\boldsymbol{\beta}=(2,6,4)$，$\boldsymbol{\gamma}=(4,-3,2)$，求 $2\boldsymbol{\alpha}-3\boldsymbol{\beta}+4\boldsymbol{\gamma}$.
6. 求平行于向量 $\boldsymbol{\alpha}=(-2,3,2)$ 的单位向量．
7. 求 λ，μ 使 $\boldsymbol{\alpha}=(1,\lambda,3)$ 与 $\boldsymbol{b}=(\mu,-6,2)$ 平行．
8. 设两点 $A(2,-3,0)$，$B(2,5,-7)$，求内分线段 AB 为 $4:5$ 的点 C 的坐标．

第三节 数量积 向量积 混合积

1. 向量的数量积

设一质点在常力 F 作用下沿直线运动，其位移向量为 S，由物理学知道力 F 所做的功为

$$W=|F||S|\cos\theta,$$

其中 θ 为 F 与 S 的夹角．由于该表达式具有广泛的应用，有关向量的许多计算问题都要用到它，所以给出如下定义：

定义 7.2 设两向量 $\boldsymbol{a},\boldsymbol{b}$ 的夹角余弦为 $\cos\theta$，称

$$\boldsymbol{a}\cdot\boldsymbol{b}=|\boldsymbol{a}||\boldsymbol{b}|\cos\theta$$

为 $\boldsymbol{a}$ 与 $\boldsymbol{b}$ 的数量积．有时也用 $\langle\boldsymbol{a},\boldsymbol{b}\rangle$ 表示数量积，并称为内积．

根据这个定义，功的计算表示为

$$W=F\cdot S.$$

非零向量 $\boldsymbol{a},\boldsymbol{b}$ 之间的夹角 θ 常记作 $(\widehat{\boldsymbol{a},\boldsymbol{b}})$，称 $|\boldsymbol{a}|\cos(\widehat{\boldsymbol{a},\boldsymbol{b}})$ 为向量 $\boldsymbol{a}$ 在向量 $\boldsymbol{b}$ 上的投影，记作 $(\boldsymbol{a})_b$．由几何直观（见图 7.10），关于投影有下列性质：

$$(\boldsymbol{a}+\boldsymbol{b})_c=(\boldsymbol{a})_c+(\boldsymbol{b})_c.$$

于是由数量积定义便有

$$\boldsymbol{a}\cdot\boldsymbol{b}=|\boldsymbol{a}|(\boldsymbol{b})_a,\quad \boldsymbol{a}\cdot\boldsymbol{b}=|\boldsymbol{b}|(\boldsymbol{a})_b,$$

且当 $\boldsymbol{b}\neq\boldsymbol{0}$ 时，

$$(\boldsymbol{a})_b=\frac{\boldsymbol{a}\cdot\boldsymbol{b}}{|\boldsymbol{b}|}.$$

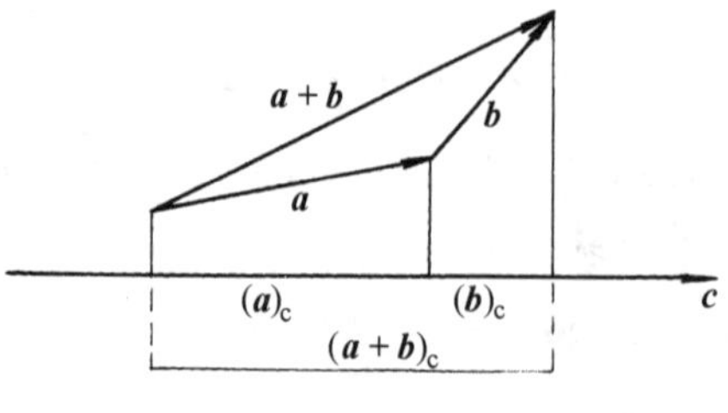

图 7.10

容易验证向量的数量积满足如下规律：

(1) $\boldsymbol{a}\cdot\boldsymbol{b}=\boldsymbol{b}\cdot\boldsymbol{a}$（交换律）；

(2) $(\boldsymbol{a}+\boldsymbol{b})\cdot\boldsymbol{c}=\boldsymbol{a}\cdot\boldsymbol{c}+\boldsymbol{b}\cdot\boldsymbol{c}$（分配律）；

(3) $(k\boldsymbol{a})\cdot\boldsymbol{b}=\boldsymbol{a}\cdot(k\boldsymbol{b})=k(\boldsymbol{a}\cdot\boldsymbol{b}),k\in\mathbf{R}$；

(4) $\boldsymbol{a}\cdot\boldsymbol{a}=|\boldsymbol{a}|^2\geqslant 0$,等号成立当且仅当 $\boldsymbol{a}=\boldsymbol{0}$.

由规律(4)知道,向量 $\boldsymbol{a}$ 的模也可表示为

$$|\boldsymbol{a}|=\sqrt{\boldsymbol{a}\cdot\boldsymbol{a}},$$

当 $\boldsymbol{a}$ 与 $\boldsymbol{b}$ 均为非零向量时,由数量积定义知

$$\cos(\widehat{\boldsymbol{a},\boldsymbol{b}})=\frac{\boldsymbol{a}\cdot\boldsymbol{b}}{|\boldsymbol{a}||\boldsymbol{b}|},$$

特别当$(\widehat{\boldsymbol{a},\boldsymbol{b}})=\frac{\pi}{2}$时,我们说 $\boldsymbol{a}$ 与 $\boldsymbol{b}$ 相互垂直,记作 $\boldsymbol{a}\perp\boldsymbol{b}$. 从而一个纯几何的问题——两向量是否垂直便可以通过纯代数的计算来判定,这是因为,显然有

$$\boldsymbol{a}\perp\boldsymbol{b}\Leftrightarrow\boldsymbol{a}\cdot\boldsymbol{b}=0.$$

例 7 用数量积证明:$|\boldsymbol{a}+\boldsymbol{b}|^2+|\boldsymbol{a}-\boldsymbol{b}|^2=2|\boldsymbol{a}|^2+2|\boldsymbol{b}|^2$.

证明

$$\begin{aligned}|\boldsymbol{a}+\boldsymbol{b}|^2+|\boldsymbol{a}-\boldsymbol{b}|^2&=(\boldsymbol{a}+\boldsymbol{b})\cdot(\boldsymbol{a}+\boldsymbol{b})+(\boldsymbol{a}-\boldsymbol{b})\cdot(\boldsymbol{a}-\boldsymbol{b})\\&=(\boldsymbol{a}\cdot\boldsymbol{a}+2\boldsymbol{a}\cdot\boldsymbol{b}+\boldsymbol{b}\cdot\boldsymbol{b})+(\boldsymbol{a}\cdot\boldsymbol{a}-2\boldsymbol{a}\cdot\boldsymbol{b}+\boldsymbol{b}\cdot\boldsymbol{b})\\&=2(\boldsymbol{a}\cdot\boldsymbol{a})+2(\boldsymbol{b}\cdot\boldsymbol{b})=2|\boldsymbol{a}|^2+2|\boldsymbol{b}|^2.\end{aligned}$$

在几何上,该等式表明平行四边形两对角线的平方和等于四边的平方和.

下面讨论数量积的坐标表达式. 在空间取定直角坐标系,以 $\boldsymbol{i},\boldsymbol{j},\boldsymbol{k}$ 分别表示沿 x,y,z 轴正向的单位向量,即

$$\boldsymbol{i}=(1,0,0),\quad \boldsymbol{j}=(0,1,0),\quad \boldsymbol{k}=(0,0,1).$$

而对任意向量 $\boldsymbol{a},\boldsymbol{b}$,利用 $\boldsymbol{i},\boldsymbol{j},\boldsymbol{k}$ 可表示为

$$\begin{aligned}\boldsymbol{a}&=(a_1,a_2,a_3)=a_1(1,0,0)+a_2(0,1,0)+a_3(0,0,1)\\&=a_1\boldsymbol{i}+a_2\boldsymbol{j}+a_3\boldsymbol{k};\\\boldsymbol{b}&=(b_1,b_2,b_3)=b_1\boldsymbol{i}+b_2\boldsymbol{j}+b_3\boldsymbol{k}.\end{aligned}$$

那么

$$\begin{aligned}\boldsymbol{a}\cdot\boldsymbol{b}&=(a_1\boldsymbol{i}+a_2\boldsymbol{j}+a_3\boldsymbol{k})\cdot(b_1\boldsymbol{i}+b_2\boldsymbol{j}+b_3\boldsymbol{k})\\&=a_1b_1(\boldsymbol{i}\cdot\boldsymbol{i})+a_1b_2(\boldsymbol{i}\cdot\boldsymbol{j})+a_1b_3(\boldsymbol{i}\cdot\boldsymbol{k})\\&\quad+a_2b_1(\boldsymbol{j}\cdot\boldsymbol{i})+a_2b_2(\boldsymbol{j}\cdot\boldsymbol{j})+a_2b_3(\boldsymbol{j}\cdot\boldsymbol{k})\\&\quad+a_3b_1(\boldsymbol{k}\cdot\boldsymbol{i})+a_3b_2(\boldsymbol{k}\cdot\boldsymbol{j})+a_3b_3(\boldsymbol{k}\cdot\boldsymbol{k})\\&=a_1b_1+a_2b_2+a_3b_3.\end{aligned}$$

数量积的坐标表达式具有计算简单的优点,它在实际问题中得到了广泛应用.

例 8 已知向量 $\boldsymbol{a}=(1,1,\sqrt{2})$,$\boldsymbol{b}=(0,1,0)$,试计算 $\boldsymbol{a}$ 与 $\boldsymbol{b}$ 的夹角.

解 设所求夹角为 θ,计算得$|\boldsymbol{a}|=2$,$|\boldsymbol{b}|=1$,所以

$$\cos\theta=\frac{\boldsymbol{a}\cdot\boldsymbol{b}}{|\boldsymbol{a}||\boldsymbol{b}|}=\frac{1\times0+1\times1+\sqrt{2}\times0}{2\times1}=\frac{1}{2},$$

所以 $\theta=\frac{\pi}{3}$.

2．向量的向量积

在物理学和力学中，经常要用到被称为向量积的运算．

定义 7.3　设 $\boldsymbol{a},\boldsymbol{b}$ 为三维向量，$\boldsymbol{a}$ 与 $\boldsymbol{b}$ 的向量积是一个向量，记为 $\boldsymbol{c}=\boldsymbol{a}\times\boldsymbol{b}$，它由如下规则确定：

(1) $\boldsymbol{c}\perp\boldsymbol{a}$ 且 $\boldsymbol{c}\perp\boldsymbol{b}$；

(2) $\boldsymbol{a},\boldsymbol{b},\boldsymbol{c}$ 的指向符合右手法则；

(3) $\boldsymbol{c}$ 的模是以 $\boldsymbol{a},\boldsymbol{b}$ 为边的平行四边形的面积(图 7.11)，即

$$|\boldsymbol{c}|=|\boldsymbol{a}\times\boldsymbol{b}|=|\boldsymbol{a}||\boldsymbol{b}|\sin(\widehat{\boldsymbol{a},\boldsymbol{b}}).$$

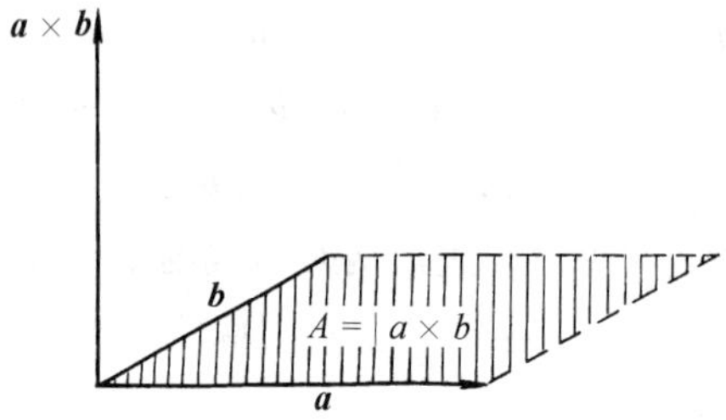

图　7.11

向量积的运算具有如下性质：

(1) $\boldsymbol{a}\times\boldsymbol{b}=-(\boldsymbol{b}\times\boldsymbol{a})$；

这是因为按右手法则，从 $\boldsymbol{b}$ 转向 $\boldsymbol{a}$ 定出的方向恰好与从 $\boldsymbol{a}$ 转向 $\boldsymbol{b}$ 定出的方向相反．

(2) $(\boldsymbol{a}+\boldsymbol{b})\times\boldsymbol{c}=\boldsymbol{a}\times\boldsymbol{c}+\boldsymbol{b}\times\boldsymbol{c}$；

(3) $(k\boldsymbol{a})\times\boldsymbol{b}=\boldsymbol{a}\times(k\boldsymbol{b})=k(\boldsymbol{a}\times\boldsymbol{b})$；

(2)、(3)的证明从略．

(4) $\boldsymbol{a}\times\boldsymbol{a}=\boldsymbol{0}$.

这是因为 $\theta=0$，所以 $|\boldsymbol{a}\times\boldsymbol{a}|=|\boldsymbol{a}|^2\sin\theta=0$.

另外，对于任意非零向量 $\boldsymbol{a},\boldsymbol{b}$，我们有如下结论：

$$\boldsymbol{a}/\!/\boldsymbol{b}\Leftrightarrow\boldsymbol{a}\times\boldsymbol{b}=\boldsymbol{0}.$$

这是因为 $\boldsymbol{a}\times\boldsymbol{b}=\boldsymbol{0}$ 时，$|\boldsymbol{a}\times\boldsymbol{b}|=|\boldsymbol{a}||\boldsymbol{b}|\sin\theta=0$，由于 $\boldsymbol{a}\neq\boldsymbol{0},\boldsymbol{b}\neq\boldsymbol{0}$，所以 $\sin\theta=0$，于是 $\theta=0$ 或 π，即 $\boldsymbol{a}/\!/\boldsymbol{b}$；而当 $\boldsymbol{a}/\!/\boldsymbol{b}$ 时，必有 $\theta=0$ 或 π，于是 $|\boldsymbol{a}\times\boldsymbol{b}|=0$，即 $\boldsymbol{a}\times\boldsymbol{b}=\boldsymbol{0}$.

下面我们来讨论向量积的坐标表达式．仍记

$$\boldsymbol{a}=a_1\boldsymbol{i}+a_2\boldsymbol{j}+a_3\boldsymbol{k},\quad \boldsymbol{b}=b_1\boldsymbol{i}+b_2\boldsymbol{j}+b_3\boldsymbol{k},$$

那么

$$\begin{aligned}\boldsymbol{a}\times\boldsymbol{b}&=(a_1\boldsymbol{i}+a_2\boldsymbol{j}+a_3\boldsymbol{k})\times(b_1\boldsymbol{i}+b_2\boldsymbol{j}+b_3\boldsymbol{k})\\&=a_1b_1(\boldsymbol{i}\times\boldsymbol{i})+a_1b_2(\boldsymbol{i}\times\boldsymbol{j})+a_1b_3(\boldsymbol{i}\times\boldsymbol{k})\\&\quad+a_2b_1(\boldsymbol{j}\times\boldsymbol{i})+a_2b_2(\boldsymbol{j}\times\boldsymbol{j})+a_2b_3(\boldsymbol{j}\times\boldsymbol{k})\\&\quad+a_3b_1(\boldsymbol{k}\times\boldsymbol{i})+a_3b_2(\boldsymbol{k}\times\boldsymbol{j})+a_3b_3(\boldsymbol{k}\times\boldsymbol{k}).\end{aligned}$$

容易验证

$$\begin{aligned}&\boldsymbol{i}\times\boldsymbol{i}=\boldsymbol{j}\times\boldsymbol{j}=\boldsymbol{k}\times\boldsymbol{k}=\boldsymbol{0},\\&\boldsymbol{i}\times\boldsymbol{j}=\boldsymbol{k},\quad \boldsymbol{j}\times\boldsymbol{k}=\boldsymbol{i},\quad \boldsymbol{k}\times\boldsymbol{i}=\boldsymbol{j},\\&\boldsymbol{j}\times\boldsymbol{i}=-\boldsymbol{k},\quad \boldsymbol{k}\times\boldsymbol{j}=-\boldsymbol{i},\quad \boldsymbol{i}\times\boldsymbol{k}=-\boldsymbol{j}.\end{aligned}$$

所以 $$\boldsymbol{a}\times\boldsymbol{b}=(a_2b_3-a_3b_2)\boldsymbol{i}+(a_3b_1-a_1b_3)\boldsymbol{j}+(a_1b_2-a_2b_1)\boldsymbol{k}.$$

为计算方便,引入二、三阶行列式如下:

二阶行列式

$$\begin{vmatrix}a_1 & b_1\\ a_2 & b_2\end{vmatrix}=a_1b_2-a_2b_1,$$

三阶行列式

$$\begin{aligned}\begin{vmatrix}a_1 & b_1 & c_1\\ a_2 & b_2 & c_2\\ a_3 & b_3 & c_3\end{vmatrix}&=a_1\begin{vmatrix}b_2 & c_2\\ b_3 & c_3\end{vmatrix}-b_1\begin{vmatrix}a_2 & c_2\\ a_3 & c_3\end{vmatrix}+c_1\begin{vmatrix}a_2 & b_2\\ a_3 & b_3\end{vmatrix}\\&=a_1(b_2c_3-b_3c_2)-b_1(a_2c_3-a_3c_2)+c_1(a_2b_3-a_3b_2),\end{aligned}$$

那么,利用二、三阶行列式,向量积形式可表示为

$$\begin{aligned}\boldsymbol{a}\times\boldsymbol{b}&=\begin{vmatrix}a_2 & a_3\\ b_2 & b_3\end{vmatrix}\boldsymbol{i}-\begin{vmatrix}a_1 & a_3\\ b_1 & b_3\end{vmatrix}\boldsymbol{j}+\begin{vmatrix}a_1 & a_2\\ b_1 & b_2\end{vmatrix}\boldsymbol{k}\\&=\begin{vmatrix}\boldsymbol{i} & \boldsymbol{j} & \boldsymbol{k}\\ a_1 & a_2 & a_3\\ b_1 & b_2 & b_3\end{vmatrix}.\end{aligned}$$

这一表达式具有便于记忆和计算的优点,利用该式,可以把 $\boldsymbol{a}/\!/\boldsymbol{b}\Leftrightarrow\boldsymbol{a}\times\boldsymbol{b}=\boldsymbol{0}$ 写成

$$\boldsymbol{a}/\!/\boldsymbol{b}\Leftrightarrow a_2b_3-a_3b_2=a_3b_1-a_1b_3=a_1b_2-a_2b_1=0\Leftrightarrow\frac{a_1}{b_1}=\frac{a_2}{b_2}=\frac{a_3}{b_3}.$$

例 9　设向量 $\boldsymbol{a}=(1,1,1)$,$\boldsymbol{b}=(1,-1,1)$,求与 $\boldsymbol{a}$,$\boldsymbol{b}$ 都垂直的单位向量.

解　设 $\boldsymbol{c}=\boldsymbol{a}\times\boldsymbol{b}$,则 $\boldsymbol{c}$ 与 $\boldsymbol{a}$,$\boldsymbol{b}$ 都垂直,且

$$\boldsymbol{c}=\begin{vmatrix}\boldsymbol{i} & \boldsymbol{j} & \boldsymbol{k}\\ 1 & 1 & 1\\ 1 & -1 & 1\end{vmatrix}=2\boldsymbol{i}-2\boldsymbol{k}=(2,0,-2),$$

$$|\boldsymbol{c}|=\sqrt{2^2+0^2+2^2}=\sqrt{8}=2\sqrt{2},$$

所以与 $\boldsymbol{a},\boldsymbol{b}$ 都垂直的单位向量为

$$\pm\frac{1}{|\boldsymbol{c}|}\boldsymbol{c}=\pm\frac{1}{2\sqrt{2}}(2,0,-2)=\pm\left(\frac{1}{\sqrt{2}},0,-\frac{1}{\sqrt{2}}\right).$$

例 10　已知三角形 ABC 的顶点坐标为 $A(1,1,1),B(2,1,2),C(1,0,1)$，求三角形 ABC 的面积.

解　三角形 ABC 的面积是由 AB,AC 确定的平行四边形面积的一半，所以

$$S_{\triangle ABC}=\frac{1}{2}|\overrightarrow{AB}||\overrightarrow{AC}|\sin\angle A=\frac{1}{2}|\overrightarrow{AB}\times\overrightarrow{AC}|,$$

而

$$\overrightarrow{AB}\times\overrightarrow{AC}=\begin{vmatrix}\boldsymbol{i} & \boldsymbol{j} & \boldsymbol{k}\\ 1 & 0 & 1\\ 0 & -1 & 0\end{vmatrix}=\boldsymbol{i}-\boldsymbol{k}=(1,0,-1),$$

所以

$$S_{\triangle ABC}=\frac{1}{2}|\boldsymbol{i}-\boldsymbol{k}|=\frac{1}{2}\sqrt{1^2+0^2+1^2}=\frac{\sqrt{2}}{2}.$$

3．向量的混合积

定义 7.4　设有三个向量 $\boldsymbol{a},\boldsymbol{b},\boldsymbol{c}$，我们把 $\boldsymbol{a}\times\boldsymbol{b}$ 与 $\boldsymbol{c}$ 的数量积称为 $\boldsymbol{a},\boldsymbol{b},\boldsymbol{c}$ 的混合积，记为

$$[\boldsymbol{abc}]=(\boldsymbol{a}\times\boldsymbol{b})\cdot\boldsymbol{c}.$$

混合积是向量积与数量积的混合运算，其计算结果是一个数.

向量的混合积有下述几何意义：$[\boldsymbol{abc}]$的绝对值表示以 $\boldsymbol{a},\boldsymbol{b},\boldsymbol{c}$ 为棱的平行六面体的体积.这是由于

$$[\boldsymbol{abc}]=(\boldsymbol{a}\times\boldsymbol{b})\cdot\boldsymbol{c}=|\boldsymbol{a}\times\boldsymbol{b}||\boldsymbol{c}|\cos\theta,$$

这里 θ 为 $\boldsymbol{a}\times\boldsymbol{b}$ 与 $\boldsymbol{c}$ 的夹角，当 $\boldsymbol{a},\boldsymbol{b},\boldsymbol{c}$ 组成右手系时，θ 为锐角，则$[\boldsymbol{abc}]$为正；当 $\boldsymbol{a},\boldsymbol{b},\boldsymbol{c}$ 组成左手系时，θ 为钝角，则$[\boldsymbol{abc}]$为负.

如图 7.12，以向量 $\boldsymbol{a},\boldsymbol{b},\boldsymbol{c}$ 为棱的平行六面体的底面积 $A=|\boldsymbol{a}\times\boldsymbol{b}|$，它的高 $h=\pm|\boldsymbol{c}|\cos\theta$，所以平行六面体的体积

$$V=Ah=|\boldsymbol{a}\times\boldsymbol{b}|\cdot|\boldsymbol{c}||\cos\theta|=|[\boldsymbol{abc}]|.$$

由混合积的几何意义，显然有

$$\boldsymbol{a},\boldsymbol{b},\boldsymbol{c}\text{ 共面}\Leftrightarrow[\boldsymbol{abc}]=0.$$

为了得到混合积的坐标表达式，设

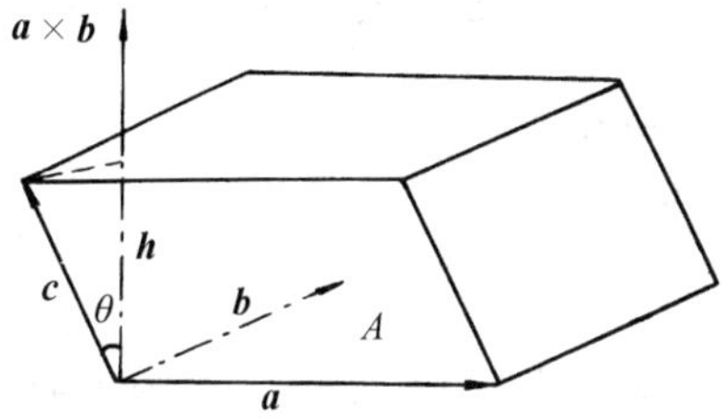

图 7.12

$$\boldsymbol{a}=(a_1,a_2,a_3),\quad \boldsymbol{b}=(b_1,b_2,b_3),\quad \boldsymbol{c}=(c_1,c_2,c_3),$$

则

$$\boldsymbol{a}\times\boldsymbol{b}=\begin{vmatrix}\boldsymbol{i} & \boldsymbol{j} & \boldsymbol{k}\\ a_1 & a_2 & a_3\\ b_1 & b_2 & b_3\end{vmatrix}=\begin{vmatrix}a_2 & a_3\\ b_2 & b_3\end{vmatrix}\boldsymbol{i}-\begin{vmatrix}a_1 & a_3\\ b_1 & b_3\end{vmatrix}\boldsymbol{j}+\begin{vmatrix}a_1 & a_2\\ b_1 & b_2\end{vmatrix}\boldsymbol{k},$$

所以

$$[\boldsymbol{abc}]=(\boldsymbol{a}\times\boldsymbol{b})\cdot\boldsymbol{c}=\begin{vmatrix}a_2 & a_3\\ b_2 & b_3\end{vmatrix}c_1-\begin{vmatrix}a_1 & a_3\\ b_1 & b_3\end{vmatrix}c_2+\begin{vmatrix}a_1 & a_2\\ b_1 & b_2\end{vmatrix}c_3$$

$$=\begin{vmatrix}c_1 & c_2 & c_3\\ a_1 & a_2 & a_3\\ b_1 & b_2 & b_3\end{vmatrix}\xlongequal{\text{简单验算}}\begin{vmatrix}a_1 & a_2 & a_3\\ b_1 & b_2 & b_3\\ c_1 & c_2 & c_3\end{vmatrix}.$$

例 11 已知不在同一平面上的四点 $A(a_1,a_2,a_3)$，$B(b_1,b_2,b_3)$，$C(c_1,c_2,c_3)$，$D(d_1,d_2,d_3)$，求四面体 $ABCD$ 的体积.

解 由立体几何知，四面体 $ABCD$ 的体积 V 等于以向量 $\overrightarrow{AB}$，$\overrightarrow{AC}$和 $\overrightarrow{AD}$为棱的平行六面体体积的六分之一，由混合积性质知道

$$V=\frac{1}{6}\left|[\overrightarrow{AB}\ \ \overrightarrow{AC}\ \ \overrightarrow{AD}]\right|.$$

由于

$$\overrightarrow{AB}=(b_1-a_1,b_2-a_2,b_3-a_3),\quad \overrightarrow{AC}=(c_1-a_1,c_2-a_2,c_3-a_3),$$
$$\overrightarrow{AD}=(d_1-a_1,d_2-a_2,d_3-a_3),$$

所以

$$V=\pm\frac{1}{6}\begin{vmatrix}b_1-a_1 & b_2-a_2 & b_3-a_3\\ c_1-a_1 & c_2-a_2 & c_3-a_3\\ d_1-a_1 & d_2-a_2 & d_3-a_3\end{vmatrix}.$$

其中正、负号的选择与行列式符号一致.

习　题　7.3

1. 设 $\boldsymbol{\alpha}=(3,-1,-2)$，$\boldsymbol{\beta}=(1,2,-1)$，求：

(1) $\boldsymbol{\alpha}\cdot\boldsymbol{\beta}$ 及 $\boldsymbol{\alpha}\times\boldsymbol{\beta}$；

(2) $\cos(\widehat{\boldsymbol{\alpha},\boldsymbol{\beta}})$.

2. 一向量的终点为 $B(3,2,-1)$，它在坐标轴上的投影依次是 4，−3 和 5，求该向量起点 A 的坐标．

3. 已知 $\boldsymbol{\alpha}\perp\boldsymbol{\beta}$，$|\boldsymbol{\alpha}|=3$，$|\boldsymbol{\beta}|=4$，求 $|(\boldsymbol{\alpha}-\boldsymbol{\beta})\times(\boldsymbol{\alpha}-2\boldsymbol{\beta})|$.

4. 已知 $\boldsymbol{\alpha}\perp\boldsymbol{\beta}$，而 $\boldsymbol{\gamma}$ 与 $\boldsymbol{\alpha},\boldsymbol{\beta}$ 的夹角均为 $\pi/3$，且 $|\boldsymbol{\alpha}|=|\boldsymbol{\beta}|=2$，$|\boldsymbol{\gamma}|=1$，求 $(2\boldsymbol{\alpha}-\boldsymbol{\beta})\cdot(\boldsymbol{\gamma}-\boldsymbol{\alpha})$.

5. 已知 $|\boldsymbol{\alpha}|=3$，$|\boldsymbol{\beta}|=5$，求 λ 使 $(\boldsymbol{\alpha}+\lambda\boldsymbol{\beta})\perp(\boldsymbol{\alpha}-\lambda\boldsymbol{\beta})$.

6. 已知 $|\boldsymbol{\alpha}|=10$，$|\boldsymbol{\beta}|=2$，$\boldsymbol{\alpha}\cdot\boldsymbol{\beta}=12$，求 $|\boldsymbol{\alpha}\times\boldsymbol{\beta}|$.

7. 已知 $\boldsymbol{\alpha}+\boldsymbol{\beta}+\boldsymbol{\gamma}=\mathbf{0}$，证明 $\boldsymbol{\alpha}\times\boldsymbol{\beta}=\boldsymbol{\beta}\times\boldsymbol{\gamma}=\boldsymbol{\gamma}\times\boldsymbol{\alpha}$.

8. 设 $\boldsymbol{\alpha}=(3,-1,1)$，$\boldsymbol{\beta}=(-4,0,3)$，$\boldsymbol{\gamma}=(1,5,1)$，求以 $\boldsymbol{\alpha},\boldsymbol{\beta},\boldsymbol{\gamma}$ 为棱的平行六面体的体积．

第四节　三维空间中的平面

平面与直线是立体空间中最简单的几何图形，我们将以向量为工具，建立常用的平面与直线的方程和研究它们之间的相互位置关系．

1．平面的点法式方程

若非零向量 $\boldsymbol{n}=(a,b,c)$ 垂直于平面 Π，则称 $\boldsymbol{n}$ 为 Π 的一个法向量．

设已知平面 Π 上的一点 $M_0(x_0,y_0,z_0)$ 和它的一个法向量 $\boldsymbol{n}=(a,b,c)$，如图 7.13所示．我们来建立平面 Π 的方程，也即求出平面 Π 上任一点 $M(x,y,z)$ 的坐标应满足的关系式．

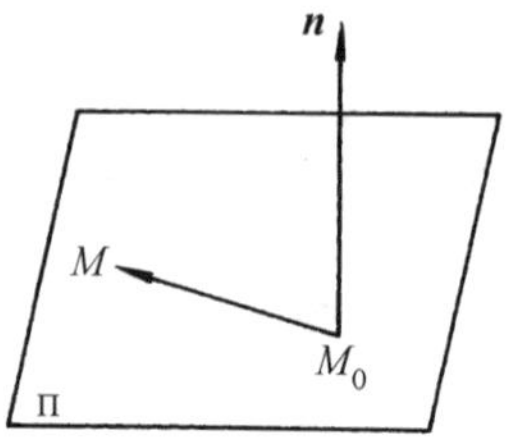

图　7.13

由法向量的概念可知，点 M 在平面 Π 上的充分必要条件是 $\overrightarrow{M_0M}$ 与 $\boldsymbol{n}$ 垂直，即

$$M\in\Pi\Leftrightarrow\overrightarrow{M_0M}\perp\boldsymbol{n}\Leftrightarrow\overrightarrow{M_0M}\cdot\boldsymbol{n}=0.$$

因为 $\overrightarrow{M_0M}=(x-x_0,y-y_0,z-z_0)$，由数量积的坐标表达式知 $\overrightarrow{M_0M}\cdot\boldsymbol{n}=0$ 可表示为

$$a(x-x_0)+b(y-y_0)+c(z-z_0)=0.$$

这就是用坐标表示的过已知点 $M_0(x_0,y_0,z_0)$，而法向量为 $\boldsymbol{n}=(a,b,c)$ 的平面 Π 的方程，该方程叫做平面的点法式方程．平面的点法式方程具有明显的几何直观，关键在于找到平面 Π 的一个法向量 $\boldsymbol{n}=(a,b,c)$ 和确定平面 Π 上的一点 $M_0(x_0,y_0,z_0)$．显然，法向量不是唯一的，任何平行于 $\boldsymbol{n}$ 的非零向量，都可作为 Π 的法向量．

例 12　求过点 $A(1,0,-1)$ 与点 $B(-2,1,3)$，且平行于向量 $\boldsymbol{b}=(3,5,-7)$ 的平面方程．

解　由条件得到平面 Π 的法向量 $\boldsymbol{n}$ 满足 $\boldsymbol{n}\perp\overrightarrow{AB}$ 和 $\boldsymbol{n}\perp\boldsymbol{b}$，由向量积的几何性质知道可取

$$\boldsymbol{n}=\boldsymbol{b}\times\overrightarrow{AB}=(3,5,-7)\times(-3,1,4)=9(3,1,2),$$

或

$$\boldsymbol{n}=(3,1,2),$$

故平面 Π 的方程为

$$3(x-1)+1(y-0)+2(z+1)=0,$$

即

$$3x+y+2z-1=0.$$

例 13　设 $P_0(x_0,y_0,z_0)$，$P_1(x_1,y_1,z_1)$ 和 $P_2(x_2,y_2,z_2)$ 为不在一直线上的三点，求通过这三个点的平面方程．

解　由于点 $P(x,y,z)$ 在所求平面的充要条件是三向量 $\overrightarrow{P_0P}$，$\overrightarrow{P_0P_1}$ 和 $\overrightarrow{P_0P_2}$ 共面，所以混合积

$$\left[\overrightarrow{P_0P}\quad\overrightarrow{P_0P_1}\quad\overrightarrow{P_0P_2}\right]=0,$$

即

$$\begin{vmatrix} x-x_0 & y-y_0 & z-z_0 \\ x_1-x_0 & y_1-y_0 & z_1-z_0 \\ x_2-x_0 & y_2-y_0 & z_2-z_0 \end{vmatrix}=0.$$

这就是所求的平面方程，称为平面的三点式方程．

另外，按点法式的思路，可取法向量

$$\boldsymbol{n}=\overrightarrow{P_0P_1}\times\overrightarrow{P_0P_2},$$

也可得到同一方程

$$\begin{vmatrix} y_1-y_0 & z_1-z_0 \\ y_2-y_0 & z_2-z_0 \end{vmatrix}(x-x_0)-\begin{vmatrix} x_1-x_0 & z_1-z_0 \\ x_2-x_0 & z_2-z_0 \end{vmatrix}(y-y_0)$$

$$+\begin{vmatrix} x_1-x_0 & y_1-y_0 \\ x_2-x_0 & y_2-y_0 \end{vmatrix}(z-z_0)=0.$$

2．平面的一般方程

平面的点法式方程 $a(x-x_0)+b(y-y_0)+c(z-z_0)=0$ 可化为

$$ax+by+cz+d=0.$$

其中，$d=-(ax_0+by_0+cz_0)$，这是 x,y,z 的一次方程．反之，任何一个三元一次方程都可化成点法式的形式，因此任何一个三元一次方程所表示的图形是一个平面，而且 x,y,z 的系数就是该平面的一个法向量的坐标，即 $\boldsymbol{n}=(a,b,c)$. 称此方程为平面的一般方程．

例如，方程 $4x+3y+2z+1=0$ 就表示一个平面，$\boldsymbol{n}=(4,3,2)$是这个平面的一个法向量．

例 14　设平面 Π 过点 $M(1,2,3)$，且包含 y 轴，求该平面的方程．

解　设平面方程为 $ax+by+cz+d=0$，则 $\boldsymbol{n}=(a,b,c)$为平面的法向量，由于 y 轴在平面上，所以

$$\boldsymbol{n}\cdot\boldsymbol{j}=0 \quad 且 \quad \boldsymbol{j}=(0,1,0),$$

即

$$a\times0+b\times1+c\times0=0,$$

故 $b=0$.

另外，由于坐标原点(0,0,0)也在平面上，代入方程得 $d=0$，从而平面方程为

$$ax+cz=0.$$

再由条件知平面过点 $M(1,2,3)$，因此有

$$a+3c=0,$$

所以 $a=-3c$. 代入平面方程得

$$-3xc+cz=0,$$

即

$$-3x+z=0.$$

例 15　设一平面与三坐标轴分别交于 $P(a,0,0)$，$Q(0,b,0)$和 $R(0,0,c)$三点，其中 $abc\neq0$，求该平面的方程．

解　设所求平面的方程为 $Ax+By+Cz+D=0$，将 P,Q,R 三点坐标分别代入方程，得

$$Aa+D=0,\quad Bb+D=0,\quad Cc+D=0,$$

所以 $A=-\dfrac{D}{a}$，$B=-\dfrac{D}{b}$，$C=-\dfrac{D}{c}$. 代入平面方程得

$$-\frac{D}{a}x-\frac{D}{b}y-\frac{D}{c}z+D=0,$$

化简得

$$\frac{x}{a}+\frac{y}{b}+\frac{z}{c}=1.$$

通常把这一形式称为平面的截距式方程，而称 a,b,c 为平面在坐标轴上的截距.

3. 两个平面的位置关系

我们把两平面的法向量的夹角 $\theta\left(0\leqslant\theta\leqslant\frac{\pi}{2}\right)$ 称为两平面的夹角. 设有两平面

$$\Pi_1: a_1x+b_1y+c_1z+d_1=0,$$
$$\Pi_2: a_2x+b_2y+c_2z+d_2=0,$$

则

$$\cos\theta=\frac{|\boldsymbol{n}_1\cdot\boldsymbol{n}_2|}{|\boldsymbol{n}_1||\boldsymbol{n}_2|}=\frac{|a_1a_2+b_1b_2+c_1c_2|}{\sqrt{a_1^2+b_1^2+c_1^2}\cdot\sqrt{a_2^2+b_2^2+c_2^2}}.$$

从几何上看，平面 Π_1 和 Π_2 可能相交、重合或平行，显然，

Π_1 与 Π_2 相交 $\Leftrightarrow a_1:b_1:c_1\neq a_2:b_2:c_2$；

Π_1 与 Π_2 平行 $\Leftrightarrow\frac{a_1}{a_2}=\frac{b_1}{b_2}=\frac{c_1}{c_2}\neq\frac{d_1}{d_2}$；

Π_1 与 Π_2 重合 $\Leftrightarrow\frac{a_1}{a_2}=\frac{b_1}{b_2}=\frac{c_1}{c_2}=\frac{d_1}{d_2}$；

Π_1 与 Π_2 垂直 $\Leftrightarrow a_1a_2+b_1b_2+c_1c_2=0$.

例 16 求平面 $x-y+2z+1=0$ 与 $2x+y+z+1=0$ 的夹角.

解 由公式

$$\cos\theta=\frac{|1\cdot2+(-1)\cdot1+2\cdot1|}{\sqrt{1^2+(-1)^2+2^2}\cdot\sqrt{2^2+1^2+1^2}}=\frac{1}{2},$$

所以两平面的夹角 $\theta=\frac{\pi}{3}$.

例 17 一平面过点 $M_1(1,0,1)$ 和 $M_2(1,1,0)$，且垂直于平面 $x+y+z+1=0$，求它的方程.

解 由平面的点法式方程，可设所求平面为

$$a(x-1)+by+c(z-1)=0,$$

其法向量为 $\boldsymbol{n}=(a,b,c)$.

因为 $\boldsymbol{n}\perp\overrightarrow{M_1M_2}$，且 $\overrightarrow{M_1M_2}=(0,1,-1)$，所以有

$$b-c=0,$$

即

$$b=c.$$

又因为所求平面垂直于已知平面 $x+y+z+1=0$，所以又有

$$a+b+c=0,$$

即
$$a=-2c.$$

将 $a=-2c, b=c$ 代入平面方程,并约去 $c(c\neq 0)$,得

$$-2(x-1)+y+(z-1)=0,$$

即
$$2x-y-z-1=0.$$

例 18　设 $P_0(x_0,y_0,z_0)$ 是平面 $ax+by+cz+d=0$ 外一点,求 P_0 到这平面的距离(图 7.14).

解　在平面上任取一点 $P_1(x_1,y_1,z_1)$,并作一法向量 $\boldsymbol{n}$,那么由图 7.14可知所求的距离就是 $\overrightarrow{P_1P_0}$ 在 $\boldsymbol{n}$ 方向的投影长度,即

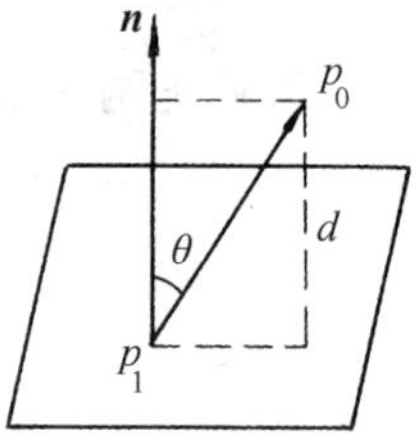

图　7.14

$$d=|(\overrightarrow{P_1P_0})_{\boldsymbol{n}}|=|\overrightarrow{P_1P_0}||\cos\theta|$$
$$=\frac{1}{|\boldsymbol{n}|}|\overrightarrow{P_1P_0}||\boldsymbol{n}||\cos\theta|=\frac{1}{|\boldsymbol{n}|}\cdot|\overrightarrow{P_1P_0}\cdot\boldsymbol{n}|,$$

因为 $\overrightarrow{P_1P_0}=(x_0-x_1,y_0-y_1,z_0-z_1)$,$\boldsymbol{n}=(a,b,c)$,所以

$$d=\frac{|a(x_0-x_1)+b(y_0-y_1)+c(z_0-z_1)|}{\sqrt{a^2+b^2+c^2}}$$
$$=\frac{|ax_0+by_0+cz_0+d|}{\sqrt{a^2+b^2+c^2}}.$$

习　题　7.4

1. 讨论下列平面的几何特征:

(1) $x=0$;　　(2) $y+z=1$;

(3) $2y-1=0$;　　(4) $x+y+z=0$.

2. 给出如下情形的充分必要条件:

(1) $ax+by+cz+d=0$ 经过坐标原点;

(2) $ax+by+cz+d=0$ 经过 x 轴;

(3) $ax+by+cz+d=0$ 经过 y 轴;

(4) $ax+by+cz+d=0$ 经过 z 轴.

3. 一平面通过两点 $M_1(1,1,1)$ 和 $M_2(0,1,-1)$,且正交于平面 $x+y+z=0$,求它的方程.

4. 一平面过点 $(1,0,-1)$ 且平行于向量 $\boldsymbol{a}=(2,1,1)$ 和 $\boldsymbol{b}=(1,-1,0)$,求该平面的方程.

5. 求经过点 $A(1,-3,2)$,且垂直于点 $M(0,0,3)$ 和点 $N(1,-3,4)$ 的连线

的平面方程.

6. 求经过点 $A(6,-10,1)$,且在 x 轴上的截距为 -3,在 z 轴上的截距为 2 的平面方程.

7. 已知两个平面 $x-2y+3z+d=0$, $-2x+4y+cz+5=0$,问 c,d 为何值时,两平面平行?重合?

8. 求平面 $x-2y+2z+21=0$ 与平面 $7x+24z-5=0$ 之间的夹角.

9. 求两平行平面 $Ax+By+Cz+D_1=0$ 与 $Ax+By+Cz+D_2=0$ 之间的距离.

10. 设平面 Π 的法向量 $\boldsymbol{n}=(1,2,3)$,且 Π 与点 $A(2,2,3)$, $B(1,2,0)$ 等距,求 Π 的方程.

11. 求经过点 $A(1,1,0)$ 与 $B(2,1,-1)$,且与平面 $x+y+z-1=0$ 的夹角余弦为 $\cos\theta=1/3$ 的平面方程.

12. 求通过 $2x+y-4=0$ 与 $y+2z=0$ 的交线,且垂直于平面 $3x+2y+3z-6=0$ 的平面方程.

第五节　三维空间中的直线

1. 直线的方程

三维空间中的直线被定义为两个相交平面的交线,因而方程组

$$\begin{cases}a_1x+b_1y+c_1z+d_1=0,\\ a_2x+b_2y+c_2z+d_2=0\end{cases}$$

表示一条直线,我们称它为直线的一般方程.

如果一个非零向量平行于一条已知直线,这个向量叫做这条直线的方向向量.如果已知直线 L 上一定点 $M_0(x_0,y_0,z_0)$ 以及该直线的一个方向向量 $\boldsymbol{s}=(m,n,p)$,这条直线就完全确定了.此时,若 $M=(x,y,z)$ 为空间任意一点,那么点 $M\in L\Leftrightarrow\overrightarrow{M_0M}/\!/\boldsymbol{s}$,由向量平行的坐标表示得到

$$\frac{x-x_0}{m}=\frac{y-y_0}{n}=\frac{z-z_0}{p},$$

称此方程为直线的对称方程(或标准方程).

直线的对称方程具有明显的几何直观,清楚地表明了直线 L 过点 $M_0(x_0,y_0,z_0)$,以及它的一个方向向量为 $\boldsymbol{s}=(m,n,p)$,我们也把 $\boldsymbol{s}$ 的坐标 $m,n,$

p 称为直线 L 的方向数．显然，直线的方向向量不是唯一的．实际上，对任意非零实数 λ，λs 都是方向向量．

在直线的对称方程中，令其比值等于 t，则直线 L 又表示为

$$\begin{cases} x=x_0+mt, \\ y=y_0+nt, \\ z=z_0+pt. \end{cases}$$

把此方程称为直线 L 的参数方程，其中 t 称为参数，直线的参数方程给出了直线上点 M 与参数 t 的一一对应关系，任取参数 t 的一个值，由参数方程容易得到直线 L 上与之对应的一个点．

例 19 把直线方程

$$\begin{cases} x+y+2z+1=0, \\ 2x-y+2z+3=0 \end{cases}$$

化为对称方程．

解 （解法一）求出直线上的两点就可写出直线的对称方程．为此，令 $x=0$，代入方程得

$$\begin{cases} y+2z+1=0, \\ -y+2z+3=0. \end{cases}$$

两式相加得 $z=-1$，所以 $y=1$，故 $M_1(0,1,-1)$是直线上一点．为再求一点，令 $y=0$，代入方程得

$$\begin{cases} x+2z+1=0, \\ 2x+2z+3=0, \end{cases}$$

两式相减得 $x=-2$，所以 $z=\dfrac{1}{2}$，故 $M_2\left(-2,0,\dfrac{1}{2}\right)$也是直线上一点．由于 $\overrightarrow{M_2M_1}=\left(2,1,-\dfrac{3}{2}\right)$是直线的方向向量，所以直线的对称方程可表示为

$$\frac{x}{2}=\frac{y-1}{1}=\frac{z+1}{-3/2},$$

即

$$\frac{x}{4}=\frac{y-1}{2}=\frac{z+1}{-3}.$$

（解法二） 由于直线在给定的两个平面上，所以直线垂直于两平面的法向量 $\boldsymbol{n}_1$ 和 $\boldsymbol{n}_2$，从而直线平行于 $\boldsymbol{n}_1\times\boldsymbol{n}_2$，故可取直线的方向向量为

$$\boldsymbol{s}=\boldsymbol{n}_1\times\boldsymbol{n}_2=\begin{vmatrix} \boldsymbol{i} & \boldsymbol{j} & \boldsymbol{k} \\ 1 & 1 & 2 \\ 2 & -1 & 2 \end{vmatrix}=(4,2,-3),$$

又因为 $M_1(0,1,-1)$ 是直线上的一点，所以直线的对称方程可以表示为

$$\frac{x}{4}=\frac{y-1}{2}=\frac{z+1}{-3}.$$

当直线的方向向量的某一坐标为零时，由对称方程表示的直线，应该由直线的一般方程或参数方程来理解．

比如说直线 $\frac{x-1}{1}=\frac{y-2}{0}=\frac{z-2}{2}$，实质上就是

$$\begin{cases} y=2, \\ x-1=\frac{z-2}{2}, \end{cases}$$

或

$$\begin{cases} x=t+1, \\ y=2, \\ z=2t+2. \end{cases}$$

2．两条直线的位置关系

由于直线的对称方程具有明显的几何直观，所以我们通过直线的对称方程来讨论两直线的位置关系．设两条直线为

$$L_1:\frac{x-x_1}{m_1}=\frac{y-y_1}{n_1}=\frac{z-z_1}{p_1},$$

$$L_2:\frac{x-x_2}{m_2}=\frac{y-y_2}{n_2}=\frac{z-z_2}{p_2},$$

从几何上看，它们的位置可以是：相交、平行、异面及重合，如图 7.15所示．下面讨论判别方法．

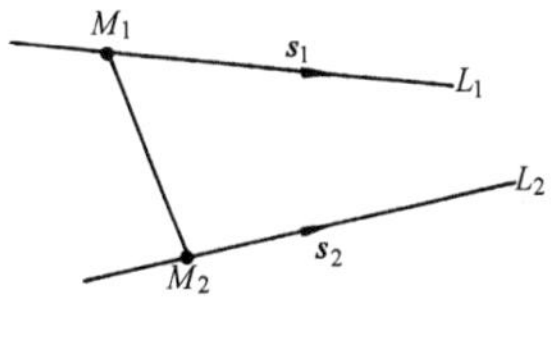

图　7.15

由于点 $M_1(x_1,y_1,z_1)$ 在直线 L_1 上，点 $M_2(x_2,y_2,z_2)$ 在直线 L_2 上，所以 L_1 与 L_2 共面 $\Leftrightarrow \overrightarrow{M_1M_2},\boldsymbol{s}_1,\boldsymbol{s}_2$ 共面．因此，

(1) L_1 与 L_2 相交 $\Leftrightarrow [\overrightarrow{M_1M_2}\ \ \boldsymbol{s}_1\ \ \boldsymbol{s}_2]=0$ 且 $\boldsymbol{s}_1$ 与 $\boldsymbol{s}_2$ 不平行

$$\Leftrightarrow \begin{vmatrix} x_2-x_1 & y_2-y_1 & z_2-z_1 \\ m_1 & n_1 & p_1 \\ m_2 & n_2 & p_2 \end{vmatrix}=0 \text{ 且 } m_1:n_1:p_1\neq m_2:n_2:p_2;$$

(2) L_1 与 L_2 平行$\Leftrightarrow \boldsymbol{s}_1$ 与 $\boldsymbol{s}_2$ 平行且与 $\overrightarrow{M_1M_2}$ 不平行

$$\Leftrightarrow m_1:n_1:p_1=m_2:n_2:p_2\neq(x_2-x_1):(y_2-y_1):(z_2-z_1);$$

(3) L_1 与 L_2 异面$\Leftrightarrow[\overrightarrow{M_1M_2}\ \ \boldsymbol{s}_1\ \ \boldsymbol{s}_2]\neq 0$

$$\Leftrightarrow \begin{vmatrix} x_2-x_1 & y_2-y_1 & z_2-z_1 \\ m_1 & n_1 & p_1 \\ m_2 & n_2 & p_2 \end{vmatrix}\neq 0;$$

(4) L_1 与 L_2 重合$\Leftrightarrow \boldsymbol{s}_1 /\!/ \boldsymbol{s}_2 /\!/ \overrightarrow{M_1M_2}$

$$\Leftrightarrow m_1:n_1:p_1=m_2:n_2:p_2=(x_2-x_1):(y_2-y_1):(z_2-z_1);$$

特别指出

$$L_1\perp L_2 \Leftrightarrow m_1m_2+n_1n_2+p_1p_2=0.$$

例 20　证明直线 L_1：$\dfrac{x-3}{3}=\dfrac{y-2}{2}=\dfrac{z+1}{-2}$与直线 L_2：$\dfrac{x+2}{2}=\dfrac{y-3}{-3}=\dfrac{z+3}{4}$共面，并求它们所在的平面方程．

解　在 L_1 上取点 $M_1(3,2,-1)$，在 L_2 上取点 $M_2(-2,3,-3)$，得 $\overrightarrow{M_1M_2}=(-5,1,-2)$，又两直线的方向向量 $\boldsymbol{s}_1=(3,2,-2)$，$\boldsymbol{s}_2=(2,-3,4)$，由于混合积

$$[\overrightarrow{M_1M_2}\ \ \boldsymbol{s}_1\ \ \boldsymbol{s}_2]=\begin{vmatrix} -5 & 1 & -2 \\ 3 & 2 & -2 \\ 2 & -3 & 4 \end{vmatrix}=0,$$

所以 L_1 与 L_2 共面．由于 L_1 不平行 L_2，所以 L_1 与 L_2 确定一个平面．可取该平面的法向量为

$$\boldsymbol{n}=\boldsymbol{s}_1\times\boldsymbol{s}_2=\begin{vmatrix} \boldsymbol{i} & \boldsymbol{j} & \boldsymbol{k} \\ 3 & 2 & -2 \\ 2 & -3 & 4 \end{vmatrix}=(2,-16,-13),$$

所以所求平面的方程为

$$2(x-3)-16(y-2)-13(z+1)=0,$$

即

$$2x-16y-13z+13=0.$$

例 21　求过点 $M(1,1,1)$且与直线 L：$\dfrac{x}{1}=\dfrac{y-1}{2}=\dfrac{z-2}{3}$垂直相交的直线方程．

解　已知直线 L 过点 $M_0(0,1,2)$，其方向向量为 $\boldsymbol{s}_1=(1,2,3)$. 设所求直线的方向向量是 $\boldsymbol{s}=(m,n,p)$，两条直线垂直相交，则有

$$\begin{cases}[\overrightarrow{M_0M}\ \boldsymbol{s}_1\ \ \boldsymbol{s}]=0\\ \boldsymbol{s}_1\perp\boldsymbol{s}\end{cases}\Leftrightarrow\begin{cases}\begin{vmatrix}1&0&-1\\1&2&3\\m&n&p\end{vmatrix}=0\\ m+2n+3p=0\end{cases}\Leftrightarrow\begin{cases}2m-4n+2p=0\\ m+2n+3p=0\end{cases}$$

令 $n=1$，可得方程组的一个解为 $m=4,n=1,p=-2$，于是所求直线方程为

$$\frac{x-1}{4}=\frac{y-1}{1}=\frac{z-1}{-2}.$$

3. 直线与平面的位置关系

设有平面 Π

$$ax+by+cz+d=0,$$

及直线 L

$$\frac{x-x_0}{m}=\frac{y-y_0}{n}=\frac{z-z_0}{p},$$

从几何上看，它们的位置关系可以是相交、平行和重合，我们从直线与平面的交点入手来进行讨论. 为此，把直线 L 的方程写成参数方程：

$$\begin{cases}x=mt+x_0,\\ y=nt+y_0,\\ z=pt+z_0,\end{cases}$$

将它代入到平面 Π 的方程中，整理得方程

$$(am+bn+cp)t+ax_0+by_0+cz_0+d=0.$$

显然，

当 $am+bn+cp\neq 0$ 时，可求出唯一的 t，因而直线 L 与平面 Π 相交于一点；

当 $am+bn+cp=0$，且 $ax_0+by_0+cz_0+d=0$ 时，方程有无穷多解，说明直线 L 在平面 Π 上.

当 $am+bn+cp=0$，且 $ax_0+by_0+cz_0+d\neq 0$ 时，方程无解，说明直线 L 与平面 Π 平行(非重合).

特别有

$$L\text{ 与 }\Pi\text{ 垂直}\Leftrightarrow\frac{a}{m}=\frac{b}{n}=\frac{c}{p}.$$

例 22　判断直线 L 与平面 Π 的位置关系：

$$L: \frac{x-1}{1}=\frac{y-1}{1}=\frac{z-1}{2}; \quad \Pi: x+\lambda y+z-3=0.$$

解　L 的参数方程为

$$\begin{cases} x=t+1, \\ y=t+1, \\ z=2t+1, \end{cases}$$

代入平面方程得

$$(3+\lambda)t=1-\lambda.$$

当 $\lambda\neq-3$ 时，L 与 Π 相交，交点为 $\left(\frac{4}{3+\lambda},\frac{4}{3+\lambda},\frac{5-\lambda}{3+\lambda}\right)$；

当 $\lambda=-3$ 时，L 与 Π 平行．

例 23　求直线 $L: \frac{x}{1}=\frac{y-1}{2}=\frac{z-2}{3}$ 在平面 $\Pi: x+y+z=0$ 上的投影直线的方程．

解　过直线 L 作平面 Π_1 与已知平面 Π 垂直，称平面 Π_1 与 Π 的交线为 L 在平面 Π 上的投影直线，而称 Π_1 为投影平面，记 Π_1 的法向量为 $\boldsymbol{n}_1$，则

$$\boldsymbol{n}_1\perp\boldsymbol{n} \quad 且 \quad \boldsymbol{n}=(1,1,1),$$
$$\boldsymbol{n}_1\perp\boldsymbol{s} \quad 且 \quad \boldsymbol{s}=(1,2,3),$$

所以可取

$$\boldsymbol{n}_1=\boldsymbol{n}\times\boldsymbol{s}=\begin{vmatrix} \boldsymbol{i} & \boldsymbol{j} & \boldsymbol{k} \\ 1 & 1 & 1 \\ 1 & 2 & 3 \end{vmatrix}=(1,-2,1),$$

又因为直线 L 上点 $M_0(0,1,2)$ 也在投影平面上，所以投影平面方程为

$$1\cdot(x-0)-2\cdot(y-1)+1\cdot(z-2)=0,$$

即

$$x-2y+z=0.$$

故直线 L 在平面 Π 上的投影直线可表示为

$$\begin{cases} x+y+z=0, \\ x-2y+z=0. \end{cases}$$

习　题　7.5

1. 用对称式及参数方程表示直线

$$\begin{cases} x-y+z=1, \\ 2x+y+z=4. \end{cases}$$

2. 设直线经过两点 (x_0,y_0,z_0) 和 (x_1,y_1,z_1)，写出直线的对称式方程，并与平面上直线的两点式方程相比较．

3. 求下列各直线的方程：

(1) 过点 $P(-1,0,3)$，平行于 $\boldsymbol{\alpha}=(3,-2,5)$；

(2) 过点 $P(-2,-3,4)$，平行于 x 轴；

(3) 过点 $A(4,-1,3)$，且垂直于平面 $x-2y+2z+1=0$.

4. 已知四点 $A(2,3,1)$，$B(-5,4,1)$，$C(6,2,-3)$ 和 $D(5,-2,1)$，求过点 A 且垂直于 B,C,D 确定的平面的直线方程.

5. 求过点 $(0,2,4)$，且与两平面 $x+2y=1$ 和 $y-3z=2$ 平行的直线方程.

6. 求直线 $\dfrac{x+3}{3}=\dfrac{y+2}{-2}=\dfrac{z}{1}$ 与平面 $x+2y+2z+6=0$ 的交点.

7. 求过点 $(-1,0,4)$，且平行于平面 $3x-4y+z-10=0$，又与直线 $\dfrac{x+1}{1}=\dfrac{y-3}{1}=\dfrac{z}{2}$ 相交的直线方程.

8. 过点 $(-4,1,-1)$ 作直线

$$\frac{x+1}{1}=\frac{y-2}{2}=\frac{z-1}{2}$$

的相交垂线，求它的方程.

9. 求下列投影点的坐标：

(1) 点 $(-1,2,0)$ 在平面 $x+2y-z+1=0$ 上的投影点；

(2) 点 $(2,3,1)$ 在直线 $\dfrac{x+7}{1}=\dfrac{y+2}{2}=\dfrac{z+2}{3}$ 上的投影点.

10. 设 $\boldsymbol{s}$ 是直线 L 的方向向量，M_0 为 L 上一点. 证明点 P 到 L 的距离为

$$d=\frac{|\boldsymbol{s}\times PM_0|}{|\boldsymbol{s}|}.$$

11. 判断下列两直线：

$$L_1:\ \frac{x}{2}=\frac{y+3}{3}=\frac{z}{4};\quad L_2:\ x-1=y+2=\frac{z-2}{2}$$

是否在同一平面内？是，则求它们所在平面的方程.

12. 已知直线 $\begin{cases}2x-y+2z-6=0,\\ x+4y-z+d=0\end{cases}$ 与 z 轴相交，求 d 值.

13. 求异面直线 $x=\dfrac{y}{2}=\dfrac{z}{3}$ 与 $x-1=y+1=z-2$ 的公垂线方程.

14. 求直线 $\dfrac{x-1}{1}=\dfrac{y}{1}=\dfrac{z-1}{-1}$ 在平面 $x-y+2z-1=0$ 上的投影直线方程.

15. 求点 $(3,-1,-1)$ 关于平面 $6x+2y-9z+96=0$ 的对称点的坐标.

16. 求通过直线

$$\begin{cases}x+y+2z-1=0,\\ 2x-y+2z-3=0\end{cases}$$

且与平面 $x+y+z=0$ 垂直的平面方程.

17. 求通过直线

$$\begin{cases}x+y+z=0,\\2x-y+3z=0\end{cases}$$

且平行于直线 $x=2y=3z$ 的平面方程.

18. 设有三个平面 $a_kx+b_ky+c_kz=d_k(k=1,2,3)$,记向量

$$\boldsymbol{\alpha}_1=\begin{pmatrix}a_1\\a_2\\a_3\end{pmatrix},\quad \boldsymbol{\alpha}_2=\begin{pmatrix}b_1\\b_2\\b_3\end{pmatrix},\quad \boldsymbol{\alpha}_3=\begin{pmatrix}c_1\\c_2\\c_3\end{pmatrix},\quad \boldsymbol{\alpha}_4=\begin{pmatrix}d_1\\d_2\\d_3\end{pmatrix},$$

向量组 $M=\{\boldsymbol{\alpha}_1,\boldsymbol{\alpha}_2,\boldsymbol{\alpha}_3\}$,$N=\{\boldsymbol{\alpha}_1,\boldsymbol{\alpha}_2,\boldsymbol{\alpha}_3,\boldsymbol{\alpha}_4\}$.设三个平面的几何关系为:

(1) 三平面重合;

(2) 三平面相交为一条直线;

(3) 三平面相交为一点;

(4) 三平面无公共交点.

试由给出的几何关系,回答下列问题:

(A) M 是否线性相关?　(B) $R(M)=$?　(C)$R(N)=$?

19. 已知三平面:

$$x+y-z=1,\quad 2x+(a+2)y-3z=3,\quad 3ay+(a+2)z=3,$$

试确定 a 的值使三平面(1) 有唯一交点;(2) 有无穷多个交点;(3) 无公共交点.

习 题 答 案

习 题 1.1

1. $t=-1$.
2. 最多有 3 个根.
3. (1) $(a_{11}a_{44}-a_{14}a_{41})(a_{22}a_{33}-a_{23}a_{32})$； (2) $\lambda_1\cdot\lambda_2\cdot\cdots\cdot\lambda_n$；
   (3) $(-1)^{\frac{1}{2}n(n-1)}n!$；
   (4) $-(-1)^{\frac{1}{2}(n+2)(n+1)}a_{1n}a_{2,n-1}\cdots a_{n1}$.
4. 正号.
5. $D_n=\sum\limits_{j_1j_2\cdots j_n}(-1)^{\tau(j_1j_2\cdots j_n)}a_{1j_1}a_{2j_2}\cdots a_{nj_n}$，而 $a_{1j_1},a_{2j_2},\cdots,a_{nj_n}$ 中必有一个零元素.

习 题 1.2

4. 由 $a_{21}A_{41}+a_{22}A_{42}+a_{23}A_{43}+a_{24}A_{44}=0$，得
$$A_{41}+A_{42}+A_{43}+A_{44}=0.$$
5. (1) $3A_{12}+2A_{22}+2A_{32}+A_{42}+A_{52}=0$；
   (2) $A_{41}+A_{42}+A_{43}=-9,A_{44}+A_{45}=18$.
6. $x_1=a,x_2=b,x_3=c,x_4=-(a+b+c)$.
7. 15.

习 题 1.3

1. (1) 48； (2) x^2y^2； (3) 0；
   (4) $a_1a_2\cdots a_n\left(1+\frac{1}{a_1}+\frac{1}{a_2}+\cdots+\frac{1}{a_n}\right)$； (5) 0； (6) x^4.
2. $A_{n1}+A_{n2}+\cdots+A_{nn}=(x-a)^{n-1}$.
3. $D_n=2D_{n-1}-D_{n-2},D_n=n+1$.
4. $D_n=\frac{a^{n+1}-b^{n+1}}{a-b},a\neq b;D_n=(n+1)a^n,a=b$.
5. $D_{n+1}=\prod\limits_{1\leqslant j<i\leqslant n+1}(b_ia_j-a_jb_i)$.
6. $D_n=x^n+(-1)^{n+1}y^n$.
7. $\left(1+\frac{1}{a_1}+\frac{2}{a_2}+\cdots+\frac{n}{a_n}\right)a_1a_2\cdots a_n$. 提示：加边法.

习 题 2.1

1. (1) m； (2) n； (3) $a_{11}+a_{12}+\cdots+a_{1n}$； (4) $a_{11}+a_{21}+\cdots+a_{m1}$.

习 题 2.2

1. $\frac{1}{2}\boldsymbol{A}-3\boldsymbol{B}=\begin{pmatrix}\frac{13}{2} & 1\\ -\frac{7}{2} & 3\\ 4 & -\frac{3}{2}\end{pmatrix}$, $\boldsymbol{A}\boldsymbol{B}^{\mathrm{T}}=\begin{pmatrix}-2 & -1 & 1\\ 2 & -1 & 1\\ -4 & -1 & 1\end{pmatrix}$, $\boldsymbol{A}^{\mathrm{T}}\boldsymbol{B}=\begin{pmatrix}-5 & 3\\ -7 & 3\end{pmatrix}$.

2. $x=2, y=4, z=1, u=3$.

3. $\boldsymbol{A}=\boldsymbol{A}_{m\times n}, \boldsymbol{B}=\boldsymbol{B}_{n\times m}$.

4. (1) 14； (2) $\begin{pmatrix}1 & 2 & 3\\ 2 & 4 & 6\\ 3 & 6 & 9\end{pmatrix}$； (3) $\begin{pmatrix}\cos n\theta & -\sin n\theta\\ \sin n\theta & \cos n\theta\end{pmatrix}$；

(4) $\begin{pmatrix}1 & 0\\ n\lambda & 1\end{pmatrix}$； (5) $\sum\limits_{ij=1}^{n} a_{ij}x_ix_j$.

5. $\boldsymbol{DA}=\begin{pmatrix}\lambda_1a_{11} & \lambda_1a_{12} & \cdots & \lambda_1a_{1n}\\ \lambda_2a_{21} & \lambda_2a_{22} & \cdots & \lambda_2a_{2n}\\ \vdots & \vdots & & \vdots\\ \lambda_na_{n1} & \lambda_na_{n2} & \cdots & \lambda_na_{nn}\end{pmatrix}$, $\boldsymbol{AD}=\begin{pmatrix}\lambda_1a_{11} & \lambda_2a_{12} & \cdots & \lambda_na_{1n}\\ \lambda_1a_{21} & \lambda_2a_{22} & \cdots & \lambda_na_{2n}\\ \vdots & \vdots & & \vdots\\ \lambda_1a_{n1} & \lambda_2a_{n2} & \cdots & \lambda_na_{nn}\end{pmatrix}$.

11. (3) kt.

12. $\begin{pmatrix}x_1\\ x_2\\ x_3\end{pmatrix}=\begin{pmatrix}a_{11} & a_{12} & a_{13}\\ a_{21} & a_{22} & a_{23}\\ a_{31} & a_{32} & a_{33}\end{pmatrix}\begin{pmatrix}b_{11} & b_{12} & b_{13}\\ b_{21} & b_{22} & b_{23}\\ b_{31} & b_{32} & b_{33}\end{pmatrix}\begin{pmatrix}z_1\\ z_2\\ z_3\end{pmatrix}$.

13. 0.

习 题 2.3

1. (1) $\frac{1}{ad-bc}\begin{pmatrix}d & -b\\ -c & a\end{pmatrix}$, $ad-bc\neq 0$； (2) $-\frac{1}{2}\begin{pmatrix}4 & -2\\ -3 & 1\end{pmatrix}$；

(3) $\begin{pmatrix}1 & -2 & 7\\ 0 & 1 & -2\\ 0 & 0 & 1\end{pmatrix}$； (4) $\begin{pmatrix}1 & -1 & -1\\ 2 & -1 & -4\\ -1 & 1 & 2\end{pmatrix}$.

2. $\begin{pmatrix} 1 & 1 \\ \frac{1}{4} & 0 \end{pmatrix}$.

3. $\begin{pmatrix} 15 & 7 & -3 \\ -4 & -1 & 1 \\ 5 & 3 & 0 \end{pmatrix}$.

5. $\boldsymbol{A}^{-1}=\frac{1}{2}(\boldsymbol{A}-\boldsymbol{E}),(\boldsymbol{A}+2\boldsymbol{E})^{-1}=\boldsymbol{A}^{-2}$.

7. $(2\boldsymbol{E}-\boldsymbol{A})^{-1}=\frac{1}{2}(\boldsymbol{E}+\boldsymbol{A})$.

8. (1) $|\boldsymbol{A}^{-1}|=\frac{1}{3}$； (2) $|(3\boldsymbol{A})^{-1}|=\frac{1}{81}$；

(3) $|\frac{1}{3}\boldsymbol{A}^*-4\boldsymbol{A}^{-1}|=-9$； (4) $(\boldsymbol{A}^*)^{-1}=\frac{1}{3}\boldsymbol{A}$.

9. $\boldsymbol{B}=12(2\boldsymbol{E}-\boldsymbol{A}^*)^{-1}\boldsymbol{A}^{-1}=12(\boldsymbol{A}(2\boldsymbol{E}-\boldsymbol{A}^*))^{-1}$

$$=6(\boldsymbol{A}+\boldsymbol{E})^{-1}=\begin{pmatrix} 3 & 0 & 0 \\ 0 & -6 & 0 \\ 0 & 0 & 3 \end{pmatrix}.$$

11. $\boldsymbol{A}(\boldsymbol{A}+\boldsymbol{B})^{-1}\boldsymbol{B}$.

13. $(\boldsymbol{A}^*)^{-1}=\frac{1}{10}\boldsymbol{A}$

14. 提示：$\boldsymbol{A}\begin{pmatrix} 1 \\ 1 \\ \vdots \\ 1 \end{pmatrix}=\begin{pmatrix} a \\ a \\ \vdots \\ a \end{pmatrix},\boldsymbol{A}^{-1}\begin{pmatrix} a \\ \vdots \\ a \end{pmatrix}=\begin{pmatrix} 1 \\ \vdots \\ 1 \end{pmatrix},\boldsymbol{A}^{-1}\begin{pmatrix} 1 \\ \vdots \\ 1 \end{pmatrix}=\begin{pmatrix} \frac{1}{a} \\ \vdots \\ \frac{1}{a} \end{pmatrix}$.

习 题 2.4

1. $\begin{pmatrix} 0 & 0 & 0 & 4 \\ 1 & -2 & 1 & 11 \\ 0 & 1 & 4 & 15 \\ 0 & 0 & 0 & 6 \\ 0 & 0 & 0 & 9 \end{pmatrix}$

2. $\boldsymbol{Q}^{-1}=\begin{pmatrix} \boldsymbol{O} & \boldsymbol{B}^{-1} \\ \boldsymbol{A}^{-1} & \boldsymbol{O} \end{pmatrix}$.

3. $\begin{pmatrix} 0 & 0 & \cdots & 0 & a_n^{-1} \\ a_1^{-1} & 0 & \cdots & 0 & 0 \\ 0 & a_2^{-1} & \cdots & 0 & 0 \\ \vdots & \vdots & & \vdots & \vdots \\ 0 & 0 & \cdots & a_{n-1}^{-1} & 0 \end{pmatrix}$.

4. (1) $\boldsymbol{PQ}=\begin{pmatrix} \boldsymbol{A} & \boldsymbol{A}_1 \\ \boldsymbol{O} & |\boldsymbol{A}|(b-\boldsymbol{A}_1^{\mathrm{T}}\boldsymbol{A}^{-1}\boldsymbol{A}_1) \end{pmatrix}$.

(2) 提示：$|\boldsymbol{P}|\cdot|\boldsymbol{Q}|=|\boldsymbol{A}|^2(b-\boldsymbol{A}_1^{\mathrm{T}}\boldsymbol{A}^{-1}\boldsymbol{A}_1)$.

5. 48.

习 题 2.5

1. 阶梯形：$\begin{pmatrix} 1 & -2 & -3 & -2 \\ 0 & 1 & 2 & 1 \\ 0 & 0 & 1 & 1 \\ 0 & 0 & 0 & 1 \end{pmatrix}$；简单阶梯形：$\begin{pmatrix} 1 & & & \boldsymbol{O} \\ & 1 & & \\ \boldsymbol{O} & & 1 & \\ & & & 1 \end{pmatrix}$.

2. (1) $\begin{pmatrix} -2 & 1 & 1 \\ -6 & 1 & 4 \\ 5 & -1 & -3 \end{pmatrix}$； (3) $\begin{pmatrix} 0 & 0 & 0 & 1 \\ \frac{1}{2} & 0 & 0 & -\frac{1}{2} \\ -1 & 1 & 2 & -3 \\ \frac{1}{2} & 0 & -1 & \frac{1}{2} \end{pmatrix}$.

3. $\boldsymbol{A}^{-1}=\begin{pmatrix} \frac{1}{2} & -1 & 0 & \cdots & 0 & 0 \\ 0 & 1 & -1 & \cdots & 0 & 0 \\ 0 & 0 & 1 & \cdots & 0 & 0 \\ \vdots & \vdots & \vdots & & \vdots & \vdots \\ 0 & 0 & 0 & \cdots & 1 & -1 \\ 0 & 0 & 0 & \cdots & 0 & 1 \end{pmatrix}$，$\sum_{i,j=1}^{n} A_{ij}=1$.

4. 同解方程组.

5. $x_1=1, x_2=2, x_3=0$.

习 题 2.6

1. (1) $R(\boldsymbol{A})=2$； (2) $R(\boldsymbol{A})=4$.

2. (1) $\lambda \neq 0$ 时 $R(\mathbf{A})=3$ 最大； (2) $\lambda=0$ 时，$R(\mathbf{A})=2$ 最小．

3. $\lambda=3$.

4. 当 $a=-1$ 时，$R(\mathbf{A})=2$；当 $a\neq -1$ 时，$R(\mathbf{A})=3$.

5. $a=\dfrac{1}{1-n}$.

6. $R(\mathbf{A})=1$.

习 题 3.1

$\boldsymbol{\alpha}=\dfrac{1}{6}(3\boldsymbol{\alpha}_1+2\boldsymbol{\alpha}_2-5\boldsymbol{\alpha}_3)=\dfrac{1}{6}(-12\quad 12\quad 3\quad -2)^{\mathrm{T}}$.

习 题 3.2

1. (1) 线性相关； (2) 线性无关．

2. $\boldsymbol{\beta}=-\boldsymbol{\alpha}_1+\boldsymbol{\alpha}_2+\boldsymbol{\alpha}_3$. 表示唯一．

3. (1) $t\neq 5$； (2) $t=5$； (3) $\boldsymbol{\alpha}_3=-\boldsymbol{\alpha}_1+2\boldsymbol{\alpha}_2$.

5. 线性相关性不变．

6. $x\neq 0,1,2$ 时，线性无关，否则线性相关．

11. (1) D； (2) B； (3) D； (4) C； (5) C.

习 题 3.3

1. (1) 线性相关，$R(M)=2$，一个极大无关组是$\{\boldsymbol{\alpha}_1, \boldsymbol{\alpha}_2,\}$.

(2) 线性相关，$R(M)=3$，一个极大无关组是$\{\boldsymbol{\beta}_1, \boldsymbol{\beta}_2, \boldsymbol{\beta}_3\}$.

习 题 3.4

2. V_1 是子空间，V_2 不是子空间．

5. $\boldsymbol{\beta}=5\boldsymbol{\alpha}_1-\dfrac{7}{3}\boldsymbol{\alpha}_2+\dfrac{4}{3}\boldsymbol{\alpha}_3$.

习 题 3.5

1. (1) 是；(2) 不是；(3) 当 $\boldsymbol{\alpha}_0=\mathbf{0}$ 时，σ 是线性变换；当 $\boldsymbol{\alpha}_0\neq\mathbf{0}$，$\sigma$ 不是线性变换；(4) 是；(5) 不是.

2. (1) 略；(2) $\begin{pmatrix}1 & 1\\ 1 & -2\end{pmatrix}$，$\begin{pmatrix}-2 & 1\\ 1 & 1\end{pmatrix}$.

3. (1) $\begin{pmatrix}x\\y\end{pmatrix}$与$\sigma\begin{pmatrix}x\\y\end{pmatrix}$关于 y 轴对称；(2) $\sigma\begin{pmatrix}x\\y\end{pmatrix}$是$\begin{pmatrix}x\\y\end{pmatrix}$在 y 轴上的投影；(3) $\begin{pmatrix}x\\y\end{pmatrix}$与$\sigma\begin{pmatrix}x\\y\end{pmatrix}$关于直线 $y=x$ 对称.

习　题　4.1

1. 有非零解.
2. (1) $\lambda\neq1,-2$； (2) $\lambda=-2$； (3) $\lambda=1$.
3. (1)$a=-1$ 且 $b\neq0$， (2)$a\neq-1$.
4. $a_1+a_2+a_3+a_4=0$.
6. (1) $\forall\, a$、b,方程组都没有唯一解；
   (2) 当 $a=-8$,$b\neq1$ 时,方程组无解；
   (3) 当 $a\neq-8$ 或者 $a=-8$ 且 $b=1$ 时,方程组有无穷多解.
7. (1) B； (2) A； (3) A.

习　题　4.2

1. $(x_1,x_2,x_3)^{\mathrm{T}}=(3,1,1)^{\mathrm{T}}$.
2. $\lambda=1$ 或$\dfrac{9}{4}$.
3. (1) $\lambda\neq0,-3$； (2) $\lambda=0$； (3) $\lambda=-3$.

习　题　4.3

1. (1) $x=k\left(\frac{4}{3}\quad -3\quad \frac{4}{3}\quad 1\right)^{\mathrm{T}}$；

   (2) $x=k(-2\quad 1\quad 0\quad 0)^{\mathrm{T}}+k_2(1\quad 0\quad 0\quad 1)^{\mathrm{T}}$；

   (3) $x=k_1\left(-\frac{5}{14}\quad \frac{3}{14}\quad 1\quad 0\right)^{\mathrm{T}}+k_2\left(\frac{1}{2}\quad -\frac{1}{2}\quad 0\quad 1\right)^{\mathrm{T}}$.

2. 可取 $\boldsymbol{B}=\begin{pmatrix}1&2\\-2&-3\\1&0\\0&1\end{pmatrix}$.

3. 例如$\begin{cases}x_1-2x_2+x_3=0,\\2x_1-3x_2+x_4=0.\end{cases}$

5. (1) $k_1\begin{pmatrix}0\\0\\1\\0\end{pmatrix}+k_2\begin{pmatrix}-1\\1\\0\\1\end{pmatrix}$； (2) 有非零公共解，$k\begin{pmatrix}-1\\1\\1\\1\end{pmatrix}(k\neq0)$.

6. $\lambda=1$.

7. $lm\neq1$.

9. s 为奇时，线性无关；s 为偶时，线性相关.

12. (1) A； (2) C； (3) C； (4) C； (5) C.

习 题 4.4

1. (1) 无解； (2) $k\begin{pmatrix}0\\1\\-1\\1\end{pmatrix}+\begin{pmatrix}-2\\1\\2\\0\end{pmatrix}$； (3) $k_1\begin{pmatrix}1\\-2\\0\\0\end{pmatrix}+k_2\begin{pmatrix}0\\1\\1\\0\end{pmatrix}+\begin{pmatrix}0\\1\\0\\0\end{pmatrix}$.

2. (1) $b\neq0$ 且 $a\neq1$ 时有唯一解，

$$x_1=\frac{1-3b}{2b(1-a)},\quad x_2=\frac{1}{2b},\quad x_3=\frac{8b-5ab-1}{2b(1-a)};$$

(2) $b=0$ 时无解；

(3) $a=1$ 时，若 $b\neq\frac{1}{3}$ 时无解，$b=\frac{1}{3}$ 时，$k\begin{pmatrix}-1\\0\\1\end{pmatrix}+\begin{pmatrix}\frac{5}{2}\\\frac{3}{2}\\0\end{pmatrix}$.

3. 唯一解．$\boldsymbol{x}=\begin{pmatrix}1\\0\\\vdots\\0\end{pmatrix}$.

4. $\begin{pmatrix}2\\0\\5\\-1\end{pmatrix}+k\begin{pmatrix}-3\\9\\-2\\10\end{pmatrix}$.

6. (1) B;　(2) D.

习　题　5.1

1. (1) $\|\boldsymbol{\alpha}_1\|=\sqrt{7}$, $\|\boldsymbol{\alpha}_2\|=\sqrt{15}$, $\|\boldsymbol{\alpha}_3\|=\sqrt{10}$,

$$(\boldsymbol{\alpha}_1\hat{,}\boldsymbol{\alpha}_2)=\arccos\frac{2\sqrt{105}}{35}.\ (\boldsymbol{\alpha}_1\hat{,}\boldsymbol{\alpha}_3)=\arccos\frac{\sqrt{70}}{70},$$

$$(\boldsymbol{\alpha}_2\hat{,}\boldsymbol{\alpha}_3)=\arccos-\frac{3\sqrt{6}}{10}.$$

(2) $k_1\begin{pmatrix}-5\\3\\1\\0\end{pmatrix}+k_2\begin{pmatrix}5\\-3\\0\\1\end{pmatrix}, k_1, k_2\in\mathbf{R}.$

5. 取 $\boldsymbol{\alpha}_3=\begin{pmatrix}-1\\0\\1\end{pmatrix}$,则$\{\boldsymbol{\alpha}_1,\boldsymbol{\alpha}_2,\boldsymbol{\alpha}_3\}$是正交向量组.

6. $\boldsymbol{\varepsilon}_1=\frac{1}{\sqrt{3}}\begin{pmatrix}1\\1\\1\end{pmatrix}, \boldsymbol{\varepsilon}_2=\frac{1}{\sqrt{2}}\begin{pmatrix}1\\0\\-1\end{pmatrix}, \boldsymbol{\varepsilon}_3=\frac{1}{\sqrt{6}}\begin{pmatrix}-1\\2\\-1\end{pmatrix}.$

习　题　5.2

1. (1) $\lambda_1=-1, \lambda_2=\lambda_3=1, \boldsymbol{p}_1=\begin{pmatrix}1\\0\\-1\end{pmatrix}, \boldsymbol{p}_2=\begin{pmatrix}1\\0\\1\end{pmatrix}, \boldsymbol{p}_3=\begin{pmatrix}0\\1\\0\end{pmatrix}.$

(2) $\lambda_1=-2, \lambda_2=\lambda_3=1, \boldsymbol{p}_1=\begin{pmatrix}0\\0\\1\end{pmatrix}, \boldsymbol{p}_2=\begin{pmatrix}3\\-6\\20\end{pmatrix}.$

2. (1) $a=4$;

(2) $\boldsymbol{p}_1=\begin{pmatrix}1\\-1\\0\end{pmatrix}, \boldsymbol{p}_2=\begin{pmatrix}1\\0\\4\end{pmatrix}, \boldsymbol{p}_3=\begin{pmatrix}-1\\-1\\1\end{pmatrix}$;

(3) 108;　(4) $\frac{1}{3},\frac{1}{3},\frac{1}{12}$;　(5) 36,36,9.

3. $0, 3-2\sqrt{2}, \frac{1}{4}, 1.$

4. $a=b=c=d=e=f=1$.

7. 否.

习 题 5.3

1. (1) 可对角化; (2) 不可对角化.

2. $x=4, y=5$.

4. $\boldsymbol{A}=\frac{1}{3}\begin{pmatrix}-1 & 0 & 2\\ 0 & 1 & 2\\ 2 & 2 & 0\end{pmatrix}$.

5. $x=0, y=0$.

6. $n!$

7. (1) $\boldsymbol{\beta}=(x_3-x_2)\boldsymbol{\alpha}_1+\left(x_3-\frac{x_1+x_2}{2}\right)\boldsymbol{\alpha}_2+\frac{x_1+x_2}{2}\boldsymbol{\alpha}_3$;

(2) $\boldsymbol{A}^m\boldsymbol{\beta}=\frac{1}{2}\begin{pmatrix}2^m+3^m & -2+2^m+3^m & 2-2^{m+1}\\ -2^m+3^m & 2-2^m+3^m & -2+2^{m+1}\\ -2^m+3^m & -2^m+3^m & 2^{m+1}\end{pmatrix}\begin{pmatrix}x_1\\ x_2\\ x_3\end{pmatrix}$.

习 题 5.4

1. $a=-\frac{6}{7}, b=\mp\frac{2}{7}, c=\pm\frac{6}{7}, d=\pm\frac{3}{7}, e=-\frac{6}{7}$.

2. $\boldsymbol{H}=\frac{1}{3}\begin{pmatrix}1 & -2 & -2\\ -2 & 1 & -2\\ -2 & -2 & 1\end{pmatrix}$.

4. (1) $\boldsymbol{P}=\frac{1}{3}\begin{pmatrix}1 & 2 & -2\\ 2 & 1 & 2\\ -2 & 2 & 1\end{pmatrix}$, $\boldsymbol{P}^{-1}\boldsymbol{A}\boldsymbol{P}=\begin{pmatrix}10 & & \\ & 1 & \\ & & 1\end{pmatrix}$;

(2) $\boldsymbol{P}=\frac{1}{3}\begin{pmatrix}1 & 2 & 2\\ 2 & 1 & -2\\ 2 & -2 & 1\end{pmatrix}$, $\boldsymbol{P}^{-1}\boldsymbol{A}\boldsymbol{P}=\begin{pmatrix}-2 & & \\ & 1 & \\ & & 4\end{pmatrix}$.

6. $\boldsymbol{A}=\begin{pmatrix}4 & 1 & 1\\ 1 & 4 & 1\\ 1 & 1 & 4\end{pmatrix}$.

习　题　6.1

1. (1) $f=(x_1\quad x_2\quad x_3)\begin{pmatrix}1&2&1\\2&4&2\\1&2&1\end{pmatrix}\begin{pmatrix}x_1\\x_2\\x_3\end{pmatrix}$;

(2) $f=(x_1\quad x_2\quad x_3\quad x_4)\begin{pmatrix}0&0&0&4\\0&0&1&4\\0&1&0&1\\4&4&1&0\end{pmatrix}\begin{pmatrix}x_1\\x_2\\x_3\\x_4\end{pmatrix}$;

(3) $f=(x_1\quad x_2\quad x_3)\begin{pmatrix}1&\frac{1}{2}&\frac{1}{2}\\\frac{1}{2}&1&\frac{1}{2}\\\frac{1}{2}&\frac{1}{2}&1\end{pmatrix}\begin{pmatrix}x_1\\x_2\\x_3\end{pmatrix}$;

(4) $f=(x_1\quad x_2\quad x_3\quad x_4)\begin{pmatrix}0&\frac{1}{2}&0&0\\\frac{1}{2}&0&0&0\\0&0&0&-\frac{1}{2}\\0&0&-\frac{1}{2}&0\end{pmatrix}\begin{pmatrix}x_1\\x_2\\x_3\\x_4\end{pmatrix}$.

2. (1) $f=x_1^2+2x_2^2+4x_3^2+2x_1x_2+4x_2x_3$;

(2) $f=x_1^2-3x_2^2-2x_1x_2+2x_1x_3-6x_2x_3$.

习　题　6.2

(1) $\boldsymbol{P}=\frac{1}{3}\begin{pmatrix}-2&1&2\\-1&2&-2\\2&2&1\end{pmatrix}$, $f=y_1^2-2y_2^2+4y_3^2$.

(2) $\boldsymbol{P}=\frac{1}{2}\begin{pmatrix}1 & 1 & \sqrt{2} & 0\\ -1 & 1 & 0 & \sqrt{2}\\ -1 & -1 & \sqrt{2} & 0\\ 1 & -1 & 0 & \sqrt{2}\end{pmatrix}$, $f=-y_1^2+3y_2^2+y_3^2+y_4^2$.

(3) $\boldsymbol{P}=\frac{1}{\sqrt{2}}\begin{pmatrix}1 & 0 & 1 & 0\\ 1 & 0 & -1 & 0\\ 0 & 1 & 0 & 1\\ 0 & -1 & 0 & 1\end{pmatrix}$, $f=y_1^2+y_2^2-y_3^2-y_4^2$.

习　题　6.3

(1) $\boldsymbol{C}=\begin{pmatrix}1 & -1 & 4\\ 0 & 0 & 1\\ 0 & 1 & -2\end{pmatrix}$, $f=y_1^2+y_2^2-4y_3^2$;

(2) $\boldsymbol{C}=\begin{pmatrix}1 & -1 & 2\\ 0 & 1 & -2\\ 0 & 0 & 1\end{pmatrix}$, $f=y_1^2+y_2^2$;

(3) $\boldsymbol{C}=\begin{pmatrix}1 & 1 & -1\\ 1 & -1 & -1\\ 0 & 0 & 1\end{pmatrix}$, $f=y_1^2-y_2^2-y_3^2$.

习　题　6.4

1. (1) 正定； (2) 正定．
2. (1) $t>1$； (2) $t<-1$.
3. $t+\min\{\lambda_1,\lambda_2,\cdots,\lambda_n\}>0$；　　$t+\max\{\lambda_1,\lambda_2,\cdots,\lambda_n\}<0$.

8. (1) $t=2$, $\boldsymbol{P}=\frac{1}{\sqrt{2}}\begin{pmatrix}\sqrt{2} & 0 & 0\\ 0 & 1 & 1\\ 0 & -1 & 1\end{pmatrix}$.

习　题　7.1

1. A 点在 xy 平面上，B 点在 yz 平面上，C 点在 x 轴上，D 点在 y 轴上．
2. (x,y,z)关于 xy 平面的对称点为$(x,y,-z)$；关于 yz 平面的对称点为

$(-x,y,z)$；关于 zx 平面的对称点为 $(x,-y,z)$. 关于 x 轴的对称点为 $(x,-y,-z)$；关于 y 轴的对称点为 $(-x,y,-z)$；关于 z 轴的对称点为 $(-x,-y,z)$，关于坐标原点的对称点为 $(-x,-y,-z)$.

3. $d_0=3, d_x=\sqrt{8}, d_y=d_z=\sqrt{5}$.

4. $(0,1,-2)$.

5. $(0,-1,0)$.

习　题　7.2

1. $\overrightarrow{AB}=\frac{1}{2}(\boldsymbol{\alpha}-\boldsymbol{\beta}), \overrightarrow{AD}=\frac{1}{2}(\boldsymbol{\alpha}+\boldsymbol{\beta})$.

2. $\overrightarrow{AB}=(-1,-\sqrt{2},1), |\overrightarrow{AB}|=2, \cos\alpha=-\frac{1}{2}, \cos\beta=-\frac{\sqrt{2}}{2}, \cos\gamma=\frac{1}{2}$.

3. (1) $\boldsymbol{a}$ 在 yz 平面上； (2) $\boldsymbol{a}$ 在 xz 平面上； (3) $\boldsymbol{a}$ 在 z 轴上．

4. $\boldsymbol{a}=\left(\frac{1}{\sqrt{14}},\frac{2}{\sqrt{14}},\frac{\pm 3}{\sqrt{14}}\right)$.

5. $(16,-20,-6)$.

6. $\boldsymbol{\alpha}^{\circ}=\pm\left(\frac{-2}{\sqrt{17}},\frac{3}{\sqrt{17}},\frac{2}{\sqrt{17}}\right)$.

7. $\lambda=-9, \mu=\frac{2}{3}$.

8. $\left(2,\frac{5}{9},\frac{-28}{9}\right)$.

习　题　7.3

1. $\boldsymbol{\alpha}\cdot\boldsymbol{\beta}=3, \boldsymbol{\alpha}\times\boldsymbol{\beta}=(5,1,7), \cos(\boldsymbol{\alpha},\boldsymbol{\beta})=\frac{3}{\sqrt{84}}$.

2. $A(-1,5,-6)$.

3. $|(\boldsymbol{\alpha}-\boldsymbol{\beta})\times(\boldsymbol{\alpha}-2\boldsymbol{\beta})|=12$.

4. $(2\boldsymbol{\alpha}-\boldsymbol{\beta})\cdot(\boldsymbol{\gamma}-\boldsymbol{\alpha})=-7$.

5. $\lambda=\pm\frac{3}{5}$.

6. $|\boldsymbol{\alpha}\times\boldsymbol{\beta}|=16$.

8. $V=72$.

习　题　7.4

1. (1) 就是 yz 平面；

(2)垂直于 yz 平面；

(3) 垂直于 y 轴，与 y 轴交点为 $\left(0,\frac{1}{2},0\right)$；

(4) 过坐标原点．

2. (1) $d=0$；(2) $a=d=0$；(3) $b=d=0$；(4) $c=d=0$.

3. $-2x+y+z=0$.

4. $x+y-3z-4=0$.

5. $x-3y+z-12=0$.

6. $4x+3y-6z+12=0$.

7. $C=-6$ 时平行；$C=-6$ 且 $d=-\frac{5}{2}$ 时重合．

8. $\cos\theta=\frac{11}{15}$.

9. $d=\frac{|D_2-D_1|}{\sqrt{A^2+B^2+C^2}}$.

10. $x+2y+3z-10=0$.

11. $x-y+z=0$ 或 $x-5y+z+4=0$.

12. $x-z-2=0$.

习　题　7.5

1. 对称式：$\frac{x-3}{-2}=\frac{y}{1}=\frac{z+2}{3}$.

参数方程：$\begin{cases}x=-2t+3,\\ y=t,\\ z=3t-2.\end{cases}$

2. $\frac{x-x_0}{x_1-x_0}=\frac{y-y_0}{y_1-y_0}=\frac{z-z_0}{z_1-z_0}$.

3. (1) $\frac{x+1}{3}=\frac{y}{-2}=\frac{z-3}{5}$；　(2) $\frac{x+2}{1}=\frac{y+3}{0}=\frac{z-4}{0}$；

(3) $\frac{x-4}{1}=\frac{y+1}{-2}=\frac{z-3}{2}$.

4. $\frac{x-2}{12}=\frac{y-3}{20}=\frac{z-1}{23}$.

5. $\frac{x}{-6}=\frac{y-2}{3}=\frac{z-4}{1}$.

6. $(0,-4,1)$.

7. $\frac{x+1}{16}=\frac{y}{19}=\frac{z-4}{28}$.

8. $\frac{x+4}{2}=\frac{y-1}{-1}=\frac{z+1}{0}$.

9. (1) $\left(-\frac{5}{3},\frac{2}{3},\frac{2}{3}\right)$；　　(2) $(-5,2,4)$.

11. 两直线在同一平面内，平面方程为 $z-2x=0$.

12. $d=3$.

13. $\begin{cases}x-z+1=0,\\4x+y-2z=0.\end{cases}$

14. $\begin{cases}x-3y-2z+1=0,\\x-y+2z-1=0.\end{cases}$

15. $(-9,-5,17)$.

16. $-5x+7y-2z+9=0$.

17. $7x-26y+18z=0$.

18. (1) M 线性相关，$R(M)=1$，$R(N)=1$.

(2) M 线性相关，$R(M)=2$，$R(N)=2$.

(3) M 线性无关，$R(M)=3$，$R(N)=3$.

(4) M 线性相关，$R(M)=1$ 时，$R(N)=2$ 或 $R(M)=2$ 时，$R(N)=3$.

19. (1) $a\neq 0$ 且 $a\neq 5$.　　(2) $a=-5$.　　(3) $a=0$.

参 考 文 献

1. 俞正光,李永乐,詹汉生．线性代数与解析几何．北京：清华大学出版社,1998
2. 同济大学数学教研室．线性代数(第五版).北京：高等教育出版社,2007
3. 韩流冰,叶建军,何瑞文．线性代数．北京：中国铁道出版社,1998
4. 同济大学数学教研室．高等数学(第六版).北京：高等教育出版社,2007